测绘与勘察新技术研究

唐智德　刘永波　李跃辉　著

吉林科学技术出版社

图书在版编目（CIP）数据

测绘与勘察新技术研究 / 唐智德，刘永波，李跃辉著. -- 长春 ：吉林科学技术出版社，2019.8

ISBN 978-7-5578-5848-3

Ⅰ．①测… Ⅱ．①唐… ②刘… ③李… Ⅲ．①水文地质勘探—研究②工程水文学—工程测量—研究 Ⅳ．① P641.72 ② TV12

中国版本图书馆 CIP 数据核字（2019）第 167349 号

测绘与勘察新技术研究

著　　者	唐智德　　刘永波　　李跃辉
出 版 人	李　梁
责任编辑	朱　萌
封面设计	刘　华
制　　版	王　朋
开　　本	16
字　　数	280 千字
印　　张	12.75
版　　次	2019 年 8 月第 1 版
印　　次	2019 年 8 月第 1 次印刷
出　　版	吉林科学技术出版社
发　　行	吉林科学技术出版社
地　　址	长春市福祉大路 5788 号出版集团 A 座
邮　　编	130118

发行部电话 / 传真　0431—81629529　　81629530　　81629531
　　　　　　　　　　　81629532　　81629533　　81629534

储运部电话　0431—86059116

编辑部电话　0431—81629517

网　　址	www.jlstp.net
印　　刷	北京宝莲鸿图科技有限公司
书　　号	ISBN 978-7-5578-5848-3
定　　价	55.00 元

前　言

　　工程测量学是从人类实践中发展起来的一门历史悠久的科学，从开工一直到工程结束，均离不开测量工作。工程测量是贯通整个工程建设的前后，工程测量为其涉及的各个领域提供各阶段服务，工程测量在国家经济建设和发展的各个领域中发挥着越来越重要的作用。同时，水文地质勘查是指为查明一个地区的水文地质条件而进行的水文地质调查研究工作。旨在掌握地下水和地表水的成因、分布及其运动规律。为合理开采利用水资源，正确进行基础、打桩工程的设计和施工提供依据。

　　工程建设的质量是社会经济稳定发展、人民安居乐业的重要保障。因此，在施工前重视水文地质环境的勘查以及工程测量的质量，对于保证工程质量具有重要意义。

　　本书以水文地质勘查和工程测量等为主要内容，重点介绍了水文地质勘查技术、工程测量技术以及矿产资源勘查技术的研究与应用，内容涉及水利水电工程建设过程中水文地质对工程地质勘查的影响和地质勘查评价，GPS 技术、RS 遥感技术、GIS 技术等在工程测量的应用工程地质勘查以及矿产资源的化探、物探新技术，充分反映了当下工程测量及勘查技术的前沿研究以及发展趋势。综上所述，本书可为水利水电工程勘查建设以及工程测量等相关专业技术人员提供参考价值。

目　录

第一章 工程测量

第一节 工程测量概述

一、工程测量

工程控制测量，是为工程建设测量而建立的平面控制测量和高程控制测量的总称，它是工程建设中各项测量工作的基础。在工程施工阶段，要建立施工控制网，以控制工程的总体布置和各建筑物轴线之间的相对位置，满足施工放样的需要；在经营管理阶段，根据需要建立变形观测控制网，用来控制建筑物的变形观测，以鉴定工程质量，保证安全运营，分析变形规律和进行相应的科学研究。各阶段所要建立的控制网，共同的特点是，精度要求高，点位密度大。由于网的作用不同，使得测图网、施工网和变形网又都有各自的布网方式和精度要求，因此多是分别依次建立或者在原有网的基础上改建。

（一）平面控制测量

平面控制测量的目的，是精确测定控制点的平面位置。根据测量工作需要，在测区内选择一系列控制点，在各控制点上建立地面标志和测量占标，使各控制点构成三角形、大地四边形、矩形、中点多边形、折线形和多边形等，从而形成平面控制网。其中以三角形为主要图形，利用全站仪（经纬仪）观测全部角度（至少要有一条起算边长）的网称三角测量网（或称测角网）；以三边形为主要图形，用电磁波测距仪观测全部边长的网称三边测量网（或称测边网）；边、角均测的称边角网；以折线形为基本图形，既测角又测边的网称为导线网；单一折线形则称导线。目前，由于测绘科技的发展，GPS 在内地发达地区广泛使用，通常利用 GPS 布设平面控制网。

工程控制网的布设，一般应遵循从整体到局部、分级布网、逐级控制的原则。亦可根据工程需要与现场条件布设全面网或越级布网。它们可以采用三角测量网，三边测量网或导线网的形式来布设，亦可布设为边角网。

（二）高程控制测量

高程控制测量的目的是，精确测定控制点高程。根据需要在测区内每隔一定距离设高程控制点（称为水准点），两相邻水准点间组成水准路线，由各水准路线构成的控制全测区的网形称为高程控制网。用水准仪观测各水准点间高差的称为水准网；用电磁波测距仪测边和经纬仪测垂直角的称为电磁波测距三角高程控制网。高程控制网的首级网应布设成闭合环线，加密网可布设成附和路线、结点网或闭合环。地形测图控制测量为测绘地形图而建立平面和高程控制网的测量工作，内容分为基本控制（又称等级控制）和图根控制。基本控制是整个测区控制测量的基础，图根控制是直接为地形测图服务的控制网。基本控制网的建立要根据测区面积的大小，以满足当前需要为主，兼顾远景发展。一般先建立控制全局的首级网，然后再根据需要加密，也可一次建立足够密度的全面网。平面控制网可采用测角网、测边网或边角，建成区多采用导线网。

（三）施工控制测量

工程施工控制测量，是为工程的定线放样而建立各种控制网的测量工作。为便于对主体工程的控制和施工放样，施工平面控制网多以主体建筑物的主轴线为依据扩展网形。如桥梁施工控制网，是以桥中线为准，向两侧布设对称网形；而建筑工程施工控制网则多是布设成为与主要建筑物相互平行的方格网。在点位布设方面、重要建筑物的主轴线上，如大坝的两端和隧道的出入口处均应布有控制点。在精度方面，应能保证各种工程放样的不同要求。

施测方法视工程的性质而定，对于建筑方格网而言，是先根据测图控制网点，放样出它的主轴线，然后从主轴线初步放样出全网的各点，再精密测出各点的实际坐标，最后以各点的设计坐标为准进行点位改正并埋设牢固的点位标志。施工控制网多用假定的施工坐标系统，它是整个施工期间定线放样、竣工验收的依据。

（四）变形观测控制测量

变形观测是指对监视对象或物体（变形体）的变形进行测量，从中了解变形的大小、空间分布及随时间发展的情况，并做出正确的分析与预报，又称变形测量。

监视对象和变形体可大可小，可以是整个地球，也可以是一个区域或某一工程建（构）筑物，因此变形观测可分为全球性变形观测、区域性变形观测和工程变形观测。另外，对于工程变形观测而言，变形体和监视对象又可以是各种建（构）筑物，也可以是机器设备及其他与工程建设有关的自然或人工对象，所以工程变形观测又分为工业与民用建筑变形观测、水工建筑变形观测（如大坝变形观测）、地下建筑变形观测（如隧道变形观测）、桥梁变形观测、建筑场地变形观测、滑坡（变形）观测等；进一步，还可以分为基坑及支护变形观测、地基基础变形观测、上部结构变形观测、相邻建筑及设施变形观测等。

变形，包括外部变形和内部变形两个方面：外部变形是指变形体外部形状及其空间位置的变化，如倾斜、裂缝、垂直和水平位移等，因此变形观测又可分为垂直位移观测（常称为沉降观测）、水平位移观测（常简称为位移观测）、倾斜观测、裂缝观测、挠度（建筑的基础、上部结构或构件等在弯矩作用下因挠曲引起的垂直于轴线的线位移）观测、风振观测（对受强风作用而产生的变形进行观测）、日照观测（对受阳光照射受热不均而产生的变形进行观测）以及基坑回弹观测（对基坑开挖时由于卸除土的自重而引起坑底土隆起的现象进行观测）等；内部变形则是指变形体内部应力、温度、水位、渗流、渗压等的变化。通常，测量人员主要负责外部变形的观测，而内部变形的观测一般由其他相关人员进行。

与常规测量相比，变形观测的一个显著特点就是测量精度要求较高，一般性的也要达到毫米级，重要的、变形比较敏感的则要达到 0.1mm 甚至 0.01mm。因此，变形观测多属于精密测量。

变形观测的意义重大、内容繁多、精度较高，与地形测量、施工测量等有诸多不同之处，而且具有相对独立的技术体系，已发展成为测量学中一门专业性很强的分支学科。

通过变形观测，一方面可以监视建（构）筑物的变形情况，以便一旦发现异常变形可以及时进行分析、研究、采取措施、加以处理，防止事故的发生，确保施工和建（构）筑物的安全（因此，变形观测又常常称为变形监测）；

另一方面，通过对建（构）筑物的变形进行分析研究，还可以检验设计和施工是否合理、反馈施工的质量，并为今后的修改和制订设计方法、规范以及施工方案等提供依据，从而减少工程灾害、提高抗灾能力。可见，变形观测的意义非常重大，必须予以高度重视。因此，不仅在 1992 年修订《工程测量规范》时就增加了变形观测的内容，而且在 1997 年还单独制定颁布了中华人民共和国行业标准 JGJ/T8-1997《建筑变形测量规程》（2007 年进行了修订，更名为 JGJ 8-2007《建筑变形测量规范》），并明确指出：大型或重要的建（构）筑物，在工程设计时就应对变形观测的内容和范围做出统筹安排，施工开始时即应进行变形观测，并事先制订详细的监测方案。

变形观测的内容，应根据建（构）筑物的性质与地基情况而定，要求针对性强，全面考虑，重点突出，正确反映出建（构）筑物的变化情况，以达到监视建（构）筑物安全运营，了解其变形规律的目的。对于不同用途的建（构）筑物，其变形观测的重点和要求有所不同，例如对于建（构）筑物的基础，主要观测内容是均匀沉降和不均匀沉降，从而计算出累计沉降量、平均沉降量、相对弯曲、相对倾斜、平均沉降速度，绘制出绝对沉降分布图。如果地基属于软土地带，基础采用的是打桩基础，则还需要确定其水平位移。对于建（构）筑物本身，主要是倾斜和裂缝观测。对于厂房内的结构（如吊车轨道、吊车梁）除上述观测内容外，还有挠度观测。而塔式与圆形（如烟囱、水塔、电视塔）等高大建筑物，主要是倾斜观测和瞬时变形观测。

综上所述，变形测量的主要内容包括沉降观测、水平位移观测、裂缝观测、倾斜观测、挠度观测和振动观测等。其中最基本的是建（构）筑物的沉降观测和水平位移观测。每一种建（构）筑物的观测内容，应根据建筑物的具体情况和实际要求综合确定测量项目。

二、工程测量的作用

（一）工程测量在主体结构施工阶段对工程质量的作用

在主体结构施工阶段，工程测量对于工程质量的影响主要有以下几个方面，墙柱平面放线、建筑物垂直度控制、楼板、构件的平整度控制等。其中，墙柱平面放线的精确度，直接影响建筑物的总体垂直度。所以，每次混凝土施工完毕后，第一道工序就是测量放线。通过了测量放线不但能够为下一道工序提供依据，并且能够及时发现上一道工序所遗留下来的问题，使其他专业的施工人员及时处理质量问题，避免问题的累积。在标高测量控制方面，能为模板施工提供准确的基准点，是模板施工平整度的保证。如果垂直度偏差过大，必须通过装饰阶段的抹灰等措施来弥补。除了所带来的经济损失不说，还会埋下一个隐患：抹灰的厚度过大，容易造成墙面空鼓，从引发外墙渗漏等质量通病，导致高空坠物的危险。

（二）工程测量在装饰装修施工阶段对工程质量的作用

建筑物经过装饰装修阶段将成为成品或半成品交付业主使用，前期主体所遗留的质量缺陷问题必须通过这一阶段进行整改、处理、隐蔽。测量工作的主要内容是：室内外地面标高控制；外墙装饰垂直度控制；局部构件、线条的施工放线，内墙装饰平整度、垂直度测量等。其中，室内外地面标高控制线是保证建筑装修地面整体平整度的重要依据；砖砌体平面放线是必不可少的工作，是按图施工的前提条件。外墙装饰垂直控制线的测量精度很大程度上决定外墙的整体装修质量，是外墙抹会、墙面砖、幕墙施工等工作的基本依据。

（三）工程施工及运营期间的变形观测对工程质量的意义

建筑物的沉降观测在施工过程中有着重大的意义。通过观测取得的第一手资料，可以监测建筑物的状态变化和工作情况，在发生不正常现象时，及时分析理由采取措施，防止重大质量事故的发生。变形观测具体包括：基础边坡的位移观测；建筑物主体的沉降观测；高层建筑物的水平位移观测等。准确的观测成果为施工期间的工程质量、人民财产安全提供了最有效的保证。特别是在深基坑施工、填海区、地质断层构造带的施工工程显得尤为重要。而由于建筑物沉降、位移等引起的边坡及道路坍塌、楼房及桥梁倒塌等安全质量事故屡见报端。因此，我们必须努力做好建筑物的变形观测，确保工程的施工质量。工程测量与安全事故常常有关联的，具体不做阐述。

（四）工程测量对防治质量通病的积极意义

常见的质量通病不外乎钢筋、模板、混凝土等方面的问题，与测量放线有关的分别如下：钢筋偏位、模板平整度、墙柱垂直度、混凝土表面平整度、楼地面平整度、外墙门窗工程垂直度等。如果测量工作方面出了问题，势必会引起施工质量问题的发生。我们在施工中只要把测量工作做好，对防治质量通病就起到非常积极的作用。同时，精确、详细的测量成果为专业质量检查人员提供参考和依据，通过现场的检查和整改，能把很多质量问题"扼杀在摇篮之中"由被动变为主动，由消极转变为积极，对防治质量通病有着非常重要的意义。

三、影响工程测量精度的因素及控制措施

工程测量精度对工程的施工质量有着重要的影响，但是在实际的工程测量中，对于测量的精准度非常难以掌握，受各种因素的影响，工程的测量结果总会存在偏差，为工程的顺利施工造成阻碍。近几年我国的社会经济与科学技术不断地发展，应用于工程中的机械设备更加的种类繁多，使得工程测量的精度也越加难以控制。工程测量的偏差，不仅影响到工程的施工质量，也引发了一些负面的社会影响，因此细致分析影响工程测量精度的原因以及工程测量中存在的问题，并提出具体的解决方案，已经成为各工程单位刻不容缓的工作。

（一）影响工程测量精度的因素

近年来多项工程施工质量的下降，使得工程的测量工作逐渐进入到人们的视野，开始重新审视工程测量的精准度与工程施工质量之间的关系，无疑工程测量的精准度与工程的施工质量密切相关。如果工程测量的精度不高，工程施工的质量将难以保证，那又是什么原因使得工程测量的精度不容易控制呢？经过细致的研究与分析，我们得出影响工程测量精度的因素主要为以下几点。

1. 测量设备精准度欠缺

测量仪器是影响工程测量精准度的主要因素，测量仪器的精准度不高，就必定无法获得精准的工程测量结果。因为测量设备导致工程测量精准度不高的原因，分析起来不外乎这三个方面：第一，现在的市场中有许多规格、型号不同的测量仪器，但是同一种测量仪器并不适用于所有的工程测量的工作，工程项目的不同，使用的测量仪器也应不同，如果相关的负责人员在实际的测量工作中，不能正确的选择与使用适用于该工程的测量仪器，就会使得工程测量的精准度不高；第二，在选购测量仪器方面，存在部分的工程单位为图短期的经济利益，采购质量欠佳的测量仪器，测量仪器精准度不高，也就使得工程的测量得不到精准的结果；第三，在测量设备的维修养护方面没有做好工作，测量仪器同其他的工程机械设备同样，也需要定期的维修与养护，因为长时间的使用，可能会造成测量仪器的老化，或者故障，如果不进行及时的维修与养护，就会使得工程测量的信息劣化，测量结果的精准度不高。科学正确的使用测量仪器，能够有效地提高工程测量的精准度，为工程的施工提供准确的参考数据，但是如果对测量仪器使用不当，就会降低工程测量的精准度。另外，由于在实际的施工过程中，工程的施工环境都较为复杂，灰尘、杂物等较多，劣质的环境会加快测量仪器的损坏，若果在使用前对测量仪器不能够妥善的存放，不能及时进行清洁，就会降低测量仪器的精准度，在工程的测量工作中无法获得准确的信息，对

工程的施工质量造成影响。

2. 测量人员工作能力欠缺

工程的测量精度作为整个工程施工中的重要环节，对测量人员的工作技能以及职业素养均有着严格的要求。工程测量人员测量技能高超，能够熟练使用各类测量仪器，并且有着良好的职业素养，在进工程测量工作时能够认真负责，细心谨慎，工程测量的精准度势必会大大提高。但是经过实地的考察发现，测量人员的工作能力以及职业素养也是造成工程测量精度不高的一个重要的因素。众多工程单位中的测量工作人员，均无法准确地说出各类测量仪器的规格型号以及自使用中的技能技巧，导致测量仪器发挥不出它的作用，工程测量的精准度无法有效的控制；其次，许多的工程测量人员职业素养欠缺，不能正确认识自身工作的重要性，在实际的工程测量时，没有做到认真负责，多是抱着得过且过的心态进行工作，在测量过程中粗心大意，不能对工程施工中微小的细节问题敏锐的掌握，极大地降低了工程测量的精准度。

3. 测量团队流动性大

工程的测量是一项技术性较高的工作，在进行实际的工程测量工作时，需要测量人员与工程的一线负责人员紧密配合。因此，对于整个工程团队的配合度要求较高，工程单位要想有效控制工程的测量质量，就必须要组建一支稳定的、协作能力与默契度高的工程测量队伍。但是根据调查的数据表明，当前我国的众多工程单位，都是采用外聘人员的方式，这种用人方式非常不利于工程测量精度的控制。一方面，外聘的工作人员都是临时性的，对于工程的施工情况了解得不多，无法把握工程中的许多细节问题，也因为是外聘，所以多数的测量人员不会对工程的测量工作负多大的责任，很有可能测量人员在负责此项工程的测量时同时也承担着别项工程的测量工作，就会出现测量人员为赶进度，随意测量的现象发生；另一方面，因为是外聘测量人员，工程单位无法把握测量人员的工作技能，很可能会聘请技能不高，或是刚毕业、工程测量经验欠缺的测量人员，影响工程测量工作的效率，使得工程测量的精准度不易控制。

（二）工程测量精度的控制措施

1. 做好测量的准备工作

工程测量前期的准备工作在工程测量中至关重要，决定着测量的精准度。对于工程能测量前期的准备工作应从两方面着手进行：检测测量仪器和设计测量方案。对于测量仪器的监测，主要是在仪器进场前检查仪器的完好程度以及运行状态，避免存在故障的仪器进行测量场地影响到测量的精准度，在进行仪器测量入场之前，可以简单地测试一下检测仪器的精准程度，对于精准程度不高的仪器应杜绝入场，予以返回重新进行仪器维修。在设计测量方案方面，编制测量方案的人员一定要进入到实际的施工场地，结合具体的施工环境以及工程的施工特点进行测量方案的编制与设计，在设计测量方案前对施工的现场环境进行勘察，收集与记录相关的施工数据，为后期的测量结果准备好参考的数据；检查施工现场相关的机械设备以及仪器的使用情况，做好数据的记录以及仪器的保修情况，对能够正常使用以及存在故障的设备做好记录；调查实际的施工进度，确保编制的测量方案要与实际的工程施工保持相同的进度。同时，也应将工程后期的检测以及维修养护工作包含到工程的测量方案中去。

2. 合理设置控制网

在工程的测量工作中，要想有效控制工程测量的精度，就必须要严格按照规范的测量流程进行测量，在测量的过程中各项测量环节与测量施工都必须符合相关的标准，进行规范的测量，尤其是对于控制网的布置。在进行控制网点的布置时，要严格按照工程项目的主轴线进行布点控制网。无论工程测量的方案怎样的精准与合理，都会不可避免地与实际工程测量之间会存在一些误差，这些误差或大或小都会对工程测量的精准度产生一些影响。为最大限度地减小测量方案与实际的测量工程之间的落差，尽可能地提高工程测量的精准度，就需要在进行控制网的布点时，在保证工程主轴线的基础上，缩短对控制网点的检测时间，增加对控制网点的检测频率。如果在进行工程测量的过程中，遇到工程结构较为复杂，工期时间较为紧张，施工环境较为杂乱的情况，就需要工程测量人员能够根据具体的的工程施工情况灵活应对，妥善处理。例如，使用先进的计算机测量设备以及软件对控制网进行测量，以提高工程测量的效率，在保证工程测量精度的情况下，缩短测量时间，为工程的施工节省更多的时间。

3. 合理选择测量方式

放样测量是工程施工中较为常用的一种测量方式，测量的效率与精准度都能够得到有效的保证，但是在实际的工程测量中，还需要根据具体的工程施工情况选择合理的测量方式。在具体的工程测量中，所受影响因素较多，需要考虑的细节问题也较多。因此，对于测量的精准度不容易控制，要想提高工程测量的精准度，就必须需要从测量位置、测量角度、施工环境、测量仪器等多个方面综合考虑，在众多的测量方案中选择出最优的测量方案，最大限度地提高放样的精度。通过研究发现，在众多的工程测量方案中坐标测量法是使用比较广泛，并且测量精准度较高的一种放样测量方法。坐标测量法最大的优点就是可以通过坐标的定位，将在工程施工中容易被忽视的细节问题直观地反映出来，通过对细节的处理，能够有效提高工程测量的精度，有利于对影响测量精度的隐形因素进行解决。另外，坐标测量法也较为方便灵活，对工程施工环境的要求度不高，因此适用于多种工程的测量，对测量的精准度也能够进行有效的控制，是一种非常不错的工程测量方法。

4. 减少测量人员的流动性

测量人员是工程测量工作的最主要的实施者，也是影响工程测量精度的主要因素，工程单位要想有效控制工程测量的精度，提高施工质量，获得可观的经济收益，就必须要在单位内部组建起一支稳定的并且测量技艺精湛，职业素质高的工程测量队伍，尽量减少测量人员的外聘，在单位内部加强对测量工作人员的培训，通过技能考核或是绩效考核的方法提升测量人员的职业素养与工作能力，对于测量经验较少的测量工作人员也必须要在老员工的指导与监督下进行工程的测量工作。工程测量人员应与工程施工人员之间加强沟通与合作，各测量人员之间也要密切交流，相互协作，通过稳定的测量队伍提升工程测量的精准度。

第二节 工程测量新技术及其应用

一、数字化测绘技术

（一）数字化测绘技术的概念

数字化测绘技术属于一种新的测绘手段，随着计算机技术和网络技术的发展而出现。工程测量方面数字化测量技术发挥重要价值和作用，当前在工程测量方面应用越来越广泛，能够更好地维持工程测量工作的顺利有效进行。目前工程测量中数字化测绘技术的应用对我国服务领域的延伸有着非常大的促进作用，具备测量数据采集处理实时化、数字化和自动化等特点。尤其在数字化测绘技术发展过程中，GIS 技术、GPS 技术等在各个行业领域有广泛应用，现代工程测量水平明显提升，做好数字化测绘技术的应用和发展能够为测量单位综合实力的提升打下良好基础，产生更多的经济效益。因此，必须要对数字化测绘技术在工程测量中的应用加以重视。

（二）数字化测绘技术的特点

数字化测绘技术在实际应用中与传统测图技术相比具有非数字化测绘技术在工程测量中的应用属于我国地形测绘中最为先进的测量技术，具有广阔应用潜力和发展前景。数字化地图能够使外业测量的精度有明显提高，同时利用高精度测绘仪器，取得非常好测绘效果。数字化测绘技术属于当前科学技术发展进步的一个重要产物，能够更好地支撑社会化科学管理工作的实现。数字化测绘技术在实际应用中不仅可以进行工程测量，同时在房产测量、地籍测量、水利测量等方面有广泛应用，具有精确性、高效性等特点。

1. 测图精度高

数字化测绘技术应用在工程测量中，测图精度非常高，能够使地图测绘精度发生质的飞跃。应用数字化测图技术，针对距离在 300m 以内的图形距离，可以应用电子速测仪（全站仪）装置将测定点误差控制在 3mm 以内，从数据的输入一直到结果的生成，基本不会有精度损失出现，此种测量装置可以在放置位置对于所需的高差、垂直 / 水平角、间隔等多个丈量数据进行精准的电子化测量，再通过换算关系、计算机程序处理，可自动生成测绘图，以此能够有效避免传统工程测量中所出现的展点型误差、视距型误差等问题，使外业测量精度得到保证，测量结果精度满足实际需要。

2. 自动化水平高

数字化测绘技术具备自动化程度高优势，这方面的优势与计算机技术的发展密切相关。工程测量中，应用数字化测绘技术，可直接使用计算机软件进行计算以及图示符号选择和识别等，与传统手绘地形图相比，图形的美观性、规范性和精确性有了明显提升。另外，数字化技术发展过程中，可以很大程度上避免一些人为因素影响，降低错误发生率。

3. 图形属性信息丰富

工程测量中应用数字化测绘技术，绘制出的地形图坐标更为精确，能够充分展现地点丰富的属性信息，通过对测绘点各个编码信息的相互连接，在成图操作过程中，提高系统数据库测量符号应用合理性，在数据库中调用与编码相对应的各类图式符号，提高地形图绘制完善性。也就是说，数字测图过程中，为了提高信息检索方面便利性，必须要做好图形信息的采集，尤其注意连接、属性以及定位等方面信息的采集。

4. GIS 信息源的运用

随着计算机技术和信息技术的发展进步，GIS 技术不断发展完善，数字化测绘技术在实际应用中不仅可以为 GIS 提供所需要的源数据，同时还能够更好地满足建图过程中 GIS 数据库信息的应用。当前数字化测绘技术以及 GIS 所获取的数据尚未实现有效对接，但是在数字化测绘技术发展过程中，数字化测绘技术与 GIS 技术能够实现有效结合。尤其在一些比例尺较大空间数据获取和搜集等方面，比如城市规划中，利用数字化测绘基数为 GIS 技术提供数据源等，实现两者之间的有效结合。

5. 方便图形编辑

数字化策划技术的应用，在成果数据处理方面可采取分层堆放方式，图面负载量不会受到限制，能够深入发掘成果的价值和潜力。实现对传统测绘技术应用中一些问题和弊端的有效避免。比如在地面房屋改建、扩建等方面，如果地籍等出现变更，只需要利用设备输入相关信息，就能够对其进行修改和更新，使图面可靠性和现势性得到保证。

（三）工程测量中数字化测绘技术的应用

1. 原图数字化处理

原图处理容易受到工程经济成本等方面因素的限制和影响，在原图处理方面，很多企业会利用数字化测绘技术进行工程项目施工成本的控制，数字化测绘技术的应用能够在提高原图处理效果的同时减少数字地图扫描至设备时间。

首先，数字化测绘技术在原图处理方面具有扫描矢量化处理方式，扫描矢量化有着精度高和效率高特点，扫描的精确性很大程度上受到操作人员技术水平等因素影响。扫描矢量化仅能够显示白纸图，很难将不同地表结构清楚显示出来，容易有数字图显示结果误差情况出现。因此，扫描矢量化更多地应用在紧急情况处理方面。在条件允许情况下，扫描矢量化的应用，能够利用一些辅助技术提高数字地图检测有效性，比如与地物信息数字化方式相结合，提高数字化检测结果精确性。其次，外业测点在原图处理方面的应用。原图数字在实际应用中将数字化缩放图技术与外业测点等技术相互结合，以此获取所需要的数字地图。在一些不完善的图纸和数据方面，外业测点技术的应用能够实现对其修复处理。在检测方面，针对传统的地形图和图件，选择传统资源，能够实现对人力和时间方面消耗的有效节约和控制，但是这种方式存在有精度以及图像转换等方面问题。利用外业测点技术，不仅可以提高效率，同时还能够取得最佳的结果，对现有资料进行完善和补充。原有测量技术已经很难满足当前数字化测绘工作开展实际需要，因此，未来测绘技术必然会向着利用外业测点方面完善和发展。最后，划分图层。数字化地图中控制点以及地形信息数量非常庞大，这些信息的全面性对数字化地图作用有重要影响。针对一些较为复杂地形图，所涵盖的信息面相对较广，在储存方面有非常大的难度，必须要选择分层储存方式，使管理有效性得到提升。比如在图层中放入属性相同信息，有需要时，可以快速准确找到所需要土层。同时也可以建立线型符号库等，从颜色和形状等方面对其完善，为之后的使用和查找提供方便。

2. 地面数字测图

工程测量中，地面数字测图属于一项最为普遍的测量技术，不仅精确度高，在实际应用中还不会受到比例尺等因素限制。地面数字图使用方面，可以直接利用数字图进行各类数据的收集，复制绘图并整合，获取准确的数字图。利用传统测量技术进行辅助，能够将所测绘的地表和地物精度控制在允许范围。

3. 数字地球

数字地球是对各类信息综合化后建立的统一坐标系，属于计算机数字化储存方式，不仅有着储存量大特点，同时还能够将不同的知识和信息等相互结合。当前数字地球在地学以及信息学等方面有广泛应用，将其应用在数字化测绘中，同样可以取得非常好的应用效果，能够为数字化测绘技术的发展提供重要支撑，尤其在工程检测等方面，可以发挥重要价值和作用。

4. 航测数字成图

航测数字成图在实际应用中先建立地面模型，之后通过航空摄像等方式，获取地籍数字信息后，使用计算机进行分析和处理，最终获取所需要的水地形图。航测数字成图主要是通过航空拍摄方式获取所需要的数字影像，应用在大面积区域测绘方面，测绘效率明显提升，可以在较短的时间内成图。通过航空俯瞰方式获取的信息有着非常好的直观性，成图比较均匀，能够满足实际需要，同时成本低廉，不受天气等因素限制，在大面积成图以及大测区成图方面可以取得非常好应用效果。当前航测数字地图在我国部分地方已经开始普及应用，实际应用效果理想，将会成为未来数字测绘的一个主要发展方向。

5. 地籍测量

随着城市化进程的不断加快，当前人们在地籍图方面的需求量有了明显增加，在地籍测绘方面重视度越来越高。地籍测量工作的开展主要是测量区域土地面积、属性以及其经济价值等参数，以此完善土管信息系统。地籍测量中数字化测绘技术的应用不仅精确度高，成图速度快，同时还不需要花费过多的成本，尤其在城市大面积成图方面，可以取得非常好的应用效果。

二、全球卫星定位技术（GPS）

（一）GPS技术概述

GPS 测量技术 GPS 定位技术的高度自动化及其所达到的高精度和具有的潜力，也引起了广大测量工作者的极大兴趣。当时 GPS 定位基本上只有一个作业模式——静态相对定位，两台或若干台 GPS 接收机安置在待定点上，连续同步观测同一组卫星 1 ~ 2h 或更长一些时间，通过观测数据的后处理，给出各待定点间的基线向量，在采用广播星历的条件下，静态定位可取得 5mm + 1 × 10 − 6 D（双频）或 10mm + 2 × 10 − 6 D（单频）基线解精度。随着技术的发展，快速静态定位为短基线测量作业闯出了一条新路，大大提高了GPS 测量的劳动生产率。一对 GPS 测量系统（双频）在 10km 以内的短边上，正常接收 4 ~ 5颗卫星 5min 左右，即可获取 5 ~ 10mm + 1 × 10 − 6 D 的基线精度，与 1 ~ 2h 甚至更长时间静态定位的结果不相上下。各个 GPS 测量厂商看好这个大趋势，纷纷推出各自的 GPS测量新产品。有的把这种新型产品称之为 GPS 全站仪，有的称之为 RTK（实时动态测量），有的称之为 RTKGPS。

总之，GPS 测量理论与设备的不断发展，使得 GPS 测量技术日趋成熟，GPS 测量功能更加完善，GPS 测量应用面更广，并且 GPS 测量设备价格变得低廉，操作更加简便，使 GPS 测量更加实用化和自动化。20 世纪 80 年代以来，随着 GPS 定位技术的出现和不断发展完善，使测绘定位技术发生了革命性的变革，为工程测量提供了崭新的技术手段和方法。长期以来用测角、测距、测水准为主体的常规地面定位技术，正在逐步被以一次性确定三维坐标的、高速度、高效率、高精度的 GPS 技术所代替；定位方法已从静态扩展到动态；定位服务领域已从导航和测绘领域扩展到国民经济建设的广阔领域。

（二）GPS技术的组成及特点

1. GPS 系统的组成

GPS 全球定位系统由空间卫星群和地面监控系统两大部分组成，除此之外，测量用户还应有卫星接收设备。空间卫星群，GPS 的空间卫星群由 24 颗高约 20 万公里的 GPS 卫星群组成，并均匀分布在 6 个轨道面上，各平面之间交角为 60°，轨道和地球赤道的倾角为 55°，卫星的轨道运行周期为 11 小时 58 分，这样可以保证在任何时间和任何地点地平线以上可以同时接收 4 ~ 11 颗 GPS 卫星发送出的信号。GPS 的用户部分由 GPS 接收机、数据处理软件及相应的用户设备如计算机、气象仪器等组成，其作用是接收 GPS 卫星发出的信号，利用信号进行导航定位等。在测量领域，随着现代的科学技术的发展，体积小、重量轻便于携带的 GPS 定位装置和高精度的技术指标为工程测量带来了极大的方便。

2. GPS 技术的特点

相对于常规的测量方法来讲，GPS 测量有以下特点：

（1）测站之间无须通视

GPS 这一特点，使得选点更加灵活方便。但测站上空必须开阔，以使接收 GPS 卫星信号不受干扰。

（2）定位精度高

一般双频 GPS 接收机基线解精度为 $5mm + 1 \times 10 - 6 D$，而红外仪标称精度为 $5mm + 5 \times 10 - 6 D$，GPS 测量精度与红外仪相当，但随着距离的增长，GPS 测量优越性愈加突出。

（3）观测时间短

采用 GPS 布设控制网时每个测站上的观测时间一般在 30 ~ 40min 左右，采用快速静态定位方法，观测时间更短。

（4）提供三维坐标

GPS 测量在精确测定观测站平面位置的同时，可以精确测定观测站的大地高程。

（5）操作简便

GPS 测量的自动化程度较高。目前 GPS 接收机已趋小型化和操作傻瓜化，观测人员只需将天线对中、整平，量取天线高打开电源即可进行自动观测，利用数据处理软件对数据进行处理即求得测点三维坐标。而其他观测工作如卫星的捕获，跟踪观测等均由仪器自动完成。

（6）全天候作业

GPS 观测可在任何地点，任何时间连续地进行，一般不受天气状况的影响。在中国 GPS 定位技术的应用已深入各个领域，国家大地网、城市控制网、工程控制网的建立与改造已普遍地应用 GPS 技术。在石油勘探、高速公路、通信线路、地下铁路、隧道贯通、建筑变形、大坝监测、山体滑坡、地震的形变监测、海岛或海域测量等也已广泛的使用 GPS 技术。随着 DGPS 差分定位技术和 RTK 实时差分定位系统的发展和美国 AS 技术的解除，单点定位精度不断提高，GPS 技术在导航、运载工具实时监控、石油物探点定位、地质勘查剖面测量、碎部点的测绘与放样等领域将有广泛的应用前景。

（三）GPS 全球定位系统在工程测量中的应用

GPS 全球定位系统（Global Positioning System）在工程测量中的应用，在最近的两年得到了迅速推广，这主要依赖于 GPS 系统可以向全球任何用户全天候地连续提供高精度的三维坐标、三维速度和时间信息等技术参数。工程测量主要应用了 GPS 的两大功能：

静态功能和动态功能。

　　静态功能是通过接收到的卫星信息，确定地面某点的三维坐标；动态功能是通过卫星系统，把已知的三维坐标点位，实地放样地面上。利用 GPS 静态定位技术和动态定位技术相结合的方法可以高效、高精度地完成公路平面控制测量。例如在公路控制测量中使用静态功能这一技术进行定线测量的精度可以完全满足公路勘察设计和公路建设的精度要求。下面以 GPS 测量技术在公路测量中的应用为例介绍 GPS 系统在实际工程测量工作中的应用。

　　随着国民经济的快速增长，国内高等级公路建设迎来前所未有的发展机遇，这就对勘测设计提出了更高的要求，随着公路设计行业软件技术和硬件设备的发展，公路设计已实现 CAD 化，有些软件本身还要求提供地面数字化测绘产品的支持；建立勘测、设计、施工、后期管理一体化的数据链，减少数据转抄、输入等中间环节，是公路勘测设计"内外业一体化"的要求，也是影响高等级公路设计技术发展的"瓶颈"所在。目前公路勘测中虽已采用电子全站仪等先进仪器设备，但常规测量方法受横向通视和作业条件的限制，作业强度大，且效率低，大大延长了设计周期。勘测技术的进步在于设备引进和技术改造，在目前的技术条件下引入 GPS 技术应当是首选。当前，用 GPS 静态或快速静态方法建立沿线总体控制测量，为勘测阶段测绘带状地形图、路线平面、纵横断面测量提供依据；在施工阶段为桥梁，隧道建立施工控制网，这仅仅是 GPS 在公路测量中应用的初级阶段，公路测量的技术潜力蕴于 RTK（实时动态定位）技术的应用之中，RTK 技术在公路工程测量中的应用，有着非常广阔的前景。下面就 RTK 技术在公路勘测中的应用作简单的介绍。

　　1. 实时动态（RTK）定位技术简介

　　实时动态（RTK）定位技术是 GPS 测量技术发展的一个新突破，在公路工程中有广阔的应用前景。众所周知，无论静态定位，还是准动态定位等定位模式，由于数据处理滞后，所以无法实时解算出定位结果，而且也无法对观测数据进行检核，这就难以保证观测数据的质量，在实际工作中经常需要返工来重测由于粗差造成的不合格观测成果。解决这一问题的主要方法就是延长观测时间来保证测量数据的可靠性，这样一来就降低了 GPS 测量的工作效率。实时动态定位（RTK）系统由基准站和流动站组成，建立无线数据通信是实时动态测量的保证，其原理是取点位精度较高的首级控制点作为基准点，安置 1 台接收机作为参考站，对卫星进行连续观测，流动站上的接收机在接收卫星信号的同时，通过无线电传输设备接收基准站上的观测数据，随机计算机根据相对定位的原理实时计算显示出流动站的三维坐标和测量精度。这样用户就可以实时监测待测点的数据观测质量和基线解算结果的收敛情况，根据待测点的精度指标，确定观测时间，从而减少冗余观测，提高工作效率。

　　实时动态（RTK）定位有快速静态定位和动态定位两种测量模式，两种定位模式相结合，在公路工程中的应用可以覆盖公路勘测、施工放样、监理和 GIS（地理信息系统）前端数据采集。

（1）快速静态定位模式

要求 GPS 接收机在每一流动站上，静止地进行观测。在观测过程中，同时接收基准站和卫星的同步观测数据，实时解算整周未知数和用户站的三维坐标，如果解算结果的变化趋于稳定，且其精度已满足设计要求，便可以结束实时观测。一般应用在控制测量中，如控制网加密；若采用常规测量方法（如全站仪测量），受客观因素影响较大，在自然条件比较恶劣的地区实施比较困难，而采用 RTK 快速静态测量，可起到事半功倍的效果。单点定位只需要 5 ～ 10min 不及静态测量所需时间的五分之一，在公路测量中可以代替全站仪完成导线测量等控制点加密工作。

（2）动态定位

测量前需要在一控制点上静止观测数分钟（有的仪器只需 2 ～ 10s）进行初始化工作，之后流动站就可以按预定的采样间隔自动进行观测，并连基准站的同步观测数据，实时确定采样点的空间位置。其定位精度可以达到厘米级。动态定位模式在公路勘测阶段有着广阔的应用前景，可以完成地形图测绘、中桩测量、横断面测量、纵断面测量等工作。且整个测量过程不需通视，有着常规测量仪器（如全站仪）不可比拟的优点。

（3）RTK 技术的优点

RTK 技术的优点在于以下几个方面。第一，实时动态显示经可靠性检验的厘米级精度的测量成果（包括高程）；第二，彻底摆脱了由于粗差造成的返工，提高了 GPS 作业效率；第三，作业效率高，每个放样点只需要停留 2 ～ 4s，其精度和效率是常规测量所无法比拟的；第四，应用范围广，可以涵盖公路测量（包括平、纵、横），施工放样，监理，竣工测量，养护测量，GIS 前端数据采集诸多方面；第五，如辅助相应的软件，RTK 可与全站仪联合作业，充分发挥 RTK 与全站仪各自的优势。

2. GPS 测量技术在工程测量上的优势和发展前景

GPS 的应用优势在于其具备极高的精度。它的作业不受环境和距离限制，非常适合于地形条件困难地区、局部重点工程地区等。同时，GPS 测量可以大大提高工作及成果质量。它不受人为因素的影响，整个作业过程全由微电子技术、计算机技术控制，自动记录、自动数据预处理、自动平差计算。并且 GPS 测量可以极大地降低劳动作业强度，减少野外砍伐工作量，提高作业效率。另外，GPS−RTK 技术将彻底改变公路测量模式。RTK 能实时地获得所在位置的空间三维坐标。这种技术非常适合路线、桥、隧道勘察，它可以直接进行实地实时放样、点位测量等。GPS 高精度高程测量同高精度的平面测量一样，是 GPS 测量应用的重要领域。特别是在当前高等级公路逐渐向山岭重丘区发展的形势下，往往由于这些地区地形条件的限制，实施常规水准测量有困难时，GPS 高程测量无疑是一种有效的手段。GPS 在公路工程测量中的应用，对高等级公路的勘测手段和作业方法产生了革命性的变革，极大地提高了勘测精度和勘测效率，特别是实时动态（RTK）定位技术将在公路勘测、施工和后期养护、管理方面有着广阔的应用前景。

三、工程测量中的地理信息（GIS）技术

（一）GIS技术的定义及特点

1.定义

GIS技术从不同的角度对其的定义也不尽相同，当前公认的主要有三种：①基于组织机构的定义：此定义法认为，GIS技术可检索、存储、操作及显示数据信息，具有集合功能。可发挥数据库的作用，能够为各种问题提供决策支持以及解决方案；②基于工具箱的定义：此定义认为可把GIS技术当作一个工具箱，里面存放着在显示环境中所采集和转换的空间信息；③数据库定义：这种定义法是将其看成一个数据库系统，可通过检索引导以及对数据库中的空间数据进行操作来解决显示中的问题。以上的定义方法是分别通过不同的角度来对GIS技术做出的定义。基于组织机构的定义主要侧重于强调人及机构在处理数据信息时所起的作用，而基于工具箱的定义则主要强调操作各种地理数据，而基于数据库的概念主要是从数据处理中的数据组织不同来定义的。

2.特点

GIS系统包括二维和三维两类，在早期的工程测量中主要运用的是二维地理信息系统GIS，它的输出信息主要以平面图形为主，可视化功能比较差，同时信息和数据的存储及计算能力也比较弱。但在早期的工程测量中，二维地理信息系统GIS在图像图形等方面的处理已经能基本较好地满足工作需要。伴随着工程测量的进一步发展，其对于GIS技术的技术需求也发生转变，要求可以以三维方式展现，三维目标的定义更具有精准度及准确性，从而更好地为工程测量服务。

现代GIS技术有强大的计算机支持系统，在处理信息方面有快速精确等优势，而且能够通过计算机技术对相对复杂的地理系统进行空间定位和过程动态分析。同时，在计算机系统的支持下，能够借助程序模拟分析，能够对多种地理信息进行采集、分析、输出、管理，并且提供的信息是空间的和动态的。现代GIS技术本身拥有强大的计算机系统的支持，在计算机系统的支持下对信息的传输和数据的处理将会逐渐变得更为有效。信息处理也将会变得更为迅速和精准，使得现代GIS技术足以适用于复杂的系统之中。现代GIS技术可以提供更为科学、动态和空间的结果。可以对空间地理数据实行高效管理，在实际的工作过程当中，工作人员能够借助于计算机专业的程序、专门的地理分析方法来实现模拟，与此同时，其与空间数据的相互作用形成了有用的信息，此功能的实现一般复杂度和难度都比较高，这一点需要我们在工作中高度重视。简而概之，GIS技术具有高精确度、高清晰度、高速分析和信息远程传输实时性等等特征。与此同时，也决定了GIS技术的操作人员应该有较高的操作水准，这也是该系统是否可以发挥出最大功效的关键所在。

（二）GIS 技术在工程测量中的功能模块

1. 地图管理功能模块

现代 GIS 技术能够系统地管理容量可观的图库，对图库进行转换和整合，制作精准的电子地图，绘制分析图和地图，此外，能灵活地将地图转换为各种格式。同时，现代 GIS 技术具备误差纠正、投影变换、图件矢量化及无缝拼接图等多种功能，顺应了现代化工程测量事业的发展。

2. 设备管理功能模块

此功能模块能够使系统及其相对应的辅助功能同时运行，更为便利地处理缺陷数据、故障数据、基本台账数据和检修数据等，有效地保证了对应系统及辅助功能的同时进行。其应用过程如下：首先划分出需要进行测量的范围，选择好相应设备的种类和型号，为模糊检索创造条件；其次，迅速搜寻既定目标，同时在线路上模拟挂牌，并且配置检索现有的挂牌功能。GIS 技术同时还兼具完善的书面图形打印功能和标表功能，在很大程度上提高了工程测量的工作效率。

3. 辅助作图功能模块

现代 GIS 技术可以绘制电子地图和绘制地图，可以灵活地将地图转换为多种格式，对容量巨大的图库也可以进行系统管理。辅助作图功能有助于提高工程测量人员的设计，同时还可以对地图进行更为直观形象的展示，优化了工程设计，也为勘探技术水平的提高创造了条件。除此之外，其辅助作图功能模块还可以为工程测量管理提供更多更为便利、快捷的方式。不仅仅为手动输入提供了便利，还能用数据库外挂的批处理方式，简化数据库的数据输入过程，使得工程测量工作人员的工作更方便快捷，工作模式更为有效。

4. 分析功能模块

此功能模块起辅助决策的功能。将分析和决策两者进行关联，提高系统的可靠性，发挥更大的效用。在工程测量的过程当中分析模块能够对决策者的决策工作起到很好的辅助作用，能够利用现代 GIS 技术的缓冲区分析、空间分析来统计数据结果，从而去对工程实施的准确性和可靠性进行判断。分析功能的实现使工程测量管理工作更加高效和便利。比如，电网分析功能模块通过分析计算系统，对系统的组抗性及其可靠性做出判断，以此保障计算机系统运行得更安全可靠。除此之外，分析功能模块可以为系统的运行提供执行方案和理论依据，从而为其提供更为合理科学的支持。比如在分析出拉闸停电的范围之后，能够及时确定和制定出来有效的、可行的、准确的拉闸停电范围的方案，增强了系统的可靠性和安全系数。

（三）现代 GIS 技术在工程测量中的应用

现代 GIS 技术的数据库的图形输出能力和存储量在工程测量中具有普遍优势。在最初阶段，GIS 技术只是运用到测距以及测水准点等一些常规工作，但是随着技术的不断发展和设备的不断改进，GIS 也呈现飞速发展的趋势，并且具备很多优势，数据库的存储信息能够依据工程测量的需求，从而来完成软件的成图操作。依此能够提供技术上的支持给工程设计进度的提高，使野外测量工作的工作量以及测量难度得以降低。由于测量精准度高、劳动强度小、管理和更新方便以及运行成本的降低等优势，使得现代 GIS 技术在工程测量中得到了更加有力的推广和运用。现代 GIS 技术其自身拥有明显的优势，这项技术在工程测量中的运用可以有效提升工程测量的水准。现代 GIS 技术在工程测量中的应用主要有以下几个方面。

1. 数据的获得和存储

屏幕显示地理数据是 GIS 技术应用于工程测绘的基本内容，需要用户提前做好视觉变量的选择，同时选择好图形的纹理、尺寸和颜色，以实现图形的分区显示、分图层显示以及全要素显示等等。此外，GIS 技术测量当中的数据显示的主要组成部分就是数据符号，目前的数据化符号的功能需要进一步提高，继续开发新的工具软件，加强地理数据符号化的功能，从而得到更为直观化和可视化的数据展示。此外，对屏幕上的地图进行标记，可以使工程测量工作人员能够更为快捷地获得更加简单的电子地图。

2. 科学计算

现代 GIS 技术能够将各类数据分类、分级展示，并且把这些数据以专题图的方式展现出来，系统化地对模型中的数据进行管理。例如，GIS 技术可以对色相饱和度进行区别分析，接着进行图形分类，并且让图形数据通过分级图的方式进行展示。再比如，对图形的分类可以依据不同的纹理和色彩，从而使得数据以分类图的方式展现出来。还可以依照其他不同的数据表示办法，用直方图或者圆饼图等形式来展示统计数据。

3. 可视化

GIS 技术的仿真技术是三维仿真地图的主要技术支持。通过三维立体的图形对空间信息进行展示，让用户犹如身临其境。通过这种图形来展示空间信息，可以使空间信息更为可视化和立体化。现代 GIS 技术可视化的发展，有效地促进了地理信息可视化的发展速度。再者，多媒体技术和可视化技术的结合，有效地改善了地理信息的传送方式，这样的可视化技术通常和多媒体技术结合起来，让地理信息的传送不同于以往的图形、文本及表格等表达方式，成为多媒体空间的展现内容。其通过图形、图像、声音、文本、视频及动画一体化技术，使得可视化方式更复杂多样。把传统的三维或者二维空间用动画的方式展示出来，能够使时空数据更为直观自然。由此，地图动画成了当前应用相对广泛的一种三维立体表达形式。

4. 查询

经由对地理信息语言的查询，现代 GIS 技术可以实现数据库图表和其相关的内容的操作查询，查询的结果，包含了表格和图表，也包含和其相关的文字信息，其查询更加快捷和高效。

5. 地图动画采集

GIS 技术里的地图动画采集是一种动态的测量数据表现形式，而测量数据的可视化则是一种静态的表现方式。地图动画经过在传统的三维空间或者二维空间里加入时间维，使得地图的内容伴随时间的变化而产生变化，而且用动画的形式表现出来。通常用的地图动画的展现形式有下面几种，即开窗的缩小与放大、拉缩镜头和漫游平移、运动动画、闪烁强调等等。现代 GIS 技术的地图动画可以更加直观、自然地再次展现时空数据，弥补了过往数据变现方式的不足之处，使得观察者更加便于分析。

6. 结果描述

现代 GIS 技术在工程测量中能够进行多层面的空间分析，不但可以进行缓冲区分析与叠加分析，而且可以进行网络分析与地形分析。所以，现代 GIS 技术在工程测量的应用之中能够更加具体、更加直观有趣地展示出地理现象的空间分析结果。此外，运用现代 GIS 技术可以进行地形、网络、叠加区及缓冲区分析。比如，运用现代三维 GIS 技术可以依据地表的透视情况而采用连续或者间断的线段展示出来，由此来提高地形测量的水准。即便是测量的时间和地理位置发生改变，也能够通过不同的图幅与不同的时间中任意一种要素的缓冲区变现出来，从而提高工程测量的时间描述水准。

7. 辅助决策

现代 GIS 技术拥有强大的空间数据分析、数据处理、区域分析与数据挖掘等多种技术，根据这些技术的特点，能够实时进行空间数据查询，统计出分析数据的结果。对那些基础数据进行分类、分析、提取、归纳和加工等一系列处理，才可以运用到辅助决策之中。经过对数据的分析和统计，对项目实施和业务管理等各项决策提供支持支撑服务，由此确保工程测量项目能够进行顺利地开展。在工程测量中有非常多的数据信息需要处理，为了保证系统环境的正确运行，必须为地理信息系统配备功能健全并且性能稳定的硬件和软件，以满足数据输出和完美呈现的需要。同时，数据读取中的输入输出过程和读取过程是否通畅也是影响系统的重要因素，这就要求软件和网络环境更为通畅，在工作人员进行选择时，必须保证宽带的足够强大。

（四）现代 GIS 技术在工程测量中的发展趋势

工程测量发展的下一个阶段是对现代 GIS 技术的要求具有共享性、及时性、整合化、自动化的特点。虽然，在工程测量当中所运用的技术多种多样，但是从未来的 GIS 应用在工程测量之中的发展前景和趋势来看，主要包括了以下三方面的趋势。

1. 现代 GIS 知识库系统

设立 GIS 知识库系统，整理合并和工程测量的项目有关的各领域范围的相关数据，比如大气信息、地理信息、水纹水质监测信息等等，并且联合有关学科，如人体科学、土木工程和地体科学等的模型和理论知识，成立基于现代 GIS 技术的工程测量模型。

2. 智能机器人

把人工智能、传感技术、影像技术、通信技术和计算机技术等多方面的技术合并生产出来能够代替野外测绘工作的现代 GIS 智能机器人，通过实时传送回数据中心的数据，下一步由专业的 GIS 操作人员进行分析和处理。

3. 整合型 GIS 测量系统、

整理合并 GPS、GIS、遥感技术和 R TK 等多种类型的技术，设立整合型 GIS 测量系统，建成信息共享体系下的数据处理系统，这将对以后的工程测量项目大有帮助。运用于工程测量的技术除了 GIS 技术之外，还包括了 GPS、遥感技术、实时动态定位技术等等。GPS 全球定位系统主要通过地面监测系统和卫星监测系统，对地理环境比较恶劣的地区进行测绘，GPS 技术拥有较高的精准度，而且不会轻易受到距离和环境的限制；遥感技术则主要综合应用遥感影像技术和光学理论来完成多种比例的地理信息的监测，其覆盖面积相对来说比较广泛，信息及数据的综合性也更强；RTK 实时动态定位技术则主要通过对参照坐标点的对比，利用卫星对流动站及基准值进行实时监测，以此使数据和信息能够得到及时的更新。

四、3S 集成技术

（一）3S 技术概述

3S（GPS、GIS、RS）技术的结合，取长补短，是一个自然的发展趋势，三者之间的相互作用形成了"一个大脑，两只眼睛"的框架，即 GPS 与 RS 为 GIS 提供区域信息及空间定位信息，而 GIS 进行相应的空间分析以便从 GPS 和 RS 提供的海量数据中提取有用的信息并进行综合集成，使之成为科学的决策依据。诸如三峡工程、南水北调工程、西气东输、青藏铁路等工程，其施工范围大、物流量大、施工周期长等，而 3S 技术为该类大型工程提供了最有效的数据及信息采集、分析处理、表达决策的工具。

（二）3S 技术在工程测量中的发展展望

1. 3S 技术在工程测量中的应用可以满足工程测量的各种要求

伴随我国经济的快速增长以及科学技术的进步，国内各种重大项目工程建设也呈现一派铮铮向荣的景象，在提供经济发展机遇的同时，也对工程项目中的工程测量提出了巨大的挑战。测绘新技术的不断发展和进步，促进了现代工程测量的测量工作内外一体化作业的趋势。3S 技术在工程测量中的应用可以实现工程测量中获取数据的自动化、测量工作流程控制和数据分析处理的智能化以及测量结果显示和传输实现可视化和数字化的效果。同时，结合现代计算机技术的应用还可以实现信息的共享以及网络化传播的目标。

2. 3S 技术在工程测量中的应用可以实现更高精度的要求

3S 技术的发展和应用特点具体可以总结为测量快速、操作便捷、可靠性高、结果精确、测量连续性好、动态捕捉能力强、遥感控制精确、实时性极佳的一系列集合多种学科技术的应用整合有机统一体。进入 21 世纪以来，我国的工程测量技术发展趋势逐渐呈现出高水平、大规模、新技术及新设备和新工艺应用广泛、测量精度更高（甚至要求达到纳米级别）、测量仪器更加微小便携、图像处理更加真实符合实际的趋势。这就促使传统的测绘技术除特别的应用外已经全部向测量自动化、分析管理智能化的方向转换。

3. 工程测量中 3S 技术的应用符合测量特点的要求

新时期的工程测量对于测量技术提出了新的要求，具体表现为：在测量方案上要求更具有科学性和合理性，特别要具有很强的可操作性；在测量的数据收集、传输和应用上要求向数据处理方法多样化、数据测量应用更具社会化、以及测量传输实现网络化的特点。对于技术应用和发展的具体要求主要有以下两个方面的内容：一方面，在人工智能方面，要求地面测量设备和方法更具自动化、智能化特点，这就对新技术相对应的专用仪器的设计和研制提出了较高的要求，既要解决精密工程测量中对于精准度的要求的问题，还要丰富技术内在理论和方法以及尽量采用测量机器人技术作为工程测量传感的集成系统，促使 3S 技术在各个领域中的应用不断扩大，从而促进工程测量进程的发展。另一方面，对于 3S 技术的应用不要仅限于个别方法上的使用，还要结合实际工程测量的要求，通过分析和研究每项技术特点和优势，进行有机地组合达到更好的测量效果；同时，测量技术的发展还要考虑到工程测量中的监测安全性能、防灾以及环境保护的问题，从而在保证工程测量有效性的前提下，实现综合效益的提升。

五、遥感（RS）技术

（一）遥感概述

1. 遥感定义

遥感，从字面上理解为"遥远的感知"，从广义来说泛指各种不接触物体的情况下，远距离探测物体的技术。电磁波、机械波（声波）、重力场、地磁场等都可以用作遥感，但一般而言，RS 指的是电磁波遥感，即狭义的遥感，其定义为：从远距离、高空乃至外层空间的平台上，利用可见光、红外、微波等探测仪器，通过摄影扫描、信息感应、传输及处理等技术过程，识别地面物体的性质与运动状态的现代技术系统。

目前，对遥感较为简明的定义为：从不同高度的平台上，使用遥感器收集物体的电磁波信息，再将这些信息传输到地面并进行加工处理，从而达到对物体进行识别和监测的全过程。

2. 遥感平台及运行特点

遥感平台是搭载传感器的工具。按平台距地面的高度大体上可分为三类：地面平台、航空平台、航天平台。卫星轨道在空间的具体形状、位置通常用以下参数来描述：轨道长半径 a、轨道偏心率 e、轨道面倾角 i、升交点赤经 Ω、近地点角距 ω、卫星过近地点时刻 t 及周期 T。这些元素中，a、e 确定轨道的大小与形状；i、Ω 确定轨道面所在空间的位置；ω 确定轨道面中长轴的方向；t 确定卫星过近地点的时刻。以上元素全部确定后，才可以确定卫星某时刻在轨道上的位置。

在遥感平台中，航天遥感平台目前发展最快、应用最广。根据航天遥感平台的服务内容，可以将其分为气象卫星系列、陆地卫星系列和海洋卫星系列。

我国的气象卫星发展较晚。"风云一号"气象卫星（FY-1）是我国发射的第一颗环境遥感卫星，它是一颗太阳同步轨道气象卫星。其主要任务是获取全球的昼夜云图资料及进行空间海洋水色遥感实验。我国是目前世界上少数几个同时拥有极轨和静止气象卫星的国家之一，处于世界一流水平。我国也正在抓紧研制高分辨率对地观测卫星（简称高分卫星），正在进行名为"高分专项"的遥感技术项目，"高分专项"包含至少 7 颗卫星和其他观测平台，编号为"高分一号"至"高分七号"，其中"高分一号"已经于 2013 年 4 月 26 日发射成功，"高分二号"于 2014 年 8 月 19 日发射成功，其他卫星将在 2020 年前发射并投入使用。"高分一号"为光学成像遥感卫星，全色分辨率为 2m，多光谱分辨率为 8m；"高分二号"也是光学遥感卫星，但全色和多光谱分辨率都提高了一倍以上，分别达到了 0.8m 全色和 3.2m 多光谱；"高分三号"为一颗具备高分辨成像能力的 C 波段多极化合成孔径雷达（SAR）成像卫星，是我国国家科技重大专项（高分专项）"高分辨率对地观测系统重大专项"的研制工程项目之一，是高分专项（民用）中唯一的相控阵雷达成像卫星，也是我国首颗 C 频段多极化高分辨率微波遥感卫星。"高分三号"卫星能够全天候和全天时实现全海洋和陆地信息的监视监测，并通过左右姿态机动扩大对地观测范围和提升快速响应能力。"高分三号"卫星工程科研工作正式启动；"高分三号"卫星通过了用户和集团公司联合组织的初样评审，卫星转入初样研制阶段，按照卫星工程研制计划，卫星计划完成正样研制，具备出厂发射条件。

"资源三号"（ZY-3）卫星是我国自行研制的民用高分辨率光学传输型立体测绘卫星，卫星集测绘和资源调查为一体，开展国土资源调查与监测。ZY-3 卫星装载三线阵测绘相机和多光谱相机，运行在轨高度约 506km、倾角为 97.421 毅的太阳同步回归圆轨道上，卫星可提供幅宽大于 51km，全色波段分辨率为 2.1m，多光谱波段分辨率为 5.8m 和 3.5m 的立体影像。我国海洋卫星工程起步较晚，中国海洋水色卫星"海洋一号"A（HY-1A）和"海洋一号"B（HY-1B）分别成功发射。其中"海洋一号"A 星的发射成功，结束了我国没有海洋卫星的历史，为我国海洋观测提供了全新的手段，实现了我国实时获取海洋水色遥感资料零的突破，为海洋卫星系列化发展奠定了技术基础。2011 年 8 月 16 日，我国第一颗海洋动力环境监测卫星"海洋二号"（HY-2）发射成功。

HY-1 卫星（海洋水色卫星）以可见光、红外探测水色水温为主，重点满足赤潮、溢油、渔场、海冰和海温的监测和预测预报需求。HY-2 卫星（海洋环境卫星）以主动微波探测全天候获取海面风场、海面高度和海温为主，满足海洋资源探测、海洋动力环境预报、海洋灾害预警报和国家安全保障系统的要求。

我国的海洋卫星，正在朝系列化、业务化应用迈进。我国海洋卫星及其应用发展目标是：实现海洋卫星的系列化、业务化，形成长期、稳定、连续运行的海洋空间监测与地面应用体系，逐步发展以海洋卫星为主导的立体海洋监测网，提高海洋灾害预报的准确性和时效性，为海洋资源合理开发利用、海洋环境保护和国防建设需要等提供服务。

随着国家海洋事业和航天事业的快速发展，在国家主管部门的领导下，海洋卫星将在我国海洋资源开发与管理、海洋环境监测与保护、海洋灾害监测与预报、海洋科学研究及国际与地区合作等方面发挥更大的作用。

3. 遥感的特点

遥感是从空中利用遥感器来探测地面物体性质的现代技术，相对于传统技术，有以下特点。

（1）探测范围大

航摄飞机高度可达 10km，地球卫星轨道高度更可达 910km 左右。一张卫星图像覆盖的地面范围可达 3 万多平方千米，只需要 600 张左右的卫星影像就可把我国全部覆盖。

（2）获取资料速度快、周期短

实地测绘地图，需要几年、十几年甚至几十年才能重复一次，而以陆地卫星（Landsat）为例，每 16 天就可以覆盖地球一遍。

（3）受地面条件限制少

不受高山、冰川、沙漠及恶劣条件的影响。

（4）手段多，获取的信息量大

可用不同的波段和不同的遥感仪器获取所需的信息，不仅能利用可见光波段探测物体，而且能利用人眼看不见的紫外线、红外线及微波波段进行探测；不仅能探测地表的性质，而且可以探测到目标物的一定深度；微波波段还具有全天候工作的能力。

（5）用途广

遥感技术已广泛应用于农业、林业、地质、地理、海洋、水文、气象、测绘、环境保护及军事侦察等诸多领域。总之，随着遥感应用向广度和深度发展，遥感探测更趋于实用化、商业化与国际化。

（二）遥感影像专题信息提取技术

在信息提取方面，国内外遵从专题信息提取的基本思路，提出了目视解译、基于像元统计分析、面向对象和多源信息复合等专题信息提取方法。

1. 基于目视解译的专题信息提取

目视解译是其他专题信息提取方法研究的基础，只有正确了解遥感影像目视解译的思想，加上一定的解译经验，才能模拟人脑，探索出其他的信息提取的方法，而且目视解译仍然被广泛地应用在对精度要求较高的专题信息提取中。

目视解译较其他方法简单，并且具有较高的专题信息提取精度，但是需要依靠解译人员的专业知识和解译经验，而且目视解译需要大量的时间和精力，信息的时效性得不到保证。因此，在具有海量数据的信息社会，研究遥感影像专题信息的自动提取显得尤为重要。

2. 基于像元统计方法

以往大部分遥感信息提取工作都是从像元特征提取角度来开展的设计，是一种基于像元层次上的图像分析，能够描述与提取的特征信息极为有限，主要是像元的基本视觉特征，如光谱特征、纹理特征和有限邻域范围内像元集的派生特征等。像元特征的局限性，造成许多模型与方法在精度上的欠缺，一般只对噪声干扰小、地物特征明显的高质量图像处理效果较好，大多数图像的处理与分析精度难以达到实际应用的要求。

近年来出现了基于纹理特征的分类、模糊分类、神经元网络分类、专家分类和基于知识的分类等方法，这些方法基于光谱特征分类的不足，提出了利用纹理、结构、形状等空间特征和 GIS 辅助数据参与分类，从不同程度上改善了分类的精度，但这些方法就其本质而言还是基于影像像素层次的分类，不能从根本上适应高分辨率遥感影像的信息提取。

3. 面向对象的影像分析方法

为了突破传统的分类方法，改善高分辨率遥感影像的分类精度，在传统方法的基础上出现了一种全新的面向对象的分类技术，其最重要的特点是分类的最小单元是由影像分割得到的同质影像对象，而不再是单个像素。

面向对象的知识决策分类方法以对象作为分类的基本单元，对象的生成可以由已有的专题图获取，也可以采用遥感影像分割的方法生成。在分类过程中，对对象进行分析，提取纹理、光谱、形状信息，再将这些信息作为知识加入分类器中，同时将已有的 GIS 数据作为知识加入分类器中，这样可以极大地提高分类精度，知识的加入通过决策树来实现。这种方法不论从理论上还是实践上都比传统的分类算法有较大的优势。

4. 多源信息复合的专题信息提取

多源信息复合包括遥感信息的复合和遥感与非遥感信息的复合。遥感信息的复合主要用于两个方面：一方面，是用来提高影像的空间分辨率和波谱分辨率，如不同传感器的遥感数据复合；另一方面，用来研究时间变化所引起的地物的各种动态变化，如不同时相的遥感数据复合。与非遥感信息的复合有助于综合分析问题，提高专题信息提取的效果，例如，与数字表面模型（digital surface model，DSM）复合，利用地物的高程不同可以区分不同的专题信息；与同时期某种专题信息的矢量数据复合，可以指导影像的分割和其他专题信息的提取。李向军等提出了一种基于矢量图进行遥感影像的区域变化监测的方法，它是通过综合利用土地利用矢量图边框和类别属性进行土地利用的区域变化监测的，达到了较好的总体检验精度。

（三）基于遥感专题制图综合的方法

专题图制图综合的一般方法是按照综合对象的表示方法，依据一定的规则进行制图综合。遥感影像专题地图是现今数字环境下，借助专题图表示方法与多种方法相结合进行的信息表达。因此，遥感影像专题地图同时有着遥感影像和专题图的特征，在其制图综合过程中从两者的特点入手进行其制图综合的研究是必然的。

遥感影像专题图是在遥感图像分类基础上，经过制图综合、与地图要素叠加、加绘文字注记、图例、方里网等图面整饰处理，得到的一张"专题图"。此类图是以同质图斑表示面状分布要素，类似分级设色地图，与传统专题地图相比，具有要素表示详细，较为直观的特点。既能反映地表形态，又能明确地表达其地理位置，因此这种地图有空间定位、直观形象、真实易读的优点，有利于地理分析解译，有利于空间认知与表达上的相互补充，且图面信息丰富，内容层次分明，能清晰准确地反映诸多自然要素的基本结构和分布特征，同时能明显地表示出类型的差异，这对专题调查与制图是一种很好的基础地图。影像能够真实直观地反映地表信息，但这也限制了它对非地表信息的表达。而与地图符号的结合将能够表达多层次的认知信息。

地图制图综合依据数据表达形式的不同，可以分为地图数据库综合和地图制图综合。地图数据库综合主要指为了实现地图数据库（或空间数据库）的多尺度表达，基于空间数据库进行的地理要素及其他地图要素的综合工作。地图制图综合主要指在目前从地图到地图综合手段仍大量存在的前提下，完全为了地图表达的目的进行的地图比例尺变化及地图要素的综合。

基于遥感影像的专题图制图综合属于基于矢—栅混合结构数据的地图制图综合。依据其理论基础，适宜先基于矢量专题图数据库进行语义自动综合，然后在此基础上引入地学信息图谱等新的方法进行制图综合。基于遥感影像的专题图制图综合实施方法有着自身的特点，下面对其需要遵循的基本原则及综合方法做详细探讨。

1. 基于遥感影像专题图制图综合的原则

基于遥感影像的专题图地图制图综合，除了需要遵循普通专题地图的基本原则外，还需考虑遥感影像本身所带来的地理要素协调一致性、相互制约性等基本原则。

（1）地理要素协调一致性原则

地理要素协调一致性主要是指地理环境要素的整体性。通常情况下，地理要素协调一致性是指对地理要素通过地图进行表达时的一致性，主要是看以地图的方式表达地理信息与实地是否一致。然而，随着地理学与现代地图学的迅速发展，可以说地理要素协调一致性的内涵已经发生了很大的变化。可以细分为两个方面：地理要素在空间存在的协调一致性和空间地理要素通过地图方式表达的协调一致性，即从科学内容到表现形式的有机统一和协调。

遥感影像是对自然要素的直观表达，这早已得到人们的认可，但是遥感影像却只能表达地表的自然地理要素信息。虽然，随着遥感技术的不断改进，现代遥感影像可以不同程度地表达地下信息，但还不能从根本上表达复杂的地理空间信息，对地下信息的表达仍然无能为力。因此，地理要素在空间真实存在的协调一致性需要从地理学的角度去认识。

地质、地貌、气候、水文、土壤、植物、动物等要素组成地理环境，这些具有不同特点的每一个要素，按照自己的规律存在和发展，同时又与其他要素密切地彼此联系着、影响着。例如，地貌、水文、植被、土壤影响气候的特征，而气候本身也影响地貌、水文、植被和土壤。自然界中，各个地区的不同地理环境不是各要素的偶然组合，而是由具有历史性的、有规律的各要素所共同组成的综合体。它们按照一定的地带性规律（纬度带、经度带、垂直带）和非地带性规律表现出来。总之，自然界本身是天然的统一协调的，假如所有地图都能像照片一样完全真实地反映地面可见现象的话，那么各地图可以认为是统一协调的，当然这是不可能的。要使地图真实反映出要素和现象的分布规律及它们之间的相互联系，首先必须了解和掌握这些规律及研究各要素之间的相互联系，它们的规律是统一协调的基础。

（2）地理要素相互制约性原则

地理要素相互制约性主要是指地理要素外观的表现是由多种原因造成的，如植被的生长对土壤的依赖程度及受气候的影响非常大。例如，橡胶不适合栽种在干燥或者土壤肥力不足的地方，道路的规划等经常与水系的关联非常大，这些都是对地理要素认识过程中主要的分析依据和知识投入。垂直地带分布区的地物成长，与高程的关系可能非常密切。例如，丽江玉龙山区，植被、土壤和农作物的垂直分布十分明显，海拔5000m以上土壤为冰川雪被，植被为雪被；4500～5000m土壤为原始土壤、高山寒漠土，植被为地衣、高山砾石冻荒漠，被认为是荒漠带；4000～4500m为灌丛草地带，土壤为亚高山灌丛草甸土、亚高山草甸土，植被为蒿草高山草地、高山杜鹃灌丛；3000～4000m土壤为暗棕壤和棕壤，植被主要为铁杉、冷杉、红杉、云杉等；2000～3000m为山地红壤、耕作红壤，植被以云南松林为主；1500～2000m为耕作土，植被以山麓荒草为主。可见，山区土壤垂直地带分布与其植被垂直地带分布，有着密切的地理相关性和制约性。这些特征在遥感影像上主要表现为色调、纹理的不同，相当直观、形象，这也是基于遥感影像进行地图制图综合的基本原则之一。

（3）地理要素表达协调一致性原则

地理要素表达协调一致性主要指通过地图等表达手段描述地理要素时的统一协调问题，包括轮廓界线的统一协调、符号系统的统一协调、色彩的统一协调及拓扑关系的统一协调等内容。在地图制图中，主要通过图例设计手段来解决这些相关问题，以揭示地理的地带性及区域分异规律，以及研究自然综合体各要素的形态结构、发生成因、组成物质、时代年龄、区域经济综合体各部门的组成、结构、规模、产值、效益，研究自然综合体和区域经济综合体不同等级之间的关系在分类分级系统和不同比例尺中的反映。例如，通过地图符号和色别设计从色相、色调的总变化上体现出地带性变化规律，以冷暖色调体现气候的冷暖变化，以黄、绿、蓝色调反映由干燥到湿润的过渡等，从而保证地理要素表达上的统一和协调，取得总体上良好的感受效果。

2. 专题地图数据库综合

地图数据库综合其主要目的是实现空间数据库的多尺度表达，以大比例尺数据库为基本数据库，得到相关的各种小比例尺数据库，尤其是相关要素的专题图数据库，达到对同源数据的高效利用。这也是地理信息系统与计算机地图制图联系紧密、互相促进的一个结合点。可以说，正是数据库综合的开发与应用，推动了 GIS 的发展。其与制图综合的主要区别在于，对数据库综合而言，只具有数据库管理数据的能力而不考虑图形的表示。数据库综合的主要目的是减少数据量，数据量的减少能够提高 GIS 中分析功能的分析效率。GIS 中的空间物体需要多尺度的数字表达，这与数据的可视化是有区别的。

数据库综合的过程实质上是语义综合的过程，即对客观现实世界进行概念层次上的综合性模拟，从而产生并突出地理目标的结构和相互间关系，方法是利用数据库作为数据源，采用选取、合并、化简等综合手段，产生派生的数据库。数据库综合是基于分析的需要而进行的，制图综合则基于信息传输的需要，但两者并非互不关联。所以，数据库综合可以作为一个预操作先于制图综合进行，制图综合包含了数据库综合。

3. 专题图制图综合

随着地图综合概念的变化，地图制图综合和空间数据库的综合是分不开的，但其主要强调的是制图的目的，因此被认为是空间数据库的可视化表达。同时，随着制图输出的要求，地图制图综合最主要的影响因素是对比例尺的规定，从而带来了地图空间与信息载负量表达之间的矛盾。

为制图可视化而进行的空间数据综合，其目的与传统的手工制图综合相类似。但是，制图技术的发展变化产生了新的任务和新的需要，交互技术、数据分析探索的可视化技术等引进制图领域后，制图综合的内容有了新的扩展。应该看到的是，信息系统中的地图不再是典型的、复杂的、多用途的地图，而是含有少量要素的用途单一的地图。换句话说，地图和其他形式的可视化产品经常以"小复合"的形式出现（在多窗口和数据分析中出现），与交互的操作、控制一起，形成了新形势下的制图表达方式，这种表达方式或多或少地减轻了制图综合的难度。

尽管数据库综合与制图综合在用途方面存有差异，它们各自的目的不同，但方法上却没有大的差别。这两种方法在综合过程上的区别，主要体现在地图产品输出时首先要保证的是地图质量，而 GIS 中的数据库综合首先考虑的是综合速度。数据库结构化后，数据的组织必须满足用户的需求。制图综合可以看作是数据库可视化的过程，这就是说，数据库中的数据需要用制图综合来可视化，数据的局部和全局结构、空间冲突的状况、综合过程中物体的行为等，是制图综合中需重点考虑的问题。

六、无人机技术

近年来，我国社会经济的不断发展，不论是资源管理、城乡规划建设，还是考古及地理国情监测等各个领域，对遥感影像数据获取的要求都越来越高。卫星遥感影像收集由于受到高度、天气条件及重访周期的影响往往难以满足要求，常规航空摄影也常受空域及气象等条件的制约，对于紧急任务要求难以胜任，且成本高昂。基于无人机的低空摄影测量技术因其成本低、起降灵活、受气象条件影响小（可在云层下作业），作为普通航空摄影测量及卫星遥感获取信息的补充手段，在国家重大自然灾害应急、地理国情监测、土地管理及城市建设规划等领域得到越来越广泛的应用，甚至在某些应用中将一定程度上逐步取代传统的手工测量工作。

（一）无人机遥感概述

1. 概念及分类

无人机遥感（unmanned aerial vehicle remote sensing，UAV）是利用先进的无人驾驶飞行器技术、遥感传感器技术、遥测遥控技术、通信技术、GPS差分定位技术及遥感应用技术，能够自动化、智能化、专用化的快速获取国土、资源、环境等空间遥感信息，完成遥感数据处理、建模及应用分析的应用技术。

无人机遥感是卫星遥感和航空遥感的有益补充，又具有其他遥感手段无法比拟的独特优势。常见的无人机遥感平台有飞艇、低空无人直升机、固定翼无人机等。其中，飞艇以巡航速度慢、留空时间长、飞行稳定等特点在低空巡逻、监视方面得到广泛应用；直升机具有飞行性能稳定、抗风能力强、续航时间长、对飞行场地要求不高、可灵活野外作业等特点；固定翼无人机采用常规布局，具有高机动性、高载荷、气动性能好等优点，非常适合搭载各种任务设备，适合于执行长途远距离航拍和巡线任务。

2. 无人机遥感平台构成

无人机遥感平台分为空中部分和地面部分。空中部分包括遥感传感器系统、空中自动控制系统和无人机；地面部分包括航线规划系统、地面控制系统及数据接收系统。

3. 无人机遥感的技术优势

（1）具有机动性、灵活性及安全性

无人飞行器的机动性和灵活性体现在它无须专用起降场地，升空准备时间短、操作简单，城市的运动场、广场等均可作为起降场地，可快速到达监测区域，机载高精度遥感设备可以在短时间内快速获取遥感监测结果。其安全性体现在，它能在对人的生命有害的危险和恶劣的环境下（如火山、森林火灾、有毒液体等）直接获取影像，即便设备出现故障，发生坠机也无人身伤害。

（2）性能优异

无人飞行器可按预定飞行航线自主飞行、拍摄，航线控制精度高，飞行姿态平稳。飞行高度为 50 ~ 4000m，高度控制精度可以达到 10m；在阴云天气下的低空飞行也可获取影像数据，且影像的逼真度超过雷达影像。不受高度限制，也不受山区低云的影响。速度为 70 ~ 160km/h，可平稳飞行，适应不同的遥感任务。

（3）操作简单可靠

飞行操作自动化、智能化程度高，操作简便，并有故障自动诊断及显示功能，便于掌握及培训；一旦遥控失灵或产生其他故障，飞机自动返航到起飞点上空，盘旋等待。若故障解除，则按地面人员控制继续飞行，否则自动开伞回收。

（4）高分辨率遥感影像数据获取能力

无人机搭载的高精度数码成像设备，具备面积覆盖、垂直或倾斜成像的技术能力，获取图像的空间分辨率达到分米级，适于 1 ∶ 10000 或更大比例尺遥感应用的需求。

（5）使用成本低

无人机系统的运营成本较低，飞行操作员的培训时间短，系统的存放、维护简便，还可免去调机和停机的费用。同时，影像数据后处理的设备要求不高，成本费用低，高档微机便可作为主要设备，不像传统航摄像片一样需配置高精度的扫描仪与数字化处理设备。

4. 我国无人机发展的近况

隶属于中国测绘科学研究院的中测新图（北京）遥感技术有限责任公司自主研制的超长航时无人机遥感系统已宣告研制成功，把我国无人机最长续航 16 小时的纪录提高到了 30 小时，创造了新的国内纪录。除此之外，该系统还在实现稀少或无地面控制点的快速测图、利用北斗搭建轻小型无人机监管平台、同空域多架次在线飞行等方面有所创新，各项技术指标均达到国内领先水平，开启了民用轻小型无人机遥感的新时代。

为了让无人机拥有足够的动力，该无人机配备了高性能四冲程风冷发动机，同时配备的高轻度碳纤维复合材料机身、大展弦比机翼、"V"形尾翼使得机器重量轻、阻力小、排量小，从而实现了 30 小时的续航。这一创举具有非凡的意义，首先，长时间续航可保证无人机获取空中遥感数据的完整性、连贯性，可执行较大面积的地图空白区和特殊地区的测图任务。其次，多架飞机同时作业，大大提高了工作效率，使更加快速获得资料成为可能。该无人机遥感系统还突破了高精度定位定姿系统与无人机遥感系统硬件集成、时间同步、计算相机曝光瞬间的位置和姿态等关键技术难题，在进行空中三角测量的过程中，可直接定向，减少甚至取消野外地面控制点的布设和测量工作，大大降低了成图周期和作业成本，在人员难以到达的困难地区，这一技术更能大显身手。

当前，我国有 400 多架无人机在国民经济建设各行业推广使用，已步入了快速发展阶段。随着我国低空的逐渐放开，无人机和通用航空共同在低空飞行，但缺乏有效的通信技术和沟通机制，容易造成安全事故。如果无人机上搭载了基于北斗短报文通信技术的飞行远程传输装置，解决了远程传输和实时监管等关键技术难题，就可与空管部门主动对接。利用这一新技术，可将民用遥感无人机纳入管理范围，实现空管部门对无人机的统一监管、指挥调度和运行管理，实现同空域范围内多架飞机有序飞行，互不干扰，避免了撞击的风险。

2014 年，我国采用超长航时无人机遥感系统拍回了西沙岛屿图片。此次在海南万宁起飞和降落，飞行距离近 900km，飞行 583 分钟，获取了七连屿约 50km²、0.12m 分辨率的航空影像，同时获取了万宁检校场影像及高精度 POS 数据。

今后我国无人机将逐步实现正规化管理。中国民航管理干部学院迎来了第一期民用无人驾驶航空器系统驾驶员训练机构培训班的学员，这标志着无人机行业向未来的正规化、有序化发展迈出了第一步。对无人机管理包括无人机驾驶员、无人机航空器、无人机飞行空域、无人机飞行计划等，其中最重要的就是对无人机驾驶员的管理。为了实现对无人机驾驶员的有效管理，中国民用航空总局正式将视距内运行的空机重量大于 7kg 的和在隔离空域超视距运行的所有无人机驾驶员的资质管理交给了中国航空器拥有者及驾驶员协会，这标志着行业协会将为考核合格的驾驶员颁发合格证。今后，从事无人机作业可以参加正规培训，考核通过后，将获得中国航空器拥有者及驾驶员协会颁发的全国统一的无人机驾驶员合格证。

（二）无人机影像处理方法

1. 技术方法及流程

第一，采用摄影测量软件对无人机获取的影像进行区域网空三加密。第二，利用空三加密定向成果及高精度匹配编辑获取的数字高程模型对影像进行数字微分纠正，经镶嵌、裁切、色调调整等处理得到以图幅为单位的数字正射影像成果数据。

2. 影像处理关键技术环节

（1）影像预先检查、分析

无人机在空中飞行时受气流及风向的影响，其姿态角与航向会发生偏差，从而导致影像旋偏角与倾斜角过大，相邻影像重叠度可能会出现 > 90% 或 < 50% 的不稳定情况，因而处理前需预先对其进行分析，作业人员需对整个测区的航飞情况有一定的初步了解。

（2）影像数据预处理

由于无人机航拍加载的相机都是非量测相机，因而其相片边缘会存在光学畸变（如桶形或枕形畸变）。由于其改变了实际景物的地面位置，因而对其进行畸变差改正后方可进行空三加密。数据预处理还包括按照飞行方向将相片进行适当旋转（相邻航线的相片旋转角度相差180°）和格式的转换。

（3）空三加密

空三加密是无人机影像处理的关键技术，同时也是整个处理过程中的难点，对后续成果的精度会有直接影响。无人机影像像幅小、数多，一个小的区域就会有上千张影像，且由于无人机飞行受外界条件影响，航向和姿态角的偏差较大，采用传统的加密方法及软件无法满足要求。

（4）DEM 匹配

采用 PixelGrid 系统基于多基线 / 多重匹配特征的高精度 DSM 匹配算法，自动提取出整个测区的 DSM 数据，再采用坡度法对建筑区与树林进行滤波，通过少量的人工编辑求取满足正射纠正的 DEM 数据。

（5）数字正射影像生成

数字正射影像（digital orthophoto map，DOM）的生成过程：采用 Pixel-Grid 系统多机多核分布式并行处理功能，基于 DEM 数据短时间内完成测区内所有影像数字微分纠正。若想得到整幅影像还需要对单张影像进行匀光、匀色及镶嵌处理。在实际作业中，对居民地、面状水系、植被等不同地物要素色彩特点的影像，分别进行适当的匀色处理并尽量确保整个测区色彩的一致性。

（三）无人机影像地图的制作方法

在利用测区已有地形图的基础上，无人机影像地图的常用制作方法主要有单张影像几何纠正法、拼接后纠正法及空中三角测量法。

无人机因其自身高度的机动灵活性，飞行高度几乎不受限制，在 50 ~ 4000m，能实现在云层下的低空、超低空飞行，有效地避免云层对拍摄的干扰。再加上所搭载的高性能摄影机，无人机所拍摄的相片比例尺大，分辨率非常高，一般可达到 0.04 ~ lm，影像清晰而且细致。无人机航拍的这些特点，使它在测绘、应急、救灾、监测等领域发挥着越来越大的作用。

但是，由于无人机一般重量都比较轻，在飞行过程中抗风能力较弱、机身的稳定性较差，造成无人机运动状态变化，再加上相片倾斜、地形起伏、物镜畸变、底片形变等各方面因素的影响，航摄像片会发生变形，因此，不能简单地用原始航摄像片上的影像表示地物的形状和平面位置，必须要对相片进行纠正。航摄影像的总体变形（相对于地面真实形态而言）是平移、缩放、旋转、偏扭、仿射、弯曲等基本变形的综合作用结果。

那么，要怎么对存在变形的航摄像片进行纠正呢？这里有一种思想是：也许无法直接计算出航摄像片相对于地面真实形态平移了多少、缩放了多少、旋转了多少等，但能确定相片与地面或者相片与图面之间存在着复杂的数学关系，它们之间可以通过一个数学模型进行相互转化，而现在问题的关键是找到这个数学模型，并求得该模型的各个参数（或者系数）。

为了通过 (u, v) 找到对应的 (x, y)，首先必须计算出式中的 12 个系数。

由线性理论可知，求 12 个系数必须至少列出 12 个方程，即找到 6 个已知的对应点，也就是这 6 个点对应的 (u, v) 和 (x, y) 均为已知，故称这些已知坐标的对应点为控制点。然后通过这些控制点，解方程组求出 12 个 a、b 系数值。实际工作中会发现，6 个控制点只是解线性方程所需的理论最少点，这样少的控制点使纠正后的相片效果很差，因此还需要大量增加控制点的数目，以提高纠正的精度，或者采用三次多项式、四次多项式计算。控制点增加后，计算方法也有所改变，需采用最小二乘法，通过对控制点数据进行曲面拟合来求取系数。

有了这样的理论基础，在实际工作中就可以将航摄像片上的明显目标点与地形图（或其他标准图面）上对应的目标点强制扣合，在满足要求后由计算机自动计算方程中的各个系数，然后计算出所有 (x, y) 所对应的 (u, v)，从而进行相片的纠正。

控制点的选择要以配准对象为依据。以地面坐标为匹配标准的，叫作地面控制点。有时也用地图作为地面控制点标准，或用遥感图像（如用航空相片）作为控制点标准。无论采用哪一种坐标系，关键在于建立待匹配的两种坐标系的对应点关系。

控制点选取一般遵循以下原则。

第一，控制点应选取图像上位置容易明确辨认且较精细的特征点，这很容易通过目视方法辨别，如道路交叉口、河流弯曲或分叉处、海岸线弯曲处、湖泊边缘、飞机场、城郭边缘等。

第二，特征变化大的地区应多选些。

第三，图像边缘部分一定要选取控制点，以避免外推。

第四，尽可能满幅均匀选取，特征实在不明显的大面积区域（如沙漠），可用求延长线交点的办法来弥补，但应该尽可能避免这样做，以免造成人为的误差。

第五，控制点应尽可能多选一些，因为控制点太少，纠正的效果往往不好。在相片边缘处、地面特征变化大的地区，如河流拐弯处等，由于没有控制点，靠计算推出对应点，会使图像变形。

1. 单张影像几何纠正法

由于无人机单张影像的覆盖相对较小，因而需先确定单张影像所覆盖地形图的大致范围。从影像的匹配区域左下角的位置寻找明显的地物信息（如道路交叉口、房屋墙角、平坦地面等），同时在地形图上查找是否有与其对应的点，若有，则在影像上做出控制点标记，并输入点号，同时在地形图上找到同名点并标注点号，以便在检查过程中快速定位；测量同名点的地理坐标，根据这些地理坐标对影像进行纠正。若想得到好的影像纠正效果，就应遵循从左到右、从下到上的原则比较均匀地标出影像上的控制点，同时在地形图上标注出同名点的位置及点号，直到整幅影像的4个角、左右边的中间及上下边的中间位置（尽量做到在规定的位置）均标注了控制点为止。

由于多项式纠正法可避开成像的几何空间过程，并将遥感影像的总体变形看成是平移、缩放、旋转、仿射、弯曲及更高次变形综合作用的结果，因而对无人机影像纠正常采用多项式的纠正方法。为了更加快速准确地进行影像纠正，常采用粗纠正与精纠正相结合的方法。

精纠正一般按照"先整体后局部"的思想选取控制点，即首先在影像的四角选取控制点，然后从外向内选取。当选取的控制点数目在 8 ~ 19 个时，采用二次多项式纠正模型；在 20 ~ 49 个时，采用三次多项式纠正模型；超过 50 个时，则采用四次多项式纠正模型，且不再增加控制点数及方程的次数。因为即便再继续增加控制点数目和多项式次数，其纠正质量改善效果也不明显，且纠正过程中的计算量将大大增加。按照流程对无人机影像进行纠正，将纠正后的单张影像进行镶嵌处理，并与地形图叠加，形成整个测区的影像地图。

2. 拼接后纠正法

尺度不变特征变换算法是 David 在总结了基于不变量技术的特征检测方法基础上提出的一种基于尺度空间的对图像缩放、旋转甚至仿射变换保持不变性的图像局部特征描述算子。该算法对图像的缩放、旋转有很强的适应能力，能够完成无人机影像的匹配工作。在完成匹配后，利用相关的拼接算法即可对无人机影像进行拼接。将拼接后的影像利用地形图上的控制点进行几何纠正，其纠正方法同 1 小节所述。

3. 空中三角测量法

利用专业的摄影测量软件，根据测区控制点数据完成空中三角测量，准确地求取每张影像的外方位元素，生成测区影像的 DEM。利用生成的 DEM 数据和相机的内外方位元素，通过相应的构像方程对影像进行倾斜纠正和投影差改正，将原始的非正射数字影像纠正为正射影像，然后对测区内多个正射影像拼接镶嵌。

（四）无人机遥感存在的问题

无人机遥感是空间数据采集的重要手段之一，其具有续航时间长、影像实时传输、高地区探测、成本低、机动灵活等优点，已成为卫星遥感与有人机航空遥感的有力补充。随着无人机遥感技术不断发展和无人机市场的逐渐成熟，无人机遥感已成为目前主要航空遥感平台之一和世界各国争相研究的热点。但无人机想要成为理想的遥感平台，还有多个关键技术需要解决。

1. 起降技术改善与抗风性能提高

在森林火灾监测等诸多行业的应用及突发事件的处置中，无人机的工作环境一般在山区，平坦地少，树木、电杆及房屋多。需要滑跑、滑降的较大型的无人机，往往难以找到符合起飞要求的场地。若在不满足正常起降条件的情况下勉强起降将大大增加飞机损坏的可能性。而使用小、轻型无人机则由于飞行高度低，在低空作业时受风速、风向影响更大。提高抗风性能的一般方法是增加飞机重量，但却提高了起降要求，且无人机的荷载有限，同时还会增加能耗。因而，如何很好地利用弹射起飞、撞网回收技术降低无人机对起飞场地的要求及在不增加重量或尽量轻的条件下如何通过改进设计和提高飞行控制技术来提高抗风性能保证飞行的稳定性，这些都是无人机成为理想的遥感平台亟待解决的问题。

但这一问题有望得到及时改善，据报道，俄罗斯联合仪器制造控股公司已研制出新型气垫无人机——Chirok，创新产品是气垫上的起落架，它能让无人机在没有跑道的情况下离开地面，能够从软土、水面、沼泽地、疏松的雪地上起飞，能够在其他类型飞机无法起飞降落的表面降落，目前其他国家还没有同类研究成果。

2. 传感器及其姿态控制技术

无人机的荷载有限，若要完成高精度的航摄任务则需要高精度的传感器，而传统传感器往往因为体积、重量等方面的限制使可供选择的不多，因此需要研究开发适合无人机搭载的小、轻型传感器，以充分利用无人机的有限荷载。同时，使遥感传感器的控制系统能根据预先设定的航摄点、摄影比例尺、重叠度等参数及飞行控制系统实时提供的飞行高度、飞行速度等数据自动计算并自动控制遥感传感器的工作，使获取的遥感数据在精度、比例尺、重叠度等方面满足遥感的技术要求。

3. 遥感数据传输存储技术

无人机搭载的主要遥感传感器是面阵 CCD 数字相机，但目前国内市场上的小型专业级数码相机还不能达到量测相机的要求，因此，为了使获得的遥感影像能满足大比例尺测图的精度，需要根据相机的几何成像模型，做相关的检校工作，得到相机的内外参数，必要时还需采用特殊的检测手段，测定每个像元的畸变量。此外，大面阵 CCD 数字相机获取的影像数据量较大，需开发专用的数据传输与存储系统。飞行器的测控数据与遥感数据需实时传输时还可通过卫星通信来实现。

4. 遥感数据的后处理技术

目前的无人驾驶飞行器遥感系统大多采用小型数字相机作为机载遥感设备，与传统的航片相比，存在像幅较小、影像数量多等问题，因而需针对其遥感影像的特点及相机定标参数、拍摄时的姿态数据和有关几何模型对图像进行几何校正和辐射校正，并开发出相应的软件进行交互式的处理。同时，还应开发影像自动识别和快速拼接软件，实现影像质量、飞行质量的快速检查和数据的快速处理，以满足整套无人机遥感系统实时、快速的技术要求。

（五）无人机遥感技术在矿山规划测量中的应用

矿山的地理环境较为复杂，地形险峻，采用以往的常规方法无法得到周围环境的基本信息，无人机技术能够克服这些困难，准确获取矿山周边的地理环境信息。无人机通过航空拍摄获取矿山周围地物的影像，对影像进行科学有效的数据处理，获取相关的测量数据，为整个矿山的开采和保护提供有效的数据信息。无人机遥感技术的主要功能和特点是获取信息快、效率高、时间性强、地面分辨率高，其处理结果的精度和可信度完全满足矿山规划和测量的要求。

（六）无人机遥感技术在城市园林规划测量中的应用

在城市规划的发展过程中，需要大量的信息数据。使用无人机技术可以获得大量高精度的测量数据。无人机航空摄影，在低空平台获取地面地理信息，其精度以及清晰度都非常高，图像的颜色色调与实际颜色没有明显的差别。同时，它可以从不同的角度获取不同的信息数据。在数据处理过程中，无人机技术将采集到的大量信息进行筛选排除，以便进行相应的处理和调查，为人们提供更有效的数据信息。在过去的规划和设计时，如道路绿化设计，多参考路段规划地图，道路网规划地图等等，对现状地形地物采取实地查看，缺少利用测绘技术来详细准确定位相关设计边界、高程及需避让障碍物等，使用无人机遥感设备后，规划区域可以全方位的调查，地形的状态可以完全掌握，规划设计更加清晰，图纸效果更加真实。对于城市园林规划，利用无人机遥感技术可开阔设计思路，多创造奇思妙想，既美化环境，又吸引百姓欣赏。对公园绿地、生态廊道等区域利用遥感航拍技术进行空中摄影拍图，可以记录园林绿化建设全过程，让人们更加立体的了解园林绿化建设工作内容，珍惜爱护园林建设成果，进一步宣传当地园林绿化；还可以制作最新地形地物资料，为科学决策园林绿化事业发展提供准确信息。

七、数字摄影测量技术

数字摄影测量是基于数字影像与摄影测量的基本原理，应用计算机技术、数字影像处理、影像匹配、模式识别等多学科的理论与方法。航空摄影测量是大面积、大比例尺地形测图、地籍测量的重要手段与方法，可以提供数字的、影像的、线划的等多种形式的地图产品。全数字摄影工作站的出现，加上 GPS 技术在摄影测量中的应用，使得摄影测量向动化、数字化方向迈进。随着全数字摄影测量系统的应用，摄影测量产品已经从影像图等向 4D 产品转化，给各类专业的信息系统和基础地理信息平台提供了可靠的数据保证。

第三节　工程测量的发展

工程测量学经历了从简单到复杂，从手工操作到人工智能，从接触测量到无接触遥测，从普通精度测量到高精度测量，从狭义的土木工程测量到广义工程测量的发展道路。正如马西斯教授所指："一切不属于地球测定，不属于有关国家地图集的地形测量和不属于官方测量的实际测量项目，都属于工程测量。"工程测量学成为研究采集、处理和表达空间各种工程几何与物理信息，研究抽象几何实体的测设理论、方法和技术的应用学科。

随着计算机技术、通信技术、空间技术和地理信息技术的发展，工程测量的理论基础、技术体系、研究领域和科学目标都在发生深刻变革。

一、我国工程测量的发展现状

随着我国经济建设和社会发展的不断加快，工程测量的重要作用日益突出，应用领域和服务范围越来越广，包括城市建设、建筑工程、交通、矿山、地籍与房产、航空航天、水利水电以及工业、医学、公安和国防等。近年来，我国相继完成了三峡工程、青藏铁路、国家体育场、国家大剧院、中央电视台新台址、杭州湾跨海大桥、上海磁悬浮轨道交通工程、武广高速铁路、贵州世界最大的射电望远镜等大型特种精密工程，其中三峡工程、青藏铁路和国家体育场被列入世界十大奇迹工程。这些工程体量大、结构复杂、空间变化不规则和精度要求高，我国工程测量科技人员围绕这些技术问题，在高精度三维工程控制网的快速建立、工程地形图测绘、信息化施工测量技术、智能化安全监测与预警、高精度工业测量和工程测量专用地理信息系统建设等方面开展了深入研究，在理论、方法和应用上取得了重大成就。

（一）全球导航卫星系统与全站仪定位系统相结合实现工程控制网灵活布设

全球导航卫星系统（GNSS）已成为布设工程控制网的主要技术方法。利用多台GNSS 接收机进行同步观测，通过高精度相对定位建立工程控制网，具有观测时间全天候、控制点之间无须通视、控制网规模大小皆宜等特点，已在我国水利水电、高速铁路、城市地铁、高速公路、大型桥隧等重大工程中得到广泛应用，确保了工程各部位的准确空间关系。随着北斗卫星导航系统的快速发展，我国在 GNSS 接收机制造、高精度定位数据处理等方面已接近国际先进水平，国产 GNSS 接收机得到社会认可，国产控制网数据处理系统成为建立工程控制网的首选软件。基于 GNSS 的连续运行参考站（CORS）系统为工程控制网的建设提供了三维动态新方式，为城市基础设施建设、大型跨海跨江等工程提供测量基准，具有更好的整体性和经济性。例如在目前世界最大桥隧结合工程港珠澳大桥建设中，由香港虎山、珠海野狸岛、澳门洋环的 CORS 站所构成的 HZMB-CORS 系统，保障了港珠澳大桥海上施工的顺利进行。在 GNSS 信号受遮挡的复杂工程环境中，全站仪定位系统（TPS）是快速灵活建立工程控制网的重要手段。利用 GNSS 测量和全站仪自由设站或导线相结合，快速建立工程控制网，形成了按工程特点灵活建网的技术体系。在高程控制方面，提出了精密三角高程测量系统、大地水准面精化模型代替高精度水准测量的理论与方法，解决了大范围、长距离和跨海精密高程传递问题，并成功应用于高速铁路、跨海大桥等大型工程中。随着似大地水准面模型在全国范围内的普遍建立与精度提高，GNSS 可实现平面坐标与正常高同步测量，真正成为三维高精度工程控制测量的重要手段。

（二）测量仪器与技术革新丰富了工程地形图测绘的手段

随着测量仪器与技术的革新，为数字化测图提供了丰富的手段，数字化测图技术也以其精度高、更新快等优点逐渐取代传统测图方法，在城市建设、工程勘测施工等方面得到广泛应用。地面数字化测图技术主要采用全站仪测记法和电子平板两种模式，在开阔地区用 GNSSRTK 测量方法，在山高坡陡和危险地区采用无合作目标全站仪、近景摄影测量或激光扫描等方法。对大范围大比例尺工程地形图可利用数字航空摄影测量技术测制。无人机和飞艇低空摄影测量系统以其快捷灵活的优势，越来越多地应用在线路带状地形图测绘、沿海滩涂测量、城市三维建模、电网设计、输电线路巡检等工程中。集成惯导、GNSS、激光扫描和全景相机等技术的地面移动测量系统开始在城市大比例尺测图、城市部件和景观测量等方面开展应用。随着国家提出建设海洋强国战略，维护国家主权及对海洋资源开发与利用的需要，对海底地形图测绘也提出了更高要求，无验潮模式下的多波束精密测深技术、多形态海床特征下多波束和侧扫声呐图像配准和信息融合技术、基于地貌图像的海床微地形自动生成技术，可以获取高精度和高分辨率的海床地形地貌，可为海洋工程建设提供基础资料。

（三）大型工程建设提升了施工测量技术的水平

各种大型工程建设兴起，促进了施工测量技术与方法的快速发展，各种高新技术与设备不断应用，解决了工程施工测量中的诸多技术难题。在地铁中，采用全站仪、投点仪和陀螺全站仪组成的联合作业方法进行竖井定向，提高了定向精度。隧道盾构机开挖中，可先将隧道设计参数和放样点坐标输入到智能全站仪，仪器可通过测量自动引导盾构机按设计方向掘进。精密陀螺全站仪为超长地下工程高精度定向提供了技术保证。如德国 DMT 公司的 Gyromat3000 和国产的 GAT 陀螺全站仪在 10min 内的定向精度可达到 $\pm 3 \sim 5''$，在我国南水北调、引汉济渭调水工程长 63.6km 的穿越秦岭隧洞、厦门翔安海底隧道等大型地下工程建设中发挥了重要作用。激光准直仪、激光投点仪、数字正垂仪精度高，受外界环境影响小，成为高塔及超高层建筑等特殊施工环境下进行平面基准传递、轴线测控、滑模测偏测扭、垂直度测量等不可或缺的手段。轨道检测车集成了倾斜仪、测量机器人、里程编码器和位移传感器，如瑞士安伯格公司和南方测绘公司生产的轨检车已成功应用于武广客运专线、京沪高铁等多条线路的轨距、超高、平顺度和轨道曲线要素的高精度检测，保证了高铁施工质量。利用 GNSS 技术、通信技术与工程施工现场的各种机械进行集成，研制的施工碾压系统和机械防撞系统，应用于水布垭堆石坝碾压和广西龙滩水电站施工中塔吊防撞，实现对全过程的实时监控，保证了工程施工安全、质量和工作效率。未来的工程施工将实现集成和无线化数据采集、自动和网络化数据传输、智能和数值化数据分析、可视和实时化现场监控，形成"施工监测→快速反馈→施工控制→在线管理"的有效循环机制，依托各种测量技术，以空间信息管理系统为平台，建立信息化施工测量体系，成为工程信息化施工的必然趋势。

（四）重大工程安全需求推动了自动化监测与变形分析方法的创新

随着国家重大工程及异型工程的大量增加，工程安全监测与分析日益重要，对变形监测的精度、频次、实时性等方面提出了新的要求。高精度、自动化、持续、实时、动态监测已成为现代变形监测的特点。如在湖北隔河岩水电站、山西西龙池抽水蓄能电站建立了 GPS 高精度自动化变形监测系统，实现了大坝持续无人值守的高精度自动化监测；地铁运营期保护监测也已普遍采用测量机器人自动化变形监测系统；泰州长江公路大桥和苏通长江公路大桥的施工沉井实时定位、上海环球金融中心和深圳帝王大厦的楼顶位移动态监测中，采用了 GNSSRTK 和 CORS 技术。这些技术虽然实现了自动化测量，但这种单点监测模式尚不能完全满足实际需求。数字摄影测量、地面三维激光扫描和地基雷达干涉测量技术实现了面式监测，以 mm 级到亚 mm 级的精度获得监测对象表面的细部变形，已应用于矿山开采、滑坡、桥梁等监测中。将表面变形、内部变形和物理量进行综合分析，有利于全面了解变形过程、变形原因和分析变形机理。目前除了传统的自由网分析、拟稳分析、平均间隙法等变形分析方法外，更多的研究都集中在对长序列的单模型分析以及组合模型分析，如卡尔曼滤波、小波分析、频谱分析、神经网络、灰色理论、回归分析、模糊分析、突变理论、混沌分析和时间序列分析等方法及其组合应用在变形分析与预报中，取得了较好的效果。由于受资料完整性的限制，目前主要根据单点位置变化监测序列进行变形分析与预报。缺乏各类监测点间的空间同步相关分析、几何量和物理量的联合分析以及点面监测的优化组合与联合分析。

（五）现代工业制造与精密设备安装扩展了工业测量应用空间

现代工业生产要求对产品的设计模拟、生产流程、过程控制、质量检验与监控等进行快速高精度检测与定位，从而产生了工业测量系统，如早期的经纬仪交会系统。随着精密制造技术、光电技术、控制技术和通信技术的发展，出现了诸如工业全站仪、激光跟踪仪、激光扫描仪、工业摄影测量、Indoor GPS 等高精度工业测量系统和其他传感器，其测量范围从几米到数十米，精度达亚 mm 级或者更高，广泛应用于飞机、汽车、轮船等零件的几何检测、部件精确组装、机械手跟踪与校准等。近年来，大型科学研究设备，如高能物理研究所需的各类粒子加速器。深空探测的大型天线、射电望远镜等，在制造、安装、调试等环节中，精度要求高，安装范围大，所受影响多。这些挑战扩展了工业测量的应用空间。2012-10 落成的上海 65m 射电望远镜高 70m，重 2700t，其总体性能全球第四、亚洲第一，在施工控制网建立、主面天线面检测、副面调整机构标定等方面就综合采用了工业全站仪、激光扫描仪、激光跟踪仪、数字摄影测量、倾斜传感器等，同时也设计加工了诸多工装配件。相应的数据处理技术主要体现在结合项目实际的特定准则下的控制网平差、数据拟合、坐标变换、气象改正模型等方面。

（六）大型工程建设管理促进了工程测量专用地理信息系统的发展

基于 GIS、网络与通信技术，实现工程测量数据采集、处理、分析、存储和展示的一体化，为重大工程提供及时、准确、标准化、数字化的基础空间信息，满足了工程建设各个阶段的科学管理与决策要求。近年来，相继出现了城市地下管线信息系统、房地产管理信息系统、水利工程测量信息系统、大坝安全监测信息系统、地铁安全施工与管理信息系统、南水北调中线工程信息化施工测量系统和钢铁公司总图管理信息系统等，极大地提升了我国工程测量的信息化管理水平。

二、我国工程测量发展的思考

（一）高精度三维工程测量参考框架建立及其实时动态

传递的理论与方法高精度工程测量参考框架是工程建设项目按设计规格进行建造的测量基准。随着我国国家基础设施建设的快速发展，对工程测量参考框架提出了更高的要求，需要开展高精度三维工程测量参考框架建立及其实时动态传递的理论与方法的研究。

1. 研究利用 GNSS 和 TPS 建立三维高精度工程测量参考框架的理论与方法，建立 mm 级似大地水准面模型并引入到 GNSS 高程测量中，改进垂线偏差及大气折光对 TPS 观测量的影响模型，实现 GNSS 与 TPS 相结合的高精度正常高测量技术，实现高精度平面定位与正常高的实时同步测量。

2. 研究三维工程测量参考框架的实时动态传递体系，为移动测量系统实时提供三维位置基准，建立工程施工机械局部独立坐标框架与测绘地理信息数据参考框架的实时动态转换，实现智能施工系统机械手动态定位与避障导向。

3. 探索重大工程施工控制网的优化设计体系，完善测量观测值系统误差模型，提高工程测量参考框架的准确度，提高工程施工测量参考框架与工程设计所用坐标系统的兼容性。

4. 随着工程设计从二维走向三维，需研究在弯曲的地球表面的工程几何要素的三维量测方法及其与工程控制网的参考框架统一，建立满足国家重大工程施工测量要求的三维地理空间参考框架。

（二）多传感器集成的工程测量信息智能获取装备

如何进一步扩展或集成各单一传感器的优势以及研究新的设备，满足科学研究和工程建设新的需要，一直是工程测量装备研究所面临的问题。2014-07-18，国家发展改革委员会和国家测绘地理信息局联合发布了《国家地理信息产业发展规划（2014 ~ 2020 年）》，提出发展高端地面测绘装备，包括发展数字水准仪、智能化全站仪、三维激光扫描仪、现代工程测量与监控系统等现代测绘地理信息技术装备以及海洋地理信息获取装备，国内市场占有率力争达到 50% 以上。这为我国工程测量信息智能获取装备的研制带来了前所未有的契机。

1. 测量装备功能的多样化

高精度的 GNSS 接收机和全站仪已经发展得相当成熟。充分发挥其技术优势，进行测量设备的革新，既是现在，也是将来继续进行的工作。例如全站仪与 GNSS 集成的超站仪，实现控制测量和碎部测量一体化；扫描仪中集成全站仪功能，可以对中、整平和后视点测量，使点云能够快速准确拼接；全站仪集成扫描功能，可以实现局部细节测量；全站仪中集成 CCD 相机，快速实现近景相片的绝对定向及碎部点的无瞄准测量等。今后类似围绕 GNSS、全站仪、CCD、扫描仪等的硬件集成与革新将会继续。几何水准测量虽然实现了数字化，但其测量过程的自动化和智能化方面有待突破。

2. 测量装备的专用化

工程建设中，常常会有一些现有设备无法解决或者难以解决的问题，需要研究一些专门的装备。例如地基雷达干涉测量系统 IBIS 实现远程的微变形遥测；基于结构光原理的遥测坐标系统进行大坝正倒锤线自动化监测；移动测量车能够快速高效地采集城市地物的多种信息；铁路轨道检测车能够精密快速检验轨道的重要几何参数等。它们都是针对一个特殊工程问题而研制的装备。今后在工程建设的各个领域都需要研究新的专用装备解决新问题，如智能管道检测机器人、地下空间信息采集机器人和城市道路挖掘机器人等。

3. 测量装备的便携化

目前 IBIS-L 测量系统、地面三维激光扫描仪、高精度陀螺全站仪以及其他集成装备，总体而言比较笨重，需要进行设备和技术创新，减轻设备重量和缩小体积，以适用于各种工程。

4. 机载软件的智能化

现有装备，其自动化测量、智能化测量和简便的操作都离不开装备中相应的软件支撑。研究更多更好、高效可靠的算法，实现数据采集过程中数据的自动过滤和自动处理，将会大大提高后续数据处理的效率。同时，一些针对专一工程的后处理软件亟待开发。典型的如基于扫描测量的地下空间三维建模中，如何在测量的过程中，自动过滤掉与建模无关的移动对象、快速实现站间数据和点云影像间的配准、自动分类目标、智能识别地物和初步建模等。

（三）基于异构多源数据融合的工程测量信息处理与可视化

为满足工程测量信息获取，需要各种传感器支撑，而每种传感器都有自身特点，在测量范围、测量精度、测量速度、测量密度和自动化程度等方面各有所长，如何综合处理与分析各类传感器数据，实现"点式测量"数据与"面式测量"数据的融合，几何信息与物理信息的融合，并进行可视化表达，研制工程测量数据智能信息处理平台以及不同坐标系、数据融合平台，是工程测量领域今后的研究重点。

1. 数据处理

（1）单源数据处理

开展测量机器人、地面三维激光地面、地基雷达、GNSS、测深系统等单源信息采集及数据处理关键技术研究。比如，研究基于激光扫描技术快速获取工程信息、三维激光扫描站间点云数据的智能、快速和高精度拼接；研究地基雷达图像的误差特征与改正模型，提高其实际工程变形精度；研究多波束测深数据处理的关键技术，以获取更丰富的江、河、海底信息等等。

（2）多源数据处理

开展三维激光扫描、D-InSAR、GNSS、数字摄影测量、惯导等多源信息相融合的技术研究。例如，研究三维激光扫描、全站仪与数码影像数据融合，构建高精度DSM、DEM和真实三维场景，实现工程模型的精细重构；研究地基雷达与激光扫描仪数据的融合，建立可视化的高精度形变监测模型；研究车载测量系统中的惯导、GNSS、扫描点云和全景数码影像的融合，实现空间动态三维建模；研究星载D-In SAR与GNSS、精密几何水准数据融合技术，建立超长线路（如高铁）的沉降监测模型；研究地基雷达、三维激光扫描、GNSS技术和全站仪等组合的多尺度变形监测系统，实现局部范围内绝对变形测量与相对变形测量的统一等。

2. 信息可视化表达

多传感器的连续数据采集，形成了多维度、大数据、异构、非结构化等混杂数据，这些数据与工程设计、施工、运营和管理等全过程信息紧密关联。如何基于GIS平台，紧密结合数据挖掘技术，通过对海量的复杂信息进行分析，对多维数据、时态数据、层次数据和网络数据实现直观化、关联化、艺术化和交互化的可视化表达，将是一个研究的热点。

（四）基于云计算和物联网技术的工程信息增值服务

随着大型工程建设中测量信息的不断积累，可将分布在不同区域、不同类型的大型工程测量信息汇总在一起，形成工程测量海量数据库，采用面向服务的体系结构（SOA），利用云计算和物联网技术，让用户方便高效地操作海量数据，以发现隐含信息，从而引导出新的预见和更高效的决策。因此，针对工程测量海量数据，研究数据管理、数据挖掘与信息增值服务的关键技术与方法，建立相应的工程信息系统；在统一的工程测量参考框架体系下，规范各种工程测量数据标准；研究测绘工程信息管理和增值服务的标准化体系；通过云计算对工程测量增值服务系统进行部署，利用物联网对分布式测量传感器进行控制和操作，为特定用户提供更加全面的工程信息增值服务，更好地解决工程建设中的各种测量难题。

（五）基于北斗导航系统的国家基础设施与重大工程安全监测与预警服务

为了保障国家基础设施和重大工程的安全运营与使用，需要建立我国自主的安全监测与预警服务系统。我国的北斗导航系统除了具有定位、导航与授时功能外，还具有双向通信功能，在国家基础设施与重大工程施工监控、灾害监测与预警等方面必将发挥重要作用。如何将北斗导航系统与其他定位系统及传感器进行集成，实现一体化协同作业和联合数据处理，提高国家基础设施与重大工程的高精度时空信息获取水平，研究可视化动态安全监测模型的理论与方法，建立基于专家知识库的智能预警平台，构建工程环境与灾害动态集成监测理论、方法与技术体系，革新传统的安全监测预警模式，建立我国自主的重大工程测绘保障系统，都是需要进一步研究和解决的问题。

（六）工程测量标准化体系建设与国际化竞争水平提升

工程测量涉及国民经济建设的各行各业，尽管我国在工程测量领域颁布实施了一批国家规范和行业标准，但由于项目特点不同，在使用过程中，出现了标准之间精度和技术指标不一致、不协调等问题，相关规范和标准跟不上技术的发展，需要进一步完善和修订工程测量标准体系，建立适当的标准协调机制。国家测绘地理信息局在"十三五"规划中会进一步重视测绘地理信息标准化体系建设，加强顶层设计，转变管理模式，将市场与应用作为工程测量标准化工作的重要驱动力量。目前我国承担的国际大型工程项目逐年增加，由于我国相关工程测量规范和标准经常与国际标准不一致，而使相关的测量工作受到限制。尽管我国参与了相关国际标准的制定，但主导的 ISO 国际标准仍然不够，为了提升我国在工程测量领域的国际化竞争水平，需要争取更多的以我国为主导的 ISO 国际标准项目。

工程测量发展很快，但发展还不均衡，需要大力改进测量技术与方法，加强交叉学科的研究，不断拓宽工程测量的应用领域。工程测量逐渐从传统工程向特殊工程、工业测量领域发展，从自然工程向生物测量工程发展，从地面测量手段为主向空间、地面、地下以及水下立体测量手段发展，从人工接触测量向自动化无接触遥测发展，从周期观测向持续测量发展。这些发展对工程测量的理论，方法与技术提出了新的需求与挑战，同时也促进了对创新型工程测量科技人才的需求。2009 年我国开始实行注册测绘师制度，逐步与英国、澳大利亚等国家的注册测量师制度接轨，国家在大学教育中实行卓越工程师计划等，必将进一步提升我国工程测量领域科技人才的培养水平。

总而言之，我国工程测量在信息化测绘背景下，必将向"测量方案科学化与合理化；数据获取集成化与动态化；数据处理自动化与智能化；测量成果数字化与可视化；数据管理海量化与多元化；数据共享网络化与社会化"方向发展。

第二章　大地测量

第一节　大地测量参考系统

一、地球参考框架基本概念

在大地测量学及其相关学科中，参考系、参考框架、坐标系、基准、大地测量系统几个概念常常使用。其中，参考系和参考框架的基本概念在 20 世纪 80 年代有过广泛的讨论。本节首先对这几个概念做些解释和区分。在本节中，没有特殊说明的情况下，这些概念都以本节讨论的含义理解。

任何事件的发生，必在空间与时间中进行。于是，时间和空间构成了描述一切事物的基础。在大地测量中，就目前的目的而言，将时间和空间视为绝对是合适的，即采用牛顿的绝对时空观，而非爱因斯坦的相对时空观，只在必要的情况下，加进相对论改正，如在 GPS（Global Positioning System）、VLBI（VeryLong Baseline Interferometry）测量中所采用的那样。这包含两层含义：时钟和标尺分别指理想的时钟和标尺，它们与参考系的选取无关；时间和空间是完全独立的。

参考系，又称参考系统，是为了表示位置坐标而定义的类似于标尺作用的参照物的称谓。例如：若将椭球体看作参照物，则椭球表面的经线、纬线、法线及相应刻度共同构成参考系统；若将 3 条笛卡儿坐标轴看作参照物，则坐标中心、坐标轴及其刻度共同构成参考系统。

在参考系统的具体实现中，我们不可能把椭球体或者笛卡儿坐标这类人为定义的东西具体标出来，而只能代之以用固定在地球上的一组标记及其坐标和其他一些参数间接地表示出来，这组标记就是一个框架。换言之，参考框架就是参考系统的具体实现。例如，ITRF（International Terrestrial Reference Frame） 就 是 ITRS（International Terrestrial Reference System）的具体实现。"系"和"框架"之间的区别是很微妙的。前者相对来说是不变的、不能直接使用的，而后者是可以直接使用的，并且是可以不断改善的。

坐标系，通常意义上，是指描述空间位置的表达形式，即采用什么方法来表示空间位置。人们为了描述空间位置，采用了多种方法，从而也产生了不同的坐标系。如，按坐标原点的不同，可分为地心坐标系、参心坐标系及站心坐标系等；按坐标的表达形式不同，可分为笛卡儿坐标、曲线坐标及平面直角坐标等 [宁津生等编著，2006]。在大地测量中，常常习惯于第一种分类，在第一种分类中，可进一步分为：

地心坐标系：地心空间直角坐标系、地心大地坐标系；

参心坐标系：参心空间直角坐标系、参心大地坐标系；

站心坐标系：站心直角坐标系、站心极坐标系、站心赤道坐标系；

站心地平坐标系。

只考虑上面的定义，参考系和坐标系之间的区别可归结为：参考系，侧重于表达物理中"参照物"的含义，坐标系更注重数学的表达形式。然而，在大地测量中，坐标系这一名称的用法，除用于指描述空间位置的表达形式之外，在某些场合包含参考系和参考框架两方面的含义，如 1954 年北京坐标系、1980 年国家大地坐标系、1978 年地心坐标系、2000 国家大地坐标系、WGS（World Geodetic System）-84（译为，世界大地坐标系）等。在大地测量中，坐标系这个称谓用得如此广泛，且不太区分参考系与参考框架，大概是与传统大地测量的服务只面向测绘领域有关。在空间大地测量时代，大地测量的服务面越来越广，无论是从技术实现角度还是从应用角度，对参考系和参考框架进行区分都是必要的。例如，在地球动力学等应用中，一般将地心坐标系称为地球参考系基准，是又一个常用的名词。在大地测量中，基准，顾名思义，是测量工作的起点和初始数据，任何测量都要与基准相一致。对用以表示几何位置的前空间大地测量时代的经典大地测量参考系统，如我国的 1980 年国家大地坐标系，基准就是大地原点，其大地坐标 L、B，垂线偏差 ξ、η，大地水准面高 N，以及椭球长半轴 a 和扁率 α。任何点的大地坐标、垂线偏差、大地水准面高均可从基准出发通过测量某些量得到。对于像 ITRS 这样的现代大地测量参考系统来说，基准像我国 1980 年国家大地坐标系那样定义是不合适的，所以基准一词的意义必须作一定的引申。在这种情形下，基准的合理定义是"完全确定参考系统的必须因素"。ITRS 的基准则为原点、尺度、指向及其随时间的变化。对于我国的 1985 年黄海高程系统，基准就是水准原点及其高程值。在绝对重力测量成为可能，但非常困难的年代，于 1909 年用当时最精确的数台可倒摆建立了波茨坦系统，即测定了一个点的绝对重力。直到 1971 年，国际上的重力点都是直接或者间接地与波茨坦系统进行相对重力测量建立的。波获坦的这个绝对重力值可说是重力基准。后来，出现了绝对重力仪，其精度不断提高，应用得到普及，建立足够精确的绝对重力点以服务于相对重力测量已不像以前那样困难。我国也建立了自己的绝对重力网，实质上充当了我国大地测量工作的重力测量基准，国家任何重力测量必须与这个基准相容。以上是"基准"的基本含义，事实上，"基准"还有第二种用法，类似于前面提到的"坐标系"的第二种用法。比如，NAD83（NorthAmericanDatum1983），NZJD2000（NewZealandGeodeticDatum2000），时空基准，等等，这些叫法中，基准同时包含参考系和参考框架两方面的含义。

"大地测量时空基准就是指大地测量基准和时间基准，它由相应的大地测量系统和时间系统及它们相应的参考框架所构成。大地测量系统规定了大地测量的起算基准和尺度标准及其实现方式。时间系统规定了时间测量的参考基准，包括时刻的参考标准和时间间隔尺度标准。大地测量参考框架就是按大地测量系统所规定的原则，采用大地测量技术，在全球或局域范围内所测定的地面大地网（点）或其他实体（静止或运动的物体），因此大地测量参考框架就是大地测量系统的实现。而时间参考框架则是在全球或局域范围内，通过守时、授时和时间频率测量技术，实现和维持统一的时间系统。"大地测量系统包括坐标系统、高程系统/深度基准和重力系统。与上述大地测量系统相对应，大地测量参考框架有坐标（参考）框架、高程（参考）框架和重力测量（参考）框架三种。

二、各国的地球参考框架

人类在地球的一切活动都是在某一特定的时空中存在的，也就是在某一特定的时间和某一特定的地理空间中进行的。人和物（有生命的或是无生命的）所处的时空位置关系是人类政治、经济和社会活动的基本参考。大地测量时空基准及其支持下的信息和技术体系是人类活动的公共平台，它体现在国家各部门到社会各行各业，政府行为到人们日常生活，经济建设，社会发展，科技发展到军事建设。大地测量时空基准是国家发展最具重要性的基础设施之一，建立和维持国家大地测量时空基准是国家一项公益性事业。

（一）地球参考框架的意义

大地坐标系又称大地基准，是大地测量的基础，一直是大地测量中最基本的问题。大地测量的主要任务之一是测量和绘制地球的表面形状。为了表示、描绘和分析测量成果，必须建立大地坐标系。现行的大地坐标系统分为局部坐标系和地心坐标系。若以参考椭球和局部地区大地水准面最为密合为原则建立大地坐标系，则由于这些大地坐标系的原点与地球质心不重合，一般称之为局部坐标系或参心坐标系；若依据空间大地测量为主要手段建立大地坐标系，且要求坐标系原点与地球质心重合，则称之为地心大地坐标系。过去建立坐标系主要着眼于测图目的。对于测图目的，局部坐标系是合适的，因为参考椭球与地区大地水准面拟合最佳，从而使地图变形最小。随着大地测量的发展，大地坐标系应用的深度和广度已今非昔比，建立坐标系已不再仅着眼于测图，而更多地着眼于工程控制、地球物理勘探、地震形变监测、地学研究、对地观测、陆海空导航以及航天等多种应用。

在测绘工程中，用户对测绘产品的应用需求发生了深刻的变化。人们认识到，采用地心基准能使综合集成的地理信息应用简单化（不需转换接口），并能确保地理信息在种类、空间、时间等方面的"无缝"衔接。地心坐标系对于跨大区域的测绘项目和集成应用，以及与物理因素有关的空间技术、地球动力学和地球重力场研究等，显得十分重要。

地球参考框架（TRF）除了给测绘和工程提供几何和物理基准外，它还可以提供全球变化在气象和地球物理方面的部分监测信息，诸如海平面变化，冰质量的平衡，地表水文的变迁，地球动力学，地壳运动，地形变，大气降水，电离层变化等等。以下列地球动力过程的监测为例：地幔弹性和黏性，地核和核幔边界的构造和性质，以及水贮量变化等。

在许多情况下，这些过程的地面表现可能小于1mm/a。空间大地测量技术可以监测这样的变率，但需要相当长的观测期，大约是 5 ~ 15a。在这整个观测期间，TRF（具体说就是 ITRF）必须保持不变。要监测每年毫米级的垂直运动，有赖于 ITRF 的精确性和稳定性。ITRF 对其他科学实验也是很重要的，例如海洋测高卫星 TOPEX 利用 SLR（Satellite Laser Ranging） 和 DORIS（Doppler Orbit determination and Radiopositioning Integrated on Satellite）作为主要跟踪系统，在估计海面水位升降时，它们直接受益于精密的 ITRF 坐标。同样，卫星重力任务 GRACE、即将出现的 JASON-1 雷达测高任务以及测量冰盖隆起（Ice Sheet Elevation）任务都需要绕地运转的轨道，并以地球为参考，精度达厘米级。这就要求 ITRF 提供精密参考标架。这些任务所要知道的精密轨道，是至关重要的前提条件。只有这样，这些任务才有能力为水文学、海洋学和冰川学做出重大贡献。总之，大地基准在经济、社会、科学的发展中发挥越来越重要的基础保障作用。

（二）全球地球参考框架

地心坐标系的建立包括地心坐标系的定义、地心坐标系的实现以及地心坐标系的维持。建立地心坐标系，首先必须从理论上给出地心坐标系的定义，包括坐标系的原点、轴向、尺度的约定和坐标系随时间的变化，以及有关的模型、常数等。坐标系一般以高精度的参考框架来实现，参考框架由一组分布合理的地面站的地心坐标和速度组成，一组自洽的站坐标集隐含了一个坐标系的原点、坐标轴的指向以及一个尺度参数，即隐含了一个地心坐标系。但是，从地球动力学的观点来看，地面点坐标因板块运动、地壳形变、潮汐负荷等因素的影响而发生变化，因此对于一个高精度的坐标系必须考虑该坐标系的维持问题，即需按一定的复测策略保证站坐标和速度的不断精化。显然，建立地心坐标系的关键在于如何得到参考框架点的地心坐标和速度。

1. 国际地球参考框架（ITRF）

ITRS 是目前国际上最精确、最稳定的全球性地心坐标系，它的定义遵循 IERS（International Earth Rotation and Reference Systems Service）定义协议地球参考系的法则，即 ITRS 的原点位于地心，地心定义为包括海洋和大气的整个地球的质量中心；它的尺度单位是在引力相对论意义下的局部地球框架内定义的米；它的定向由 BIH1984.0 给出，定向的时间演化相对于地壳不产生残余的全球性旋转。ITRS 通过国际地球参考框架 ITRF 来实现，ITRF 是基于多种空间技术（GPS，SLR，VLBI，DORIS）得到的地面站的站坐标集和速度场，ITRF 的参考框架点已达 300 多个，并且是全球分布的。ITRF 所有框架点的速度场通过多年数据计算得到。

ITRF 的历史可以追溯 1984 年。第一次应用由 VLBI、LLR、SLR 和 TRANSIT 的 Doppler 观测分析得到的站坐标联合求解，建立了地球参考框架（TRF），称为 BTS84。BTS84 是在 BIH 的活动框架下实现的，BIH 是当时一项国际合作计划 MERIT（Monitoring of Earth Rotation and Intercomparison of Techniques）的协调中心。后来又实现了三个后续的 BTS（分别是 BTS85、BTS86、BTS87），BTS 系列以 BTS87 结束，这是因为，在 1988 年 IUGG（International Union for Geodesy and Geophysics）和 IAU（International Astronomical Union）联合成立了 IERS。

IERS 的第一个 ITRS 实现是 ITRF88，此后，共实现并发布了 10 个版本的 ITRF（89、90、91、92、93、94、96、97、2000、2005），每个版本的 ITRF 都取代了先前的一个。为了得到最优的 ITRF 联合平差解，对数据处理技术进行了不断地改进。

考虑到 ITRF 在大地测量和地球物理领域的应用非常广泛，ITRF2000 在质量、站网和基准定义等方面做了改进。ITRF2000 解反映了空间大地测量技术观测的真实质量，不受任何外部约束的影响；包含了 VLBI、LLR、SLR、GPS 和 DORIS 技术观测的核心站，以及区域 GPS 网作为加密；为了保证定向时间演化的稳定性，ITRF2000 的定向速率选择了一组高质量的站点实施定义。

ITRF2005 的建立所用到的数据是站点坐标和地球定向参数（EOPs）的时间序列，这是与以前的 ITRF 版本的最大不同。ITRF2005 的输入时间序列解包括由 IAG 的各个卫星技术服务 IGS（International GPS Service）、ILRS（International Laser Ranging Service）、IDS（International DORIS Service）提供的采样间隔为一周的解，以及由 IVS（International VLBI Service for Geodesy and Astrometry）提供的以时段为单位的解，即每天一解。除 DORIS 之外，其他每种技术的时间序列解都是基于各技术的各分析中心解的联合平差解。使用时间序列解的目的在于：可以更好地监测测站的非线性运动；更好的监测测站其他类型的不连续变化（如地震，天线变化等）；从解的时间序列联合平差得到的 EOP 参数可以用来对 IERS 的 C04 序列（IERS 发布的 EOP 产品）进行再校准，从而保证 ITRF 和 EOP 的一致性。从 ITRF2005 开始，以后的 ITRF 实现将基于站坐标（VLBI 每天的站坐标，GPS、SLR 和 DORIS 每周的站坐标）和 EOP 参数（极移、UT1、日长参数）的时间序列，最终目标是建立实现 ICRF、ITRF、EOP 完全内洽的产品——IERS200X（Integrated Earth orientation parameters，Radio sources，and Site coordinates 200x）。

IERS200x = ITRF200x + EOP200x + ICRF200x

2. WGS84

WGS84 是美国国防部建立的、GPS 系统采纳的大地测量参考系。它最初是利用 TRANSIT 大地测量卫星系统的多普勒观测确定的，后来进行了 3 次精化。1984 年建立了 WGS84；1994 年进行第一次精化，标以（G730）；1996 年做了进一步改进，标以 WGS84（G873），历元为 1997.0；WGS84（G873）与 ITRF2000 的符合程度在 5cm。2001 年美国又对 WGS84 进行了再次精化，取名为 WGS84（G1150）。WGS84（G1150）与 ITRF2000 的符合程度在 1cm。G730、G873、G1150 中的 G 表示这些坐标是用 GPS 技术求得的，G 后面的数字是指将这些坐标补充到 NIMA 精密星历推算中时的 GPS 星期数。WGS 84（G 1150）的中心、指向和尺度是根据 26 个 GPS 站的坐标确定，其中，NIMA 维护的 11 个 CORS 站，美国空军维护的 5 个 CORS 站，以及 IGS 的 2 个站（一个是北京房山站）；为了精化和统一美军空军基地的坐标，计算时还加上美军空军基地等 8 个站。将来，WGS 84 还可能随跟踪站的增加或已有跟踪站天线的移动或更换而进一步改进。由于 GPS 卫星的广播星历是相对于 WGS84 的，所以利用广播星历实时定位得到的便是 WGS84 坐标，这使 WGS84 得到了广泛的应用。但是，高精度定位工作中通常不采用 WGS84，这是因为高精度定位需要已知的高精度控制点。各种高精度差分 GPS 定位技术均需要一个或多个高精度控制点，以消除系统误差。所以，要采用 WGS84 进行高精度定位，必须预先建立一个比较密集的高精度 WGS84 控制网。另一个影响高精度 GPS 定位的因素是 WGS84 中跟踪站的地壳运动速度不向 GPS 用户提供（当然，G1150 框架已提供跟踪站的速度值）。WGS84 符合 IERS 定义的协议地球参考系（CTRS，Conventional Terrestrial Reference System），首先，中心在地球质心；其次，采用广义相对论下地固参照系中的尺度；再次，指向符合 IERS（事实上是其前身国际时间局，简称 BIH）1984.0 指向；最后，指向随时间的变化使它相对地壳没有整体转动。这与 ITRS 是一致的。因此，WGS84 是协议地球参考系的一种。在其定义除包括一个参考框架外，还包括一个参考椭球，一组协调的常数和一个与全球大地水准面有关的地球重力场模型。

（三）区域地球参考框架的现代化

采用地心坐标系是国际测量界的总趋势。北美、欧洲、澳大利亚、新西兰等发达国家和地区都相继建成了地心坐标系，在亚洲，我国周边国家也先后建立了地心参考框架，实现地心参考框架的现代化。

1. 北美大地坐标框架（SNARF1.0）的构建

一个区域的大地坐标框架要确定性地连接于一个板块的稳定部分，这常常是位于这个区域中各个相应国家地理空间系统所要求的。在这样的大地坐标框架内，有利于对这一局域范围内的地壳运动进行地面点点位测量成果的相互比较，也有利于这个区域对板块内的地球物理和地壳运动等现象的理解和阐述。2003 年北美的有关测绘部门建立了一个"稳定的北美大地坐标框架（SNARF1.0）"工作组，它的目标是在北美建立一个稳定在每年毫米级水平的区域大地坐标框架。这个工作组为此确定了以下原则来定义和构建这个框架：诶已，依据地质和工程所认定的稳定标准来选择该大地基准的框架点；第二，框架点应位于所在板块的稳定部分，并可用于定义无净旋转（NNR）条件；第三，利用稠密的 GPS 点所构建的速度场，对北美地壳的垂直和水平运动进行构模；第四，SNARF1.0 应和 ITRF2000 保持一致。建立 SNARF1.0 可以实现两个目的：即通过一个旋转矢量不仅可以将 1TRF2000 在北美区域的点的坐标转换至 SNARF1.0，而且同时也可以将这些点的位移速度转换至 SNARF1.0。

2. 美国国家空间参考系 NSRS 和北美基准（NAD）的进展

（1）美国国家空间参考系 NSRS

以常规大地测量方法为主建立的水平网和高程网，在美国称为国家大地测量参考系（NGRS，National Geodetic Reference System），即参考二维基准 NAD83 的水平位置和参考高程基准 NAVD88 的高程位置。1994 年，美国国家大地测量局（NGS）提出实施国家空间参考系（NSRS，National Spatial Reference System）计划。与 NGRS 相比，NSRS 的含义得到了扩展，包括数据存取（data access）等均属于 NSRS 的范畴；NSRS 提供的位置信息，形成了国家空间数据基础设施（NSDI）的数字框架。NSRS 主要有以下部分组成：具有四维位置的控制点，是指 NGS 应用 GPS 技术建立的 GPS 网的控制点；具有连续运行参考站（CORS）、GPS 轨道、大地水准面模型以及数据存取（是指公众化的、通过远程通信连接直接读取 NGS 综合数据库（NGSIDB）数据的服务模式）。

美国的 GPS 连续运行网（CORS）目前有 300 余个永久 GPS 跟踪站。NGS 建立的 GPS 控制网分 3 个层次，联邦 GPS 基本网（FBN）、合作 GPS 基本网（CBN）和用户 GPS 加密网（UDN）。FBN 网由美国大地测量局（NGS）负责建立和维持，CBN 网由 NGS 与州或地方测量单位合作布设。FBN 与 CBN 都是以州为基本单元的 GPS 网。

FBN 网站间距为 75 ~ 125km，全美有 1400 个点。CBN 网站间距为 25 ~ 50km，全美共有 14600 个点。UDN 是连接到 FBN 或 CBN 的地区加密网，其最大站距为 25km。FBN 的目标是每个 GPS 点的三维测量（大地经度、大地纬度和大地高）的精度都不低于 ±2cm；同时进行水准联测，则点的正高高程精度不低于 ±3cm；若进行了重力联测，则要求点的重力值精度不低于 50 微伽；此外还要求每个点地壳运动水平和垂直速率精度不低于 ±1mm ／ a。

美国的高程基准是采用 1988 年北美高程基准 NAVD88，它是美国 80000km 水准观测平差的结果。1998 年根据美国国会的要求，NGS 提交了一份国家高程现代化的研究报告，其基本思想是综合利用 GPS 水准、重力测量和卫星测高数据精化大地水准面至厘米级，以达到通过 GPS 测量来代替水准测量建立高程控制的目的。

（2）北美基准

著名的北美大地坐标系 NAD83 系统的建立，经过了从单纯地面网发展到地面网与空间网的联合处理的过程。1969 年由美国大地测量局（NGS）和加拿大大地测量局对各自的政府提出了地面网和空间网联合平差的正式建议。美国官方于 1974 年正式开始此项工程，至 1986 年工程正式结束，对遍布美国、加拿大、墨西哥以及中美地区的 26 万余个大地点进行了整体平差，获得了 26 万余个大地点的地心坐标。这是 1974 ~ 1986 年间 NGS 最大的一项工程，耗资 3700 万美元，大量工作花在数据库建立、数据检核及数据向 NAD83 的转换当中。NAD83 是基于常规测量数据与子午仪卫星多普勒数据和 VLBI 数据联合平差得到的。NAD83 的定向与 BTS1984（BIHT errestrial System）一致，也就是说，

NAD83 的各个坐标轴与 WGS84 参考系的初始轴向完全一样；NAD83 用的是 GRS80 参考椭球，与 WGS84 椭球的差异在实用中可忽略不计。在上述定义的基础上，相对于 NAD83 和 WGS84 确定的点位坐标各个分量之差约为 1m，这是由于采用不同的测量技术所带来的。这一差别对于制图、导航等应用来说可忽略不计。

3. 欧洲参考框架及南美洲参考框架的进展

欧洲参考系 ETRS 及南美洲参考系 SIRGAS 都是洲级坐标系，它们是地区性地心坐标系。在定义上，它们也遵循 IERS 定义协议地球坐标系的法则，ETRS 和 SIRGAS 的建立者明确指出这两种坐标系与 ITRS 同属于一个坐标系，它们要做的工作就是如何使这种地区性坐标系与 ITRS 尽可能的一致。现在，EUREF 的框架点数已接近 ITRF，EUREF 是 ITRF 在欧洲大陆的加密，而 SIRGAS 是 ITRF 在南美洲的加密。

ETRS 是由 EUREF 的 GPS 连续运行基准站（CORS）网（EPN）维持的。EPN 与 IGS 有紧密的联系和合作。各欧洲国家对 EPN 的贡献是自愿的，这个网的成果的可靠性主要有两方面的原因：一方面是有足够多的观测站和数据；另一方面是有内容广泛而切实的 EPN 运行的规范，从而保证了所有这些 EPN 原始 GPS 观测数据的相互协调，得到这些 GPS 站可靠的连续的近实时坐标。需特别指出的是，EUREF 是固联于欧洲板块的，因此它的速度场在计算时扣掉了欧亚板块的整体运动。

ETRS89 已由欧盟的"欧洲控制测量与欧洲地理学会"和"欧洲国家制图与地籍局"等单位推荐采用，故该系统实际上已作为欧洲各国乃至他们在国际合作中的一种地理基准。ETRS89 受到欧洲各国重视的一个重要原因是 EPN 可以支持广泛的涉及大地坐标框架的多种科学应用和研究：如地球动力学，海平面监测和天气预报等。

SIRGAS 是涉及南美、中美和北美诸多国家的一项测绘科技合作计划，其主要目的是在美洲共同建立和维持一个洲际范畴的地心三维大地坐标框架。由于政治经济等方面的原因，这项合作是通过美洲各国及与其有关的国际合作组织进行的。现今 SIRGAS 已完成了两个大地测量项目，即 SIRGAS95 和 SIRGAS2000，并在这些项目完成后保持了 100 个 GPS 站点的 CORS 站网。SIRGAS 的 CORS 网日常运行目前是由德国大地测量研究所（DGFI）负责，并作为 IGS 的一个协作中心，最近 SIGAS 准备将此项工作由 DGFI 逐步转移至南美有关的研究所。SIRGAS 计划今后任务是将美洲各国的大地网联测，将各个国家的大地网作为 SIRGAS 整个大地坐标框架中的一个子框架（一个分网）

4. 新西兰动力大地基准的研究

1998 年新西兰引入新的国家大地基准 NZGD2000，它定义为一个半动力大地基准，并和国家的形变模型结合，以保持基准的精度，该基准的历元确定为 2000.0。形变模型可以使得在某一历元观测得到的大地坐标归算到所需要的历元时刻的值，而不必使所有大地点坐标都归算到与大地基准相应的 2000.0 历元。

新西兰拟采用 800 余个 GPS 站，在基于 ITRF2000 框架中对这些站的数据进行处理后重新建模（NZGD2000 原来在 1TRF96 框架中进行数据处理），预计框架点将从原来的 50mm 平面位置精度提高至 30mm。采用 1TRF2000 为 NZGD2000 的坐标框架后，用户就无须再将点位从 ITRF96 转换至目前通用的坐标框架 ITRF2000。

通过这几年在新西兰境内 GPS 站的连续定位资料发现，这些框架点的高程变化常常会出现非线性变化，对这数据进行分析后认为，影响这些框架点高程变化的因素很多，也很复杂，因此对这些框架点的高程变化不再考虑前几年的计算方式，即在 NZGD2000 内用垂直形变模型和时相的方式来推定，而是采用实测值。

考虑到 NZGD2000 的大部分用户不是专业人员，对这种顾及地形变的大地坐标换算至所需历元时刻的值，虽然科学，但不方便用户使用。因此，新西兰的测绘主管部门目前不仅提供一个科学的动态的大地基准，而且要通过它提供一个实用的空间大地坐标数据库，其中还包括地籍数据等。

5. 其他区域地球参考框架

非洲的参考框架。AFREF 是在非洲大陆建立一个间距大约 l000km 的永久 GPS 站网。AFREF 网的主要目标：第一，定义非洲大陆参考系统，建立并维持一个和 ITRF 全球参考框架相一致的大地测量参考网，为建立国家级的三维参考网提供支持；第二，实现统一的非洲垂直基准并支持建立非洲精密大地水准面；第三，建立间距约 1000km 的永久 GPS 连续运行站，并且这些站数据可以提供给其他各国或其他用户。由于非洲国家众多，国情不同，要完成非洲网的建造还要花相当的时间。

随着高精度导航定位对空间基准要求的提高，我国周边国家相继对自己国家的空间基准进行了现代化。日本从 2000 年开始采用新的大地坐标系统 JGD2000，取代具有百年历史的东京大地基准；韩国 1998 年开始采用三维地心大地坐标系统 KGD2000 以替换现行的坐标系统；蒙古也建立了新的国家大地坐标系统和坐标框架（MONREF97）；马来西亚于 2001 年开始采用三维地心坐标系统 NGRF2000 以替换现行的坐标系统。

（四）我国地球参考框架的现代化

20 世纪 50 年代，在我国天文大地网建立初期，为了迅速发展我国测绘事业，全面开展测图工作，迫切需要建立一个大地坐标系。为此，1954 年原总参谋部测绘局在有关方面的建议与支持下，鉴于当时的历史条件，采取先将我国一等锁与苏联远东一等锁相连接，然后以连接处呼玛、吉拉林、东宁基线网扩大边端点的苏联 1942 年普尔科沃坐标系的坐标为起算数据，平差我国东北及东部地区一等锁，这样传算来的坐标系，定名为 1954 北京坐标系。1954 北京坐标系可以认为是苏联 1942 年普尔科沃坐标系在我国的延伸。

1954 北京坐标系建立后，提供的大地点成果是局部平差结果。1954 北京坐标系在全国的测绘生产中发挥了巨大的作用。15 万个国家大地点以及数十万个军控点、炮控点、测图控制点均按此坐标系统计算。以 1954 北京坐标系为基础的测绘成果和文档资料，已应用到经济建设和国防建设的许多领域，特别是用它测制的全国 1：5 万及 1：10 万比例尺地形图的任务已基本完成，1：1万比例尺地形图也在相当范围内得以完成。

1978年4月在西安召开了"全国天文大地网整体平差会议"，参加会议的80位专家、学者对建立我国新的大地坐标系作了充分的讨论和研究，认为1954北京坐标系在技术上存在椭球参数不够精确、参考椭球与我国大地水准面拟合不好等缺点，因此，建立我国新的大地坐标系是必要的、适时的。会后，有关部门建立了1980国家大地坐标系。目前使用的1980年国家大地坐标系，从技术和应用方面考虑，存在下面几个问题：第一，二维坐标系统。即任何所考虑对象的三维坐标在1980年国家大地坐标系中只表现为平面的二维坐标；第二，椭球定位。1980年国家大地坐标系是由中国大陆局域高程异常最佳符合（即 $\sum$＝最小）方法定位。因此它不仅不是地心定位，而且当时确定定位时也没有顾及占中国全部国土面积近1/3的海域国土；第三，椭球不佳。如椭球大小，1980年国家大地坐标系采用的椭球是IAG1975椭球，它的椭球长半轴要比现在国际公认数值要大3m左右，而这可能引起地表长度误差达 5×10^{-7} 量级；第四，椭球短轴的指向。1980年国家大地坐标系采用指向JYD1968.0极原点，与国际上通用的地面坐标系如ITRS、WGS84等椭球短轴的指向（BIH1984.0）不同。

体现1954年北京坐标系和1980年国家大地坐标系的是用经典大地测量技术所测定的全国天文大地网。它由48000余个大地控制点组成，这些点间的相对精度为 3×10^{-6}，在我国大陆的分布密度约为1/（15km×15km）。这一框架目前也存在3个方面的问题：首先，近50000个全国天文大地网点，历经几十年沧桑，损毁严重。据2007年7月17日《中国测绘报》报道，我国大地点已破坏54%；其次，卫星定位技术得到了广泛应用，其点位平面位置的相对定位精度已可达 10^{-7} 量级以上，要比现行的全国大地坐标框架高出1～2个量级；卫星定位的测量成果是三维的、立体的，而现行的大地坐标框架是二维的、平面的。因此，高精度的卫星定位技术所确定的3维测量成果，与较低精度的、国家的二维大地坐标框架，不能互相配适；最后，实时或准实时定位已不仅仅是导航部门的需求，在地震和地质灾害监测、天气预报等部门，都要求提供框架点的实时坐标，这种要求也是目前大地框架点所难以满足的。

鉴于以上问题和不足，我国在20世纪90年代提出并筹备建立地心坐标系。2006年完成了"2000国家大地控制网"的联合平差。经原总参谋部批准，2007年8月1日起，在我军正式启用"2000国家大地坐标系"（CGCS2000）。

2000国家大地坐标系定义与协议地球参考系的定义一致，即：

原点：包括海洋和大气的整个地球的质量中心；

定向：初始定向由1984.0时BIH（国际时间局）定向给定；

定向时间演化：定向的时间演化使得地壳无整体旋转；

长度单位：引力相对论意义下局部地球框架中的米。

参考椭球采用2000参考椭球，其定义常数是：长半轴：$a = 6378137\text{m}$；地球（包括大气）引力常数：$GM = 3.986004418 \times 10^{14} \text{m}^3\text{s}^{-2}$；扁率：$f = 1/298.257222101$；地球自

转角速度：7.292115×10^{-5}rad/s。正常椭球与参考椭球一致。

2000 国家 GPS 大地网、与该网联合平差后的全国天文大地网和 2000 国家重力基本网统称为"2000 国家大地控制网"，该网的构建是国家大地测量的重大科学工程项目。2000 国家大地控制网的建立，为全国三维地心坐标系统提供了高精度的坐标框架，为全国提供了高精度的重力基准，为国家的经济建设、国防建设和科学研究提供了高精度、三维、统一协调的几何大地测量与物理大地测量的基础地理信息。

2000 国家 GPS 大地网是指将国家高精度 GPSA，B 级网、全国 GPS 一、二级网、和全国 GPS 地壳运动监测网等三个全国性 GPS 网统一进行整体平差而建立的。这三个网分别由国家测绘局、总参测绘局和中国地震局等部门在 20 世纪 90 年代先后建成的，共计 2600 多点。由于 2000 国家 GPS 大地网的密度远不如全国天文大地网，所以 2000 国家 GPS 大地网所提供的低密度的三维地心坐标框架不能完整实现中国的三维地心坐标系。利用 2000 国家 GPS 大地网的三维地心坐标、精度高和现势性好的特点，通过它和具有近 5 万大地点的全国天文大地网进行联合平差，将后者纳入三维地心坐标系，并提高它的全国天文大地网的精度和现势，使我国的大地坐标框架在密度和分布方面实现我国三维地心大地坐标系前进了一大步。

"2000 国家大地控制网"的实施，首次将我国不同部门、不同时期施测的多个平面（二维）和高程（一维）分离的大地控制网通过空间大地测量和数据处理技术，科学的整合为全国统一的整体的国家三维大地控制网，将原来大地测量中所采用分离的几何与物理参数，进行了科学的统一的整合；首次将我国非地心大地坐标框架整体的科学的转换为地心大地坐标框架；首次将我国大地坐标框架的地心坐标精度由 ±5m 提高 15 倍，达到了 ±0.3m。

由于科学技术的制约，世界各国在 20 世纪所建立的大地坐标系统基本上都和中国类似，采用了 10^{-5} 量级精度、二维、非地心的局域定位和以地面网点传递的技术方式提供坐标，这是大地测量发展历史上不可避免的一个阶段。随着空间大地测量技术的出现，经典的坐标系统出现了很多的不足。考虑到保持测绘工作的连续性，一般的做法是实施天文大地网与空间网的联合平差；若考虑测量工作的便利性和高精度，地球参考系是最好的选择。如同人类发明了电灯便不愿再回到蜡烛照明的时代一样，地球参考系是必然选择。世界各国在坐标系的选择上前进的方向是相同的，所不同的只是前进的速度。

第二节　地球参考框架的研究进展

一、全球大地测量观测系统 GGOS

2003 年 7 月在日本札幌举行的第 23 届 IUGG 大会上，国际大地测量协会（IAG）提出了全球大地测量观测系统（GGOS，Global Geodetic Observing System）工作项目。2005 年 IAG 大会更是将这一项目提高为 IAG 的旗舰（flagship）。GGOS 就是要通过整合各种大地测量观测手段以及各种技术方法，在大地测量的三个基本领域，即地球表面的几何形状和运动状态；地球定向和自转；地球重力场及其时变特征等方面形成新一代大地测量产品。

GGOS 的目标包括以下几点。第一，维持具有时序特征的几何和重力参考框架的稳定性；第二，确保大地测量标准和在各地球科学领域应用的大地测量协定的一致性；第三，为满足现代精密观测的要求，改善大地测量模型；第四，考虑在所有领域几何和重力产品的一致性；第五，GGOS 与联合国相应办公机构建立合作，例如综合全球观测战略计划（IGOS，Integrated Global Observing Strategy）；第六，GGOS 应代表 IAG 参与政府机构的组织，特别是对地观测集团（Group on Earth Observations）。

提出 GGOS 的背景在于，在过去十年里，空间大地测量发生了可观的变化：各种空间大地测量技术测定地球几何形状和地球自转的精度现在已经提高到了 10^{-9}；随着各种新的卫星任务如 CHAMP，GRACE 及 GOCE 的实施，重力场的精度也将达到这一水平；许多新的科学任务（上面提到了重力场任务；还有海洋测高任务，如 JASON-1，ENIVSAT，ICESAT 等；各种天文测量任务）正在准备、计划或已经实施。所有这些进展都对空间大地测量学三大支柱（几何与动态大地测量、地球定向与自转、地球重力场与动力学）的一致性和精度提出了更高的要求，带来了新的挑战，而实现不同 IERS 产品（ITRF、EOP 和 ICRF）的联合平差成为满足这些挑战的关键。表 2-1 列出了有关大地测量产品的标准、模型和参考框架的一致性比较。可以看出，对一个参数的定义和实现，可以有多种选择，事实上，在使用这些参数时，不可能只采用由其中一种数据源得到一组参数。在几何和重力测量应用中，参考框架的原点、方位和尺度的定义都不太一样，它们的一致性也未得到证实。以模型为例：为减少地球潮汐的影响，几何大地测量和重力测量产品是不一致的。在重力数据和模型中，通常都包括太阳和月亮的长期影响；在几何参数（例如坐标）中则是消除掉其影响。即如果 h 和 H 从几何大地测量中得到，N 由重力结果得到，则基本公式 h = H + N（椭球高 = 正高 + 大地水准面高）并没有实现真正的转换。

表 2-1 大地测量标准、模型和参考框架不一致

	几何参数	重力参数
质心定义	框架的中心: X_0, Y_0, Z_0	质心: C_{10}, C_{11}, S_{11}
定向定义	旋转轴: X_p, Y_p, DUT	惯性轴: C_{12}, S_{12}
尺度定义	尺度: c	GM
潮汐的模型	无潮汐	零潮汐
形变的模型	只几何部分	动力学
参考框架产品	ITRF，GRS80	变化的
产品的更新	经常性	事件型

二、空间大地测量技术联合平差

为了实现 IERS 三大产品（ITRF、EOP 以及 ICRF）的一致性，采用的技术手段是进行各种空间大地测量技术数据的联合处理，这其中包括在法方程层次上的联合平差，和在原始观测层次的联合平差。ITRF 就是基于 VLBI、SLR、GPS、DORIS 等技术解的联合处理而实现的。

（一）法方程级别的联合平差

IERS 于 2002 年成立了联合平差研究中心（CRC，Combination Research Centers），主要任务是解决当前对建立完全一致的 IERS 产品的迫切需求这一问题，开发最优的联合平差数据处理策略和软件。在能够及时获得高精度先验信息的条件下，有必要通过计算来实现一个新的 ITRF。而解决这一问题的办法，是将现有的空间大地测量技术的数据进行严密组合，形成统一的基准系统。为此 IERS 在 2002 年—2003 年间组成了 10 个组合研究中心，进行 SINEX 组合会战（SINEX Combination Campaign），集中研究多种技术组合的处理策略和相关理论。SINEX（Solution INdependent EXchange Format）文件是 IGS 提出的数据解文件标准格式。为了方便各分析中心、研究机构之间空间大地测量结果的交换，一种结构性好且便于扩充的交换格式是很必要的。1994 年，IGS，包括 ITRF 分委会，成立了一个工作组，负责建立这种格式。由 Blewitt 等人 [1994] 提出了 SINEX 草案，后来，以 Blewitt 为主席的 SINEX 工作组逐步升级该格式，从 0.04 版、0.05 版、1.00 版直到今天的 2.00 版。SINEX 格式自此产生，并广泛应用于所有的 IGS 和 IERS 分析中心。根据结构，SINEX 格式可以包含参数如站位置、速率、地球定向参数等，以及估计矩阵和先验（约束）矩阵。由于联合处理 ITRF 和 EOPs 序列方法的缺陷，IERS 于 2003 年发起了旨在获取一致的 ITRF、EOPs 和 ICRF，开发新的联合平差策略的研究活动——SINEX Combination Campaign。要求各空间大地测量技术分析中心和其他兴趣研究小组给出的解

至少包含站坐标和 EOPs。当所有空间大地测量技术（VLBI、GPS、SLR、DORIS）的解集都收集到之后，就可以研究和解算这些技术之间存在的系统偏差。准备联合平差时，必须检验各个解集的法方程的秩亏数，了解该解集移除约束和恢复法方程的能力。这些检验的结果要反馈到各分析中心，也就是说，在这一研究活动中，从联合平差得到的经验、关于各技术解模型和参数化规范的建议，进行汇编，并提供给各技术分析中心。在这一研究活动结束，所得到的高质量的联合平差解可作为获得一致的 TRF 和 EOPs 序列的基础。从长远来看，IERS 的 SINEX Combination Campaign 活动必然推动以一致的联合平差处理取代对分离的 TRF 和 EOP 进行联合平差处理的进程，从而得到一致的 TRF 和 EOP，乃至 CRF。2004 年 SINEX 组合会战转变成联合平差试点项目 CPP（Combination Pilot Project），正是这项项目的开展，促成 IERS 开始着手建立 ITRF2005。与以往的 ITRF 不同之处在于，ITRF2005 将包含长期的所有可能利用的数据资料，并基于各种空间大地测量技术所得到的测站坐标和 EOP 参数的时间序列进行组合，其周解（VLBI 是单天解）将有利于更好地对测站的非线性运动和时间序列的不连续性进行监测，将为地学研究的开展提供更一致的参考基准。从 1994 年起 IGS 开始处理和分析全球 GPS 跟踪网的数据，由于 IGS 分析中心的运作特点，对跟踪网中各个 GPS 站的数据处理时，不同站之间的数据在每天总有几个小时不同的延迟。因此在计算各种模型的历元值及其时变，或求定地面坐标参考框架时，都会引起与时间有关的各类参数在历元或时间序列方面的不协调。要解决这个问题最好的办法是对历年的全球各 GPS 跟踪站的数据按协调一致的时间再进行一次重新处理。日前已完成了对 IGS 全球 197 个 GPS 站 1994–2004 年的 GPS 跟踪数据重新统一进行计算和分析。其实质就是对全球 IGS 网的历年所有 GPS 跟踪资料，按统一的历元重新进行数据处理，以实现一个更完整的地面坐标参考框架。

（二）原始观测级别的联合平差

不久的将来，会有很多载有 GPS 接收机的低地球轨道（LEO）卫星（2008 年以前，约有 30 颗）。这意味着我们的观测包含四层：第一层为自然星座；第二层为导航卫星星座（GPS，GLONASS，GALILEO）；第三层为 LEO 星座；第四层为地球表面的跟踪网。很明显，包含从定义 ICRF 的自然星层到定义 ITRF 的地面站层这四层，进行联合平差，会给出所有全球大地测量参数类型的最优解。包含 LEO 层的原因在于：LEO 卫星上的导航卫星接收机不必考虑对流层延迟；LEO 数据有助于改进地心的估计；导航卫星和 LEO 之间的几何构形与导航卫星和地面站之间的完全不同；LEO 最理想地连接了重力场参数和几何参数以及 EOPs。

CHAMP 和 GRACE 卫星的轨道信息对于求定地球重力场及其时变有重大意义。通常采用所谓"二步法"这一计算程序进行数据处理，即第一步利用 GPS 地面站所接收的 GPS 卫星数据，计算 GPS 卫星的轨道，第二步利用 CHAMP 和 GRACE 平台上的 GPS 接收机数据，由第一步中算得的 GPS 卫星轨道，计算这二颗卫星在 LEO 上的精密轨道和重力场参数，在第二步计算中 GPS 卫星轨道（由第一步计算而得）是作为固定值处理。按二步法计算程序，根据 CHAMP 的数据已计算了 EIGEN1、EIGENIS、EIGEN2 等地球重力场模型，而在 EIGEN2 的基础上又发展了 EIGEN2ee 模型。它利了 CHAMP 的 380 天数据，结合地面重力和激光测距数据，发展了 EIGEN2CP 模型，它在陆地的分辨率为 120 阶，在海洋为 60 阶，即分辨率为 160km 左右。

作为对上述二步法重大改进，目前德国地学研究中心（GFZ）已研究完成了"一步法"计算的理论和实践。一步法是将 LEO 上的卫星（目前就是 CHAMP 和 GRACE）轨道，GPS（发射给 LEO 卫星的）卫星轨道、地球重力场、地球自转参数（EOP）和 GPS 地面跟踪站坐标，SLR 跟踪站坐标等全部作为待平差量，一并予以整体解算。一步法处理时的数据包括：地面 GPS 跟踪站数据，SLR 对 LEO 卫星的跟踪数据，LEO 卫星上接收到的 GPS 数据，LEO 卫星上的加速度计的数据，K 波段测距及其变率数据，LEO 卫星的高度和变轨等数据。

重力场的短暂性变化是由于地球内部和外部物质的重新分布所引起，这也影响地面测站的坐标和 EOP。这就是说地球重力场的重构和地球几何框架是有内部统一联系的，都是地球物理流的表示。经典的二步法计算往往忽略这种相关，如 EOP 和地面测站坐标的解算，按传统方法，如上述二步法，都是在一个静止的重力场范畴内予以解算，任何重力场的时变及其影响都是忽略而不予考虑的。一步法就是将计算地球重力场和它的参考框架，以及他们的互动，建立了统一的有内在的数学联系，并予以一并解算。初步的实际计算表明，主要待平差量的精度得到很大提高，达到 50% 以上，而且解算得到的各类待平差量之间更加相互协调。一步法是对 LEO 算法上的一次重大突破。

长期以来，德国的大地测量研究中心（GFZ）一直从事卫星定轨、卫星重力等课题的研究。2004 年该中心在 Journal of Geodesy 上发表的论文称：将星载 GPS 测相测码数据、加速度数据、K 波段测距和测速数据、地面对 CHAMP 及 GRACE 卫星的 SLR 数据以及地面 GPS 测码测相数据等从原始观测量进行严格地整体平差，平差解算的量包括 GPS、GRACE、CHAMP 卫星星历、地心变化、低阶重力场参数，计算结果表明，各种解算量的精度都得到了相应的提高。原因在于：星载 GPS 接收机数据实现对低轨卫星的连续跟踪，提高了轨道恢复的精度；星载加速度数据对于低轨卫星的定轨和重力场的恢复都很重要；GRACE 的 K 波段数据主要实现高精度和高分辨率的重力场恢复；在精密定轨中强化了 GRACE 卫星星历的相对精度；对于低轨卫星，SLR 在时间和空间上都很稀疏，但是可用于低轨卫星星历的质量控制，以及用来提高精密定轨、地心和重力场恢复的质量。每种数据都发挥了自己的长处。

三、全球导航卫星系统（GNSS）的参考框架研究

欧盟第六个框架计划（FP6）由欧盟委员会发起，作为指导欧盟科学发展的框架计划，FP6 反映了当今世界的科技发展潮流和方向，指出了许多具有战略意义的科研方向。

Galileo 系统的服务研究是 FP6 支持的重要研究领域。伽利略大地测量服务原型（GGSP，Galileo Geodetic Service Provider Prototype）是由 FP62005 年批准资助的项目，由德国地学研究中心（GFZ）、瑞士伯尔尼大学天文学院（AIUB）、德国大地测量与制图局（BKG）、欧洲空间运控中心（ESOC）、法国国家地理研究所（IGN）、中国武汉大学（WHU）和加拿大自然资源局（NRCan）的 7 个地学研究机构联合申请并执行。这些项目涉及欧洲卫星导航研究与开发领域的关键环节与核心技术。GGSP 将研究 Galileo 系统空间参考框架的定义、建立、维持与精化技术，并制定系统的相关标准，其主要作用是实现一个精确而稳定的 Galileo 坐标参考框架（GTRF）。GTRF 将是所有 Galileo 产品和服务的基础，它将同时服务于 Galileo 核心系统（Galileo Core System， GCS）和 Galileo 用户部分（Galileo User Segment， GUS）。GGSP 是 Galileo 系统的核心关键技术之一。

第三节　大地测量技术

一、现代大地测量技术概述

中国的测绘学科，包括大地测量与测量工程学科的发展源远流长。早在 1941 年我国中科院首批学部委员（院士）夏坚白先生就发表文章论述测量事业对于国防、土地整理和税收、交通、教育和文化等等的关系。他特别强调测量事业的发展与学术研究应有密切联系，呼吁在抗战胜利后，如果要复兴并建设新中国，抵御外来的侵略，则大家必须联合起来踏上边陲的长途，遍走高山峻岭，万里沙漠，一点一滴将我国的大好河山详尽地正确的测绘出来。同年，他发表了《天文，重力和大三角测量关系》的论文，以极其简练的语言论述了大地测量学科的主要内涵。他写到地球的形状和大小，它的质量分布，以及大三角测量等，是大地测量学科研究对象的重要部分，一切测量的实际计算都需要这种理论做依据。这个问题的解决，是靠天文测量、重力测量和三角测量的合作。从此，中国的大地测量学与测量工程学科就围绕这篇论文所阐述的研究方向在发展。叶雪安教授对大比例尺地图投影和大地测量主题计算有精湛的研究，其中包括多种大地测量参考系统的转换和高斯投影等问题的研究。

二、现代大地测量学的特征

第一，从多维式大地测量发展到整体三维大地测量。传统大地测量技术主要是采用光学仪器为基础，进行地面的距离、角度高度和重力等方面的多种测量，而现在可以采用空间大地测量直接测定相对于地球质心的三维绝对位置；第二，从静态大地测量发展到动态大地测量。传统的大地测量只能测出静态刚性地球假设下的地面点坐标和地球重力值，而现代的大地测量技术可以测到非刚性（弹性、流变性等）地球表面点以及重力场元素随时间的变化；第三，从在空间几何描述地球发展到物理—几何空间描述地球。传统的大地测量技术任务是测定地球椭球的几何参数和地球椭球在地球体内的定位，而这些只是在几何空间中描述地球，但现代大地测量技术是在物理—几何空间中描绘地球的参数的；第四，从局部参考坐标系中的地区性（相对）大地测量发展到统一地心坐标系中的全球性（绝对）大地测量。传统的大地测量受仪器的限制，而现代大地测量从由于空间尺度的扩大，可以建立全球统一的地心坐标系，并且将全球各个局部大地参考系纳入这个全球统一的参考系中，测定地面点在其中的绝对坐标；第五，地球表面的大地测量到发展到地球内部物质结构的大地测量反演。传统的大地测量只限于在地球表面进行位置和地球外部重力场的测定，而现代大地测量中以空间大地测量为标志的大地变形测量技术不论在测量的空间尺度上还是精度水平都已经有能力监测地球动力学过程产生的运动状态和物理场的微变化。

随着空间及卫星定位技术的迅猛增长，空间大地测量技术获得了广泛的应用，如甚长基线干涉测量（VLBI）技术、激光测月（LLR）技术、卫星激光测距（SLR）技术、卫星雷达测高技术、多普勒测轨和无线电定位系统（BORIS）、精密测距及其变率测量系统（PRARE）以及合成孔径雷达干涉测量（InSAR），GPS等空间定位测量技术极大地提高了定位能力和对地观测手段，也极大地拓展了定位测量的研究和应用领域。它们为国民经济建设和社会的发展、国家的安全以及地球科学和空间科学的研究提供了重要的信息和技术支持。

其中合成孔径雷达干涉测量（InSAR）技术，是通过装有两个侧视天线或采用重复轨道法，对同一地区采用干涉法记录相位和图像的回波信号，通过一系列的而必要的后处理，可获得地面三维几何和物理特征的合成孔径雷达。这种技术是新出现的卫星大地测量技术，在地学中有多方面的应用，如建立数字高程模型、监测地面形变、监测冰川与河流的运动等。采用D-InSAR技术其形变监测精度可达mm级甚至是亚mm级，因此被广泛应用于地震监测、冰川研究、火山研究以及地面沉降监测等。随着时代的发展，这种技术将会得到更加广泛的应用。

我国大地测量的战略目标是为我国地球科学和社会发展提供完善和深层大地测量支持的，建立以空间大地测量为主体的现代大地测量完整体系，满足地球科学，空间技术和社会经济发展的要求也是我国大地测量发展的战略目标之一。其中GPS卫星定位系统技术的发展最为主要。GPS动态定位日益受到重视，全动态实时定位应用日益广泛。

在交通运输中，主要用于建立各种道路工程控制网及测定航测外控点等。随着高速公路的迅速发展，对勘测技术的要求也越来越高，目前我国已采用GPS技术建立线路首级高精度控制网。差分动态GPS在道路勘测方面主要用于数字地面模型的数据采集，控制点的加密，中线放样，纵断面测量和无须外控点的机载GPS航测等方面。国家测绘局、总参测绘局和交通部共同利用动态分差GPS技术对我国160多万千米的各等级公路进行了高精度数据的采集和数据库建设。

近年来我国大地测量工作取得了重要进展，采用新一代大地坐标系已经成为刻不容缓的工作，在技术条件成熟的今天，采用新的坐标系仍然要解决大量测绘产品的坐标转换问题。在今后如何维护国家的大地坐标系，使大地参考框架得到及时有效地加密以及更新，这些都需要测绘工作者的不懈努力。在大地测量手段日益丰富和不断增强的形势下，大地测量与地学的其他学科进行交叉和融合，将会更好地推动地球科学的发展。而在今后的多种卫星导航定位系统共存的情况下，将会推动更多行业的发展，这也将成为大地水准的进一步精化提供了更加高效的手段。

三、几种大地测量技术分析

（一）甚长基线干涉测量技术（VLBI）

1. 甚长基线干涉测量技术（VLBI）介绍

随着科学技术的发展，现代天文学的观测研究已经遍及整个电磁波谱，射电天文学是在无线电波段利用射电望远镜观测和研究天体的一门学科，而利用射电望远镜观测的对象几乎遍及所有天体。

天文观测设备的重要技术指标是灵敏度和角分辨率，单孔径天文望远镜的角分辨率近似为无线电波的波长除以望远镜天线的直径，波长除以直径的值越小，角分辨率越高，可以更好地分辨研究对象的细节。由于无线电波的波长远大于可见光的波长，因此单口径的射电望远镜的角分辨率要远低于相同口径的光学望远镜，正是由于无线电的波长比较长，天线面的加工精度比光学望远镜镜面的加工精度要低得多，所以通常单孔径的射电望远镜的口径比光学望远镜的口径大得多。但由于技术原因，射电望远镜的口径不能无限增大，目前世界上最大的可转动射电望远镜的口径为 10 米左右，如德国的射电望远镜和美国的绿岸射电望远镜（GBT）。固定在地面上不能转动的射电望远镜可以增大口径，如美国在波多黎各阿雷西博的 305 米口径射电望远镜。我国已立项将在贵州省建造 500 米口径的改进型巨型射电望远镜。

为了进一步提高射电天文观测的角分辨率，天文学家发展了综合孔径射电天文望远镜（多个射电望远镜的连线干涉仪）。世界上最著名的综合孔径望远镜是美国的甚大阵（VLA），由 27 面口径为 25 米的射电望远镜组成，这 27 面天线分布在 Y 型的三个臂上，可以移动组成各种不同组合的观测，两个望远镜之间最远的距离约 36 公里。

20 世纪 60 年代开始，借助于原子时间频率标准的发展和高密度数据记录介质的发展，甚长基线干涉测量设备应运而生，VLBI 网中的每个射电望远镜采用氢原子钟作为独立本地振荡器，这样，望远镜之间不需要任何物理上的连接，地球上任何地方的望远镜，只要能同时观测到要研究的天体就可以一起联网工作，各个观测台站将数据记录在磁带上，事后再进行处理。

20 世纪 80 年代以来，欧洲 VLBI 网（EVN，由分布在欧洲的若干射电望远镜，中国上海天文台的 25 米口径射电望远镜和国家天文台乌鲁木齐天文站的 25 米口径射电望远镜及南非的一个射电望远镜组成），美国的 VLBA 阵（由分布在美国的十个 25 米口径的射电望远镜组成，最远的一个望远镜在夏威夷），空间 VLBI（地面上的 VLBI 观测站加上一个日本的空间射电望远镜 VSO）P 相继投入使用，大大提高了射电天文观测的角分辨率，为天文学研究做出了重要贡献。

射电天文干涉测量的设备通常由几个到几十个单孔径射电望远镜组成，综合孔径射电望远镜中射电望远镜之间的最远距离通常在几十公里以内，而 VBLI 阵中的射电望远镜之间的距离原则上不受限制，可以达几千公里以上，甚至可以使用包括空间射电望远镜组成空间 VLBI 网进行观测。

射电干涉测量设备中每两个射电望远镜组成一条基线，如果一个射电干涉测量阵有 n 个天线组成，则共有 n（n–1）2/ 条基线。射电干涉测量的角分辨率近似为波长除以最长基线的长度，即波长越短，角分辨率越高，基线越长，角分辨率越高。由于基线的长度可以远远大于望远镜的口径，所以射电干涉阵的角分辨率大大高于单孔径射电望远镜，国际 VLBI 网的角分辨率可以好于毫角秒（千分之一角秒）。

由于 VLBI 观测记录的数据量非常大，通常 VLBI 各个观测站的数据是记录在高密度磁带或计算机硬盘上的，观测完成后这些数据将寄往 VLBI 阵的数据处理中心进行相关处理，经相关处理后的数据再分别寄送到申请观测的研究者手中，进行下一步的处理和研究。随着网络技术的发展，实时或准实时的 VLBI 观测已经成为可能，即 VLBI 阵中各个观测站直接将观测数据经高速网络传送到相关处理中心进行实时相关处理，大大提高了 VLBI 测量的时效性，这种技术称为 eVLBI。

2. VLBI 的基本原理

宇宙中的射电源（类星体，射电星系等）辐射的无线电波，通过地球大气到达地面上的不同射电望远镜处，VLBI 观测站用电子设备记录接收到的信号。

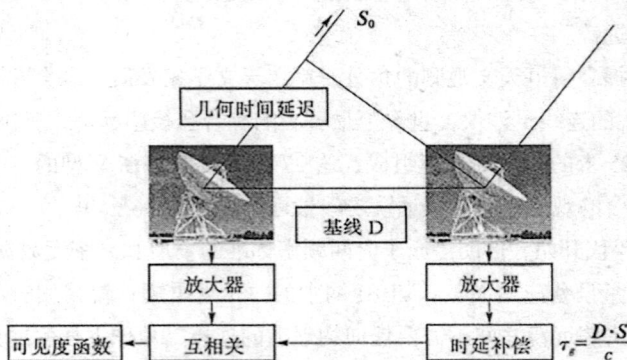

图2-1 VLBI基本原理示意图

图中，为 VLBI 时延，D 表示两台射电望远镜组成的基线矢量方向，凡表示河外射电源的方向， 为光速。对两个望远镜接收到的无线电信号经过精确的时延补偿后进行互相关处理，可以得到射电源的时延、时延率及可见度函数信息。

因为辐射无线电波的天体到达不同地点射电望远镜的距离是不同的，所以在同一时刻不同地点的射电望远镜接收到的无线电波的信号不是辐射天体相同时刻发出的。又因为作为本地振荡器的氢原子钟有很高的相位稳定度，所以各个观测站记录的信号可以很好地保留无线电波的相位信息。

无线电波的相干原理表示，仅相同波前的无线电信号是相干的，所以 VLBI 阵中各个观测站记录的数据需要利用相关处理机进行互相关处理。相关处理的目的是找到无线电波到达组成每条基线的两个射电望远镜的几何程差（几何程差除以光速就是到达两个望远镜的时间差，称为 VLBI 时延），并对时延进行补偿后（即对相同的波前）进行互相关处理得到干涉条纹。

由于地球自转，无线电波到达每条基线两端的天线的时延是不断变化的，所以相关处理机必须不断地精确跟踪时延的变化，才能始终保持干涉条纹。由于相关处理机在处理过程中对时延和时延率的补偿还不够精确，通常需要复杂的软件对互相关处理后的数据进行更精确处理，才能最终得到 VLBI 观测的产品。

VLBI 观测最终得到的数据包括：天体辐射的干涉条纹的相关幅度和相位，称为天体辐射的可见度函数；各条基线的时延及时延率（时延随时间的变化）。

VLBI 时延测量的精度主要取决于信噪比（信号与噪声的强度比）及观测频率的宽度。信噪比越高，时延测量的精度越高；观测的信号的带宽越宽，时延测量的精度也越高。当然，实际测量得到的时延中还包括了传播介质（地球大气对流层，电离层）、观测设备和观测台站钟同步误差的影响，需要对这些误差进行校正。由于河外星系射电源的微波辐射信号一般非常微弱，因而需要大口径天线，低噪声接收机和宽带记录装置。

时延和时延率提供了有关基线的长度和方向及射电源角位置（赤经和赤纬）的信息，测地学家和天体测量学家利用对多个射电源进行长时间的观测，经过复杂的解算，可以得到射电源的精确角位置和 VLBI 阵中每条基线的长度和方向，不同时间的多次观测可以测量每条基线的长度的变化及变化的方向。由于 VLBI 具有很高的测量精度，用这种方法进行河外射电源的精确定位，测量数千公里基线的距离和方向的变化，对建立以河外射电源为基准的 J 质性参考系，对地球的板块运动和地壳变形，以及地球自转规律的研究具有重要的意义。

随着地球自转，VLBI 阵中每一条基线向量在波前平面上的投影通常会扫描出一个椭圆来，这样在一天内对某个射电源进行跟踪观测，就可以获得不同方向的超高角分辨率的天体辐射的可见度函数。天体物理学家可以利用专门的软件，对可见度函数通过二维的傅立叶变换等方法对天体的辐射进行高精度的成图，得到射电源亮度分布的结构图，由于 VLBI 可以具有千分之几到万分之几角秒的超高角分辨率，这些射电源精细结构的资料对活动星系核的射电喷流，中央能源及宇宙脉泽等研究有着重要价值。射电源成图的灵敏度依赖于 VLBI 阵天线的分布和数量，也依赖于观测的带宽。观测带宽越宽，成图的灵敏度越高。

VLBI 的高测量精度，使得它也可应用于航天器的精确定位和定轨。

（三）VLBI 在航天器精确定位和定轨中的应用

为了对航天器，如探月卫星、行星探测器等，进行遥控遥测，以及探测数据的传输等方面的需要，航天器与地面观测台站需要进行无线电通信。从地球到航天器和从航天器到地球的通信工作，国际上分配的频段为 S（波长 13 厘米），X（波长 3.6 厘米）和 K_a（波长 1 厘米）频段中一定的频率范围。航天器的距离是通过地面站产生的测距信号的往返传输时间获得的。由测站的频率标准产生一系列正弦单音组成的测距信号调相在发射的载波信号上，航天器接收上行的载波，再产生下行信号，并将测距信号调相在下行信号上。地面站测量信号来回的时间就可以得到航天器的距离信息。此外由于多普勒效应，信号的频率将发生变化，测量信号频率的变化量可以得到航天器运动速度的信息。经过一定的观测弧段跟踪测量，可以确定航天器的轨道。

一个空间目标的位置通常可以用一个距离及二维角度精确确定，上述测距和多普勒测速的测量体制可以得到航天器的精确距离和运动速度，但是角位置测量的精度相对较低。VLBI 观测则可以提供航天器精确角位置的信息。可预期这两种测量体制的结合将得到更高精度的定位和定轨结果。

在用 VLBI 进行航天器跟踪测量中，时延和时延率测量值中包含了未被校正的误差（测站钟同步误差，测量设备的时延误差，传播介质误差），为了提高 VLBI 的测量准确度，可以通过观测河外射电源来校正测站钟的同步误差及测量设备的时延误差。如果河外射电源的角位置与航天器的角位置足够近，还可以大大减小由于传输介质、观测台站位置的误差及地球定向的误差的影响，这种测量方法称为较差 VLBI。当河外射电源与航天器的角距离小于几度时，还可以利用相位参考技术进一步提高测量精度。

VLBI 跟踪测量航天器的另一个优点是不需要发射上行信号，直接观测航天器的下行信号，如航天器的遥控遥测信号就可以完成测量。通常航天器的测控信号带宽相对较窄，而 VLBI 的测量精度依赖于测量信号的带宽，带宽越宽，测量精度越高，为了进一步提高 VLBI 测量的精度，可以专门设计宽带宽的多个单音信号，有了在频带上合理分布的多通道的多个测量值，再利用带宽综合处理的方法确定时延测量中的模糊度，可以提高 VLBI 时延的测量精度。

从航天器 VLBI 测量获得的无模糊度时延称为差分单向测距（DOR），用于测量的航天器频谱内的单音称为 DOR 单音。航天器与河外射电源之间的差分时延为△DOR，通过△DOR 值可以获得在河外射电源坐标系内高精度航天器角位置测量值。国外的研究表明，△DOR 加上测距数据可以降低轨道对某些系统误差的敏感度，通常仅在行星探测器入轨等特殊任务中使用 VLBI 的△DOR 观测。

为了满足航天器的精确定位及高精度深空导航的需要，从 20 世纪 70 年代起，美国宇航局就开始发展将 VLBI 应用于行星探测器的跟踪定位和定轨的技术及方法，目前 VLBI 已经成为美国深空跟踪网的重要测量手段之一。VLBI 增强了旅行者号、麦哲伦号和尤利西斯号航天器巡航阶段的导航能力，并对美国的火星探测器进行了入轨观测，提高了入轨的精度。

VLBI 应用于深空探测的其他事例有：1985 年全球多个 VLBI 站参加了对苏联 VEGA 宇宙飞船向金星投放的探测气球的飞行路线测量，通过对于气球飞行路线和 VEGA 飞船轨道的精确测定，测量了金星大气层不同高度的风速，具有重要的科学意义。2005 年 1 月 14 日，土星探测器卡西尼轨道器向土卫六（Titan）释放了行星探测器惠更斯号，欧洲 VLBI 联合研究所（JIVE）组织全球可以观测到惠更斯在 Titan 大气中下落过程的 15 个 VLBI 台站进行了观测（上海天文台的射电望远镜也参加了观测），VLBI 的数据处理结果实现了惠更斯探测器在大气中及在 Titan 表面位置的精密测量。日本最近发射的月亮女神也计划利用 VLBI 技术应用于子卫星的轨道观测，开展月球重力场的研究等。

（四）我国 VLBI 的发展及其在"嫦娥一号"工程中的应用

20 世纪 70 年代，中国科学院上海天文台的叶叔华院士，根据国际上 VLBI 发展的信息认为，VLBI 技术将对天文学研究具有重要作用，提出了建立中国 VLBI 网的建议，得到了中国科学院和天文界专家的支持。

1979 年上海天文台实验 VLBI 系统研制成功，1981 年 6 米天线的 VLBI 实验系统与西德 100 米天线在 21 厘米波段进行 VLBI 测量获得成功。

20 世纪 80 年代后期，上海天文台在上海佘山建成了我国第一个 25 米口径射电望远镜 VLBI 观测站和相关处理机系统。佘山站建成后，即参加了多项国际合作计划。1993 年 12 月，乌鲁木齐南山站 25 米天线建成，1994 年 10 月乌鲁木齐南山站揭幕。目前我国上海天文台和国家天文台乌鲁木齐天文站的两架 25 米射电望远镜一起成为国际 VLBI 网的正式成员，如用于测地学和天体测量学的国际 VLBI 服务网（IVS），和用于天体物理研究为主的欧洲甚长基线干涉测量网（EVN）。技术上保持与国际同步发展，有关设备不断更新和升级，如 VLBI 记录终端经历了 MKZ，MK3，MK4 到现在的 MK5 等等，提高了 VLBI 观测的灵敏度，使我国继续活跃在国际 VLBI 研究领域。

我国"嫦娥一号"绕月探测工程确定中国科学院的 VLBI 测量系统参加探月卫星的测轨任务，作为测控系统的 VLBI 测轨分系统。由于地面应用系统的需要，2006 年国家天文台分别在北京和昆明建造了口径为 50 米和 40 米的射电望远镜，这两台射电望远镜同时参加 VLBI 对"嫦娥一号"卫星的测轨工作，VLBI 测轨分系统需要为这两台射电望远镜配备 VLBI 接收和数据记录终端及时频系统。这样"嫦娥一号"测控系统 VLBI 测轨分系统由 4 个 VLBI 观测站加上设在上海天文台的 VLBI 数据处理中心组成。

测轨任务要求 VLBI 测轨分系统参加卫星在调相轨道、地月转移轨道、月球捕获轨道及环月轨道段的测量，在前面三个轨道段的测量过程中，将 VLBI 测量的时延、时延率和测角数据准实时送往北京航天指挥控制中心，并参加这些轨道段的轨道确定等工作。这些任务的要求与一般的天文观测有较大的差别，一般的天文观测都是事后进行数据处理的，而"嫦娥一号"工程要求对数据进行准实时处理。另一方面"嫦娥一号"卫星是在有限距离上运动的目标，在数据的相关处理及后处理过程中有特别的要求。

为了保证完成 VLBI 的测量任务，VLBI 测轨分系统的科研人员通过艰苦的努力克服了各种困难，完成了观测台站的设备研制和升级工作，成功研制了硬件相关处理机和软件相关处理机，并发展了适用于工程要求的大量软件，完成了 VLBI 数据处理中心的建设。几年来通过大量的试验观测，不断完善系统的可靠性和准确性。

2007 年 10 月 24 日 18 时 05 分，搭载着我国首颗探月卫星"嫦娥一号"的长征三号甲运载火箭在西昌卫星发射中心三号塔架点火发射升空。VLBI 测轨分系统，包括上海VLBI 中心和四个 VLBI 台站（上海佘山站、北京密云站、云南昆明站、乌鲁木齐站），自 2007 年 10 月 27 日开始正式执行任务。截至 2007 年 1 月 30 日，中科院 VLBI 测量系统已正式参与"嫦娥一号"测轨任务共 35 天。

10 月 27 日开始，"嫦娥一号"卫星先后经历三个 24 小时调相轨道段、一个 48 小时调相轨道段和一个地月转移轨道段。其中，由于前期轨道控制精准，只进行了一次中途修正，取消了原定的另外两次中途修正，直飞月球捕获点。2007 年 11 月 5 日 11 时 15 分，"嫦娥一号"卫星首次飞达近月点，顺利实施第一次近月制动，卫星成功被月球捕获，进入周期为 12 小时，近月点 210 公里、远月点 860 公里的月球极轨椭圆轨道，标志着"嫦娥一号"已经成为一颗绕月卫星；1 月 6 日，成功实施第二次近月制动，"嫦娥一号"卫星进入周期为 3.5 小时的环月轨道；11 月 7 日，成功实施了第三次制动，"嫦娥一号"最终进入距月球表面 20 公里、周期为 127 分钟的近月圆轨道。在上述飞行阶段，中国科学院的 VLBI测轨分系统为测控系统提供高精度的时延、时延率和测角数据，并参与完成各轨道段的准实时轨道确定与预报，为确保"嫦娥一号"卫星送入预定环月轨道做出了贡献。

VLBI 测轨分系统将继续努力提高环月阶段的数据质量，与我国的航天测控网一起为全面完成"嫦娥一号"的科学目标提供更好的轨道数据。中国科学院的 VLBI 天文测量系统首次将 VLBI 技术成功地用于我国的航天工程，并将进一步总结经验，提高我国 VLBI测量网的各种性能，为二期探月工程和我国其他的深空探测任务做出贡献。

（二）卫星激光测距技术（SLR）

1. 卫星激光测距技术介绍

卫星激光测距技术是 20 世纪 60 年代初由美国宇航局（NASA）发起的一项旨在利用空间技术研究地球动力学、大地测量学、地球物理学和天文学等的技术手段。它是利用测量激光脉冲在观测站和卫星之间的往返飞行时间，从而计算出卫星到测站的距离，是目前空间目标距离测量中精度最高的一种技术手段。由于激光是单色的，并且具有很好的方向性，所以激光测距能够同时提供目标的方位、高度和距离信息。常规激光测距是指对合作目标（装有角反射器的空间目标，如 Ajisai，Lageos-1 卫星等）进行卫星激光测距，目前对 Lageos 卫星的测距精度可以达到毫米级。高精度特性是激光测距的最大技术优势，可实现空间目标轨道精确测定，有助于空间目标精密定位和轨道复核，将成为今后航天器机动规避及预警最有力手段之一。

2. 激光测距技术原理

SLR 的原理是测量激光脉冲根据地面参考点到卫星之间的往返时间间隔（用 t 表示），从而计算出卫星到地面参考点的距离（用 R 表示），则 R 和 t 关系如下所示，其中 c 为光速。具体讲，首先地面跟踪站的计算机系统根据预报准确计算出卫星的位置，通过伺服控制系统驱动望远镜跟踪卫星，激光器通过望远镜上的激光发射光路发射脉冲激光，卫星上的后向反射器将激光反射，并由望远镜接收光路接收脉冲激光。与此同时，时间间隔计数器测出激光脉冲往返时间间隔，以此时间乘以光速，即可精确地计算出卫星到地面跟踪站的距离。

$$R = 1/2 \cdot c \cdot t$$

空间碎片属于非合作目标（没有安装角反射器），只能利用漫反射激光测距技术对空间碎片进行探测。

对非合作空间目标和空间碎片测距时，可探测碎片最小直径 d 由下式给出：

$$d = 2r = 2 \times \sqrt{\cfrac{n_0}{\cfrac{\lambda \eta_q}{hc} \times \cfrac{E_t A_r \rho \cos\theta}{\theta_t^2 R^4} \times T^2 \times K_t \times K_r \times \alpha}}$$

式中，λ 为激光雷达发射波长；n_0 代表平均回波光子数；η_q 为探测器量子效率；h 为普朗克常数（6.63×10^{-34} J·s）；E_t 为激光脉冲能量；A_r 为接收望远镜有效面积；ρ 为目标反射率；θ 代表激光反射方向与碎片法线夹角，一般情况下取 $\cos\theta=1$。θ_t 为激光束通过望远镜发射后的发散角；R 为目标距离；T 为大气传输因子；K_t 为激光发射光学系统效率；K_r 为接收光学系统效率；α 为大气湍流引起的衰减因子。

由上式可知，在环境和气象条件一定的情况下，系统的探测能力与激光波长、激光能量、接收望远镜有效接收面积、发射接收系统的光学效率成正比，与激光发散角的平方成反比，与探测距离的 4 次方成反比。

漫反射激光测距与常规卫星激光测距的原理基本相同，均是通过测量激光脉冲在地面站与空间目标间的飞行时间，从而获得空间目标的距离。漫反射测距的难点在于：一方面，回波信号极其微弱。合作目标的反射器将绝大部分入射激光按原路反射回去，而空间碎片对入射的激光束仅靠其表面漫反射，能够返回到地面观测站的激光光子比例远比常规测距的少。所以对于空间目标漫反射激光测距系统来说，除了大口径望远镜、高功率激光器和高灵敏度光子探测器等重要条件外，研制稳定性好、高效率的接收和控制系统是能够成功进行漫反射测距的必要条件；另一方面，轨道预报精度低。合作目标的轨道是经全球观测站每日提供的高精度观测数据而确定的，轨道精度较高，达到米级，而非合作目标的定轨精度在公里级。预报精度低需要加宽探测器距离门，会导致背景噪声增强，降低探测成功概率。

3. 空间目标激光测距技术研究现状

（1）国外研究现状

1994 年，R .Fugate 在堪培拉第 9 届国际激光测距会议上报告可对 1000km 的非合作目标进行激光测距。2002 年，澳大利亚 EOS 公司的 Ben Greene 在华盛顿的第 13 届国际激光测距会议上首次发表了题为 "Laser Tracking of Space Debris" 的报告，简单介绍了研究进展。他们利用 Stromlo 激光测距站口径 76cm 的望远镜和高能量激光器，实现了对 1250km 远的，大小为 15cm 的空间碎片激光测距。该站于 2003 年 1 月由于森林火灾而烧毁。2004 年重建后的空间碎片测距望远镜口径为 1.8m。激光器从氙灯泵浦改进为半导体激光泵浦的 Nd ：YAG 器件。目前已可以对 1000km 以内的几厘米的空间碎片进行测距。同时，该公司已经开始研究更高功率的激光系统进行改变碎片轨道的可行性，即把一些空间碎片推离对飞行器有威胁的轨道，以减小碰撞的概率；该项目已进行了地面真空实验及空间碎片清除的模拟仿真，结果显示该项目设计的高能激光对低轨空间碎片变轨的成功率达 55%，未来五年将实现对 20cm 空间碎片变轨的能力。

1.8m 望远镜激光跟踪空间碎片系统主要包含目标捕获系统、激光锁定系统、高功率激光器系统、激光传输系统和激光回波接收系统。目标捕获系统主要用来发现目标，并将目标引导到激光束中心，因此捕获系统视场较大，能够在很强的天空背景噪声中将空间碎片识别出来。激光光束锁定系统是在 1.8m 望远镜库德光路末端增加了高灵敏度的 CCD，这套系统可以使得激光瞄准精度达到亚角秒量级。

奥地利的 GRAZ 测站从德国斯图加特航天中心借用了一台 Nd ：YAG 激光器，开展了空间碎片漫反射激光测距实验。其中，激光器波长为 532nm，脉冲能量为 25mJ，脉宽为 10ns，重复频率为 1kHz。选择了 13 个傍晚进行观测，总共观测到 43 个不同空间碎片 85 组数据，距离范围 600 ~ 2500km，测距精度大约为 0.7m（RMS），RCS 范围 0.3 ~ 15m²。

美国空间局在毛伊岛空间监测站利用激光雷达的精密跟踪和高分辨成像能力，进行远距离探测、跟踪和成像，检查轨道上的卫星，经过几个阶段的改进，该系统能够进行高精度跟踪，最终用于测量非美国的航天器的尺寸、形状、姿态和方位信息。该系统所用激光器脉冲能量为 30J，重复频率为 30Hz，接收口径为 60cm。捕获模式为单脉冲方式，脉宽为 10ms，成像模式采用激光脉冲串，脉宽为 1.5μs，实现了大约为 20cm 的成像分辨率。成功验证了激光反射成像雷达对空间远程目标高分辨率成像的可行性。

（2）国内研究现状

中国 SLR 网成立于 1989 年，由上海站、长春站、昆明站、武汉站、北京站、流动站等台站组成。上海台是 SLR 区域数据中心和数据分析中心，负责国内 SL R 资料的归档、观测资料的评估，每周发表全球观测资料的评估报告，并利用国内及国际的 SL R 资料，进行天文地球动力学和大地测量等应用研究。

以上海天文台———双望远镜激光测距实验系统为例，上海天文台于 2013 年启动建设了 1.56m/60cm 双望远镜激光测距实验系统。其 1.56m 口径天文光学望远镜是 20 世纪 80 年代我国建成的赤道式大型光学观测设备，为天体物理和天体测量等科学研究提供了重要的观测资料。受限于客观观测环境条件，1.56m 望远镜应用领域也在不断地进行拓展和转变，其中激光测距是重要方向之一。为充分利用 1.56m 大口径望远镜强接收能力，结合 60cm 望远镜激光测距系统，以此组建了双望远镜激光测距实验系统，联合开展空间目标激光测距技术研究。

合作目标激光测量试验中，60cm 望远镜采用了千赫兹重复率激光器，单脉冲能量约 1mJ，输出功率约 1W。2013 年至 2014 年双望远镜测距系统对合作目标进行了测量，对 3600km 同步轨道也进行了测量。激光测距精度小于 3cm，略低于 60cm 单台望远镜结果，可能源于双望远镜系统采用不同时间频率基准所致。对同一观测时段内激光回波数统计，1.56m 望远镜是 60cm 望远镜的 5 ~ 6 倍，即采用 1.56m 和 60cm 双望远镜对目标激光测距，单位时间内激光回波数相比于 60cm 口径望远镜有数倍提升（大口径接收是主要原因）。在合作目标测量基础上，通过对 1.56m 望远镜系统完善，成功开展了非合作目标测量实验。1.56m 望远镜接收非合作目标激光回波信号（距离 1000km，R CS 为 6.1m²），测距精度优于 1m，与 60cm 望远镜激光测距系统测量结果相当。每 10s 内 1.56m 望远镜接收的平均回波数是 60cm 望远镜约 3 倍，与激光测距方程理论分析结果相当；后续 1.56m/60cm 双望远镜激光测距系统可实现小尺寸目标的测量。上海天文台建立的 1.56m/60cm 双望远镜激光测量试验系统，成功获得了有效激光回波信号，体现了大口径望远镜对激光回波信号接收优势，可应用于远距离、小目标漫反射激光测量，并为开展阵列接收望远镜激光测距技术研究等提供了良好试验平台。作为双接收望远镜激光测距技术的拓展，可用于对数百公里或更远距离望远镜开展单站发射、多站接收的激光测距，应用于空间目标的定位定轨技术研究。

（三）卫星测高技术

1. 卫星测高技术简介

卫星测高技术是获取全球海洋观测信息的主要技术之一，在大地测量学和海洋学等相关学科具有广泛应用。随着计算机技术、电子技术和信息技术的发展，以及应用需求的扩展，卫星测高技术本身发生了较大转变，相关数据处理技术的改进与完善也推动了相关应用领域的进步。自 1969 年著名大地测量学家 Kuala 提出卫星测高概念以来，以欧美为主的国家共发射了 14 颗测高卫星，其中，雷达测高卫星 12 颗，激光测高卫星 1 颗，干涉雷达测高卫星 1 颗。

Skylab、Geos-3 和 Seasat 是美国最早开始卫星测高技术研究发射的 3 颗实验卫星，均由于卫星设计原因或搭载仪器失败等运行周期较短，其数据精度较差，至今已基本不被所用。之后，传统雷达测高卫星按发射机构或目的可分为 3 个系列：①美国海军发射的 Geosat 卫星和其后续 GFO 卫星系列，Geosat 卫星是由美国海军发射的首颗成功运行并首次获得全球海洋观测数据，其数据至今仍被广泛利用，特别是其大地测量任务漂移轨道所采集高分辨率海面高观测数据，一直是确定高分辨率海洋数值模型不可缺少的部分，作为其后续卫星，GFO 只设计了重复运行周期轨道，这一系列观测数据至今已全部结束；②美国国家航天航空局（NASA）和法国空间局（CNES）联合发射的 T/P、Jason-1 和 Jason-2 卫星系列，该系列雷达测高卫星被公认具有最高的海面高测量精度，而且保证了从 1992 年 8 月至今连续的具有相同地面运行轨迹的观测数据集，因此，一直是海洋数值模型确定的参考基准，以及全球海平面变化研究的首选数据集，如今，Jason-2 测高卫星保持了原始重复周期运行的数据观测，而 Jason-1 卫星于 2012 年 5 月经过轨道调整开始了 406d 周期大地测量任务的观测，可获得高精度高分辨率的全球海面高数据，有望较大提高现有海洋数值模型的精度和分辨率；③欧洲空间局（ESA）发射的 ERS-1、ERS-2 和 Envisat 测高卫星系列，ERS-1 卫星设计了 3d、35d 和 168d 三个任务和运行周期，其 168d 重复周期的大地测量观测任务与 Geosat 大地测量任务观测数据具有相同的重要应用，ERS-2 和 Envisat 是其 35d 重复周期任务的后续任务，使该系列观测数据得到延续，但如今均已结束任务，不再提供有效观测数据。中国在 2011 年 8 月 15 日也发射了首颗雷达测高卫星 HY-2，搭载双频测高仪和微波辐射计，设计两年的 14d 重复轨道周期和一年的 168d 漂移轨道周期，可获得与 Jason-2 测高卫星重复的观测时间，开展数据质量的相互校正和联合应用等。此外，CNES 与印度空间研究中心于 2013 年 2 月 25 日联合发射了 Saral 卫星，主要目的包括为 Argo 浮标提供中继卫星服务和基于 Ka 波段的新型雷达测高观测，其轨道参数与 ERS 系列相同。

由于传统雷达测高卫星脉冲信号地面测量半径较大，仅在海面或较大湖泊等表面精度较高。在全球气候变暖的大背景下，随着两极冰盖融化对全球气候的影响逐渐加深，迫切需要了解两极冰盖消融情况，及其与全球海平面的变化和全球气温变化之间的关系，促进人们对环境的认识和保护。因此，美国 2003 年 1 月发射了主要用于极地冰盖测量的 ICESat 极轨激光测高卫星，相比于传统雷达脉冲信号，激光具有较小的地面测量半径，且在冰面穿透性弱，测量精度较高。该卫星搭载 3 个激光测高仪，但由于激光能量消耗大，3 个测高仪轮流工作，每次开启 1 个测高仪，工作时间 30d 左右，每年 2 ~ 3 个工作周期，按这种方式至 2009 年 10 月，3 个测高仪已全部失效，共获得了 18 个工作周期的观测数据。ESA 在 2005 年 10 月也发射了 Cryosat 极轨测高卫星，但由于运载火箭发生故障，卫星发射失败，重造的 Cryosat-2 卫星已于 2010 年 4 月 8 日发射，采用了最新的干涉雷达测量方式，包括 3 个测量模式：一是低分辨率指向星下点的高度计测量模式，可获得陆地、海洋和冰盖所有表面观测值；二是 SAR 测量模式，主要为提高海冰观测精度和分辨率，可使沿轨分辨率达到 250m 左右；三是 SAR 干涉计测量模式，主要为提高冰盖或冰架边缘等地形复杂区域精度。

上述发射的系列测高卫星中目前仍在运行的有 Jason-2、Cryosat-2、HY-2 及新发射的 Saral，为保证海洋和极地的连续监测，国际上已规划了各系列的后续卫星，如 T/P 系列的 Jason-3 和 Jason-CS，ERS 系列的 Sentinel-3，我国 HY 系列的 HY-2B、HY-2C 和 HY-3 等，以及新型测高技术卫星 SWOT 等，并将于近些年相继发射。纵观测高卫星的发展和国际后续的系列规划，测高卫星的目的逐渐向高空间和高时间分辨率发展，这也是测高卫星应用需求所在，据此采用的测高技术也将进行革新，如 Cryosat-2、Jason-CS 和 Sentinel-3 卫星采用的干涉雷达测高计技术，Saral 卫星采用的 Ka 波段测高技术，和 SWOT 卫星拟采用的 Ka 波段干涉雷达测高计技术等，此外，还有正在研究和实验中的测高卫星星座技术和 GNSS 信号测高技术等。

2. 卫星测高数据预处理研究

卫星测高技术中涉及的仪器和观测误差一直都是制约该技术的发展瓶颈。自 1998 年开始，由美国 NASA、美国国家大气与海洋研究中心（NOAA）和 CNES 等机构联合举行的年度科学工作组会议（science working team meeting）和海面地形科学组会议（ocean surface topography science team meeting，OST/ST）对测高卫星的仪器和各项误差校正进行了深入研究，并开展了许多细致的工作。自 2007 年开始，由 ESA 资助实施了"近岸卫星雷达测高数据处理开发"（COASTALT）计划，以通过对卫星测高数据产品的处理、分析和改进，使在近岸受限的雷达脉冲信号处理技术趋于成熟和准业务化应用状态，主要任务包括地球物理改正项精度改进，波形重跟踪和数据校正等，至今在对流层延迟、近岸海洋潮汐改正等方面取得了重要成果。近些年来，随着卫星观测数据和各类实测数据的增多，以及相关数据处理技术和建模技术的发展，从卫星轨道平台各类仪器校正、卫星定轨参考重力场模型、GPS 定位定轨技术、对流层改正采用大气压数据、电离层改正模型、逆气压改正模型、海洋潮汐改正模型和海况偏差改正技术等各个方面都得到了较大的进步，这些极大地提高了卫星测高观测海面高精度，促进了卫星测高技术在内陆、近岸和极地等方面的应用。以上各项改进可以归纳如下：

（1）与卫星精密轨道确定相关的参考重力场模型和 GPS 定轨技术的发展

随着新一代卫星重力探测技术的成功实施，大量观测数据的积累催生了系列卫星重力场模型和联合重力场模型，同时作为核心精密定轨技术的 GPS 数据处理技术有了较大进步，因此，对各测高卫星的轨道作了更新，从原来基于 JGM-3 重力场模型的轨道陆续发展到了基于 EIGENGRACE01S、GGM02C、EIGENCG03C、EIGEN-4C、EIGEN-6C 等重力场模型的精密轨道，以及基于 GPS 精密星历的 GPS 精密轨道等。

（2）对流层干分量和湿分量改正、电离层改正和逆气压改正等与大气相关误差的改进

①对流层干分量和逆气压改正密切相关，都需要采用大气压模型进行改正，以前主

要采用的是 ECMWF 和 NCEP 大气压再分析资料，其水平分辨率只能达到 2.5°×2.5°，而最近的 ECMWFERA-interim 再分析资料水平分辨率达到 1.5°×1.5°，将逐步替代以前的 ERA-40 再分析资料，对于未携带微波辐射计的测高卫星对流层湿分量改正也将由 ECMWFERA-interim 再分析资料提供的水汽含量模型所代替；②以前与大气压相关的改正中没有顾及大气潮汐中 S1 和 S2 分潮对大气压和海洋潮汐的双重作用，导致重复计算或忽略不计，而随着这两个分潮的逐渐精确确定，将被纳入对流层干分量改正中；③对采用微波辐射计测量水汽含量进行对流层湿分量改正的测高卫星，经过对长期观测数据的统计和比较分析，将其中微波辐射计个别频段的亮温观测值漂移进行了校正；④对于双频测高仪的电离层改正，采用沿轨滤波平滑对可能存在的高频抖动进行了处理；而单频测高仪的电离层改正所依赖的改正模型，从早期的 IRI95、Bent 同化模型等逐步发展了 IRI2001、IRI2007、IRI2011、NIC07、NIC08、NIC09 等模型，同时由全球 GPS 跟踪站观测数据也建立了一个精度高于同化模型的 GIM 经验模型，其精度接近双频电离层改正，但起始时间仅从 1998 年 3 月 28 日开始；⑤逆气压改正中除对大气压数据进行更新改正外，针对短于 20d 主要由海面风浪等影响产生的高频分量，Carrère 和 Lyard（2003）研制了 MOG2D 改正模型，目前已被广泛应用于现有测高卫星 Level-2 观测数据，以及原有测高数据的误差改正更新中。

（3）海洋潮汐改正方面

基于流体动力学方程，将实测数据和数值模型进行同化的潮汐模型主要是 FES 系列和 TPXO 系列，FES 系列最新模型为 FES2012，分辨率为 3.75′×3.75′；TPXO 系列最新模型为 TPXO7.2，分辨率为 0.25°×0.25°。基于卫星测高数据的经验模型主要包括 GOT 系列、EOT 系列、DTU 系列和 CSR 系列等，其最新模型分别为 GOT4.9、EOT11a、DTU10 和 CSR4.0。这些模型中目前被测高数据处理所采用的主要为 FES 系列和 GOT 系列。

（4）海况偏差改正方面

早期测高数据海况偏差改正近似采用有效波高的百分比，如 ERS-1，后来采用与有效波高和风速相关的多项式参数模型估计，再随着测高数据的增多和精度提升，对海况偏差改正的分析逐渐深入，在此基础上发展了同样由有效波高和风速进行改正的非参数估计方法，以及参数模型和非参数估计的联合方法，其改正精度相对有了极大的提高。

（5）波形重跟踪技术

当测高波形前缘偏离高度计的跟踪"门"时，就会造成高度计对地面的遥测距离不准，产生观测误差，为此，要获取高精度的地面观测值，必须对高度计数据进行重跟踪处理。波形重跟踪技术最初是针对冰盖表面的观测应用所提出来的，由 Martin 等人（1983）研制了第一个重跟踪算法，后来被统称为 NASA 算法，NASA 算法基于 Brown 面散射模型，用多个参数来拟合返回波形。而 ESA 则使用了一种经验算法，通过选取一定的阈值，通过在阈值附近两相邻采样间线性内插确定重跟踪点。目前，波形重跟踪技术在近海海域、内陆水域、海域重力场反演等方面广泛使用。

在上述卫星精密轨道确定，各项地球物理和环境误差改正等方面的进展基础上，德国地学研究中心（GFZ）、荷兰 Delft 大学对地空间研究所（DEOS）、法国地球物理与海洋空间研究实验室（LEGOS）等国外众多机构建立了业务化卫星测高数据服务系统，以对原始卫星测高数据发布机构所提供的产品进行改进和更新，提供高精度的系列产品。

（四）无线电定位系统

1. 无线电定位理论基础

利用无线电波的传播特性完成某种特定功能的系统称为无线电系统。无线电定位是在无线电基础上发展起来的技术，其本身就属于无线电系统。无线电定位通过发射与接收无线电波，实现目标的坐标求解，测量定位点定位参数，如距离、方向、高度等。无线电定位过程可用图 2-2 所示的结构图表示，它概括了常用无线电定位系统的基本内容。其定位过程如下：

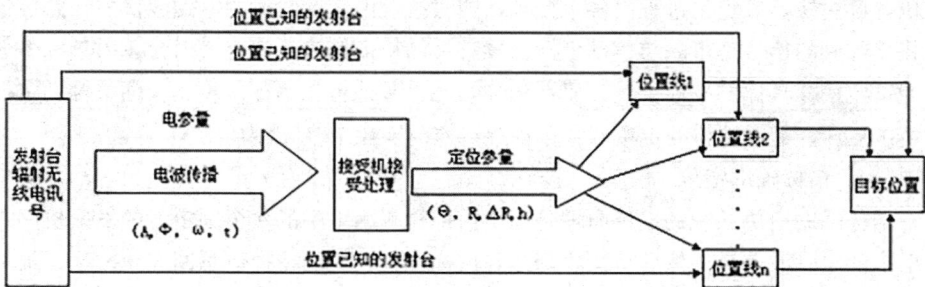

图2-2　无线电定位过程

首先，由地理位置精确已知的发射台发射无线电信号，这个无线电信号的电参量（如振幅、频率、相位、时间）携带着定位参量信息，接收机接收到电磁波后开始处理信号，并按照电磁波的传播特性，根据电参量计算定位参量，比如来波的方向、目标的距离、目标之间的距离差及目标高度等；再次，根据得到的定位参量及位置已知的发射台，得到多条相对于发射台的位置线；最后，由多条位置线选择相应的定位算法，得到目标点的位置信息。

2. 无线电定位系统定位原理

通过获取信标(Ms)与不同位置固定的基站(BS)之间传播信号(如电波场强、传播时间、时间差、入射角等)的特征参数计算出目标点的坐标位置。按照不同的定位目标点位置和采用的定位系统可以将信标的定位方案分成三种：基于信标的定位方案、基于网络的定位方案、基于 GPS 辅助的定位方案。

（1）基于信标的定位

基于信标的定位原理是由信标根据接收到的多个基站的信号计算出自己的位置，此类系统也称为信标自定位系统或前向链路定位系统，信标接收到基站发射的信号，按照无线电信号携带的与信标位置有关的特征信息，如入射角度、传播时间、场强等，从而确定信标与各基站之间的几何位置关系，然后用在信标中集成的位置计算功能（PCF），利用相关算法解析出信标的位置。信标定位技术主要包括全球定位系统（GPS）、基于信标发送、接收信号的定时或角度的覆盖三角技术（TOA、E-OTD）以及起源蜂窝小区（COOD）。

（2）基于网络的定位

基于网络的定位是通过对信标传来的信号进行计算处理从而得出信标具体的坐标位置，同时称为反向链路定位系统。该定位系统由各个接收站同时接收信标发射的信号，然后将接收到的信号中携带的有相关特征信息发送到网络系统中的移动定位中心单元进行处理，最后通过位置计算功能单元解析出信标的位置信息。基于无线网络的定位方案只需要修改现有移动网络设备，而不需要改变现有的移动站，而且可以利用现有的蜂窝系统。

（3）网络辅助定位

网络辅助定位系统采用基于发射台的定位方法，配合 GPS 卫星导航定位，使得系统定位速度更快。该定位过程由各个接收站同时接收由信标发射的电磁波信号，然后各接收站将接收到的信号携带的与信标坐标位置有关的特征信息反馈至发射台，由信标中的计算单元锁定信标具体的坐标位置。而且和纯 GPS、基地台三角定位相比较网络辅助定位能提供范围更广、速度更快的定位服务，理想误差范围在 10 米以内。

（4）信标辅助定位

信标辅助定位系统的定位原理是利用信标检测网络中的多个固定点的发射机同一时间发射出的电磁波信号，然后将接收到的与信标位置相关的特征信息回发至网络，最后利用网络分组控制功能模块获得信标的坐标。

（5）GPS 辅助定位

GPS 辅助定位系统的原理与 GPS 定位方案相同，GPS 定位是利用集成在信标的 GPS 接收机实现对目标的定位，而 GPS 辅助定位是由网络中的 GPS 辅助设备实现对目标本身的定位。与基于信标的定位方案和基于网络的辅助定位方案进行对比，基于信标的定位方案中，信标本身能够定位自身的位置；对于基于网络的定位方案来说，网络系统能够得到信标的坐标位置但信标本身却不能定位自身。因此，令上述两种定位方案中没有进行目标点定位估算的一方也能得到目标点的位置信息，就需要建立起来一条数据链路让相关的数据能够利用空中接口在信标和网络之间进行传递。

对比以上各种定位系统的基本特征，不难发现如果用基于信标的定位方案或采用 GPS 辅助定位方案在现有蜂窝系统中为用户提供 LCS 服务，就必然要对信标进行一些修改，增加相关的软、硬件设备，如果集成 GPS 接收机的信标能同时接收多个基站信号，并利用自身的软硬件进行定位处理，然后还须将定位信息利用空中接口发生至蜂窝网络。所以，利用以上两种定位方案在现有蜂窝网络中增加 LCS 功能是不适合的。不可否认的是，上述两种方案的精度比较高，在 CDMA 网络中可以得到广泛应用。基于无线电网络的定位方法只需修改现有移动网络设备，而不需要改变现有的信标，而且可以利用现有的蜂窝系统，减少投资，实现起来也相对容易，并且定位精度较高。在实际运用中得到越来越多的重视。

（五）多普勒定轨技术

1957年10月4日，苏联发射世界上第一颗名为 Sputnik 的人造卫星，由此人类进入了太空时代。如今人造卫星已经在人类生产和生活中扮演着重要角色，利用人造卫星可以实现通信、导航、定位服务，以及对地观测、空间环境检测、深空探测等科学研究，因此，和人造卫星相关的科学研究得也到了国际社会的高度重视。

保证卫星完成各项任务的重要前提是确定好卫星自身的轨道。定轨问题按其时效性通常分为两类：一类是事后定轨，也称为精密定轨，实现卫星轨道的确定需要基于某一段时间内大量观测数据；另一类为实时定轨，主要强调实时及快速，但定轨精度相对较低。随着航天任务要求的不断提高和航天测控技术的不断发展，卫星轨道确定的实时性、自主性、高精度和可靠性的标准也越来越高，因此对如何实现高精度实时定轨的研究就显得很有必要。卫星轨道的确定需要基于可靠的观测数据支撑，为适应卫星定轨技术的需求，卫星跟踪观测技术也随之取得了快速发展。目前，常使用的观测类型有多普勒频移、距离、角度等，高质量的观测数据是卫星准确确定轨道的重要保障。

在所有观测类型中，多普勒频移最先被用作观测量来实现卫星轨道的确定。多普勒频移是由于多普勒效应而引起的接收信号的附加频率，所谓多普勒效应是指当信号发射源和信号接收者之间存在相对径向运动时，接收者收到的信号频率异于发射信号频率的现象。因此，无论地基或天基卫星跟踪系统，只要发射信号 源与信号接收机之间存在相对径向运动就具备获得多普勒频移观测量的基本条件，如图2-3所示。

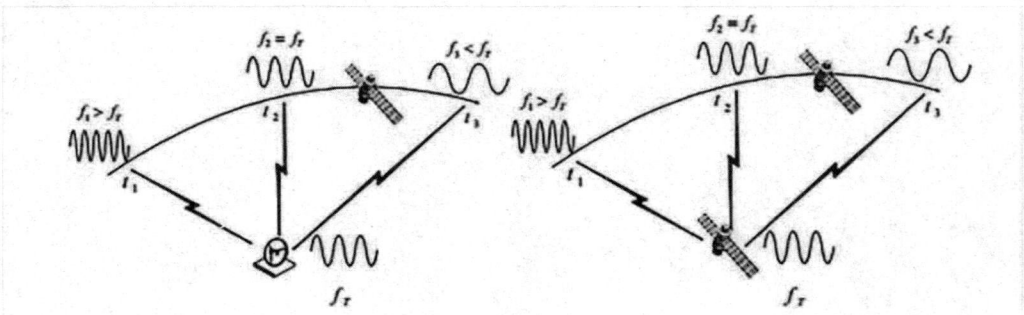

图2-3　星地及星间多普勒观测图示

人造卫星 Sputnik 成功发射后，美国约翰·霍普金斯大学应用物理实验室的 W.Guier 博士和 G.Wieffenhach 博士通过跟踪、监测这颗卫星所发射信号的多普勒频移推算出其运行轨道。此后，多普勒频移作为观测量一直在与人造卫星相关的科学研究及应用中扮演着重要角色。1958年，美国开始研究基于多普勒频移观测的子午（Transit）卫星系统，这是世界上第一个成功运行的卫星导航系统。子午卫星导航系统自1964年开始持续运行32年，于 1995 年被新一代的全球定位系统（Global Position System，GPS）所取代。GPS 系统主要以伪距作为观测量，但其还具备多普勒定速的功能，而且 GPS 的定速比定位更精确。

在定轨技术中，以多普勒频移为观测量最为典型的应用是法国星载多普勒无线电定位系统（DORIS）。DORIS 系统是由法国宇航局（CNES）联合法国空间测地研究组（GRGS）和法国国家测量局（IGN）共同创始和研制。除了星载 GPS 技术以外，DORIS 系统是目前国际上仅有的能够提供 3D 方向分米量级精度的实时轨道确定技术，在低轨卫星定轨问题中，DORIS 系统的卫星定轨方法具有很好的参考价值。我国的北斗卫星导航系统将建成拥有国际领先的天基卫星跟踪测量系统，而对诸如 DORIS 系统等先进地基卫星跟踪测量技术的研究将可以有效地补充天基系统。

由于 DORIS 系统仅限支持高度低于 2000km 的低轨（Low Earth Orbit，LEO）卫星的定轨服务，对高度介于 2000km ~ 35786km 之间的中轨（Medium Earth Orbit，MEO）卫星，以及高度大于 35786km 的高轨道卫星即地球静止轨道（Geostationary Orbit，GEO）卫星和高椭圆轨道（Highly Elliptical Orbit，HEO）卫星而言，该系统的测量体制将不再适用。与低轨卫星相比，中高轨卫星相对地面观测站的径向相对运动速度较小，则多普勒频移也相对较小，可观测性较弱。在使用多普勒测量定轨方法中，为使中高轨卫星相对于基准可以获得较大径向相对运动速度，可以将 MEO 星座作为基准来实现卫星实时定轨。当仅使用 MEO 星座作为基准确定卫星轨道时，可以在没有地面支持的情况下，依赖于卫星上装载的测量设备实现对卫星轨道的确定，即实现自主定轨，未来该技术无论在民用还是军用领域中都具有广阔的应用前景。

第三章　矿产勘查技术方法

第一节　矿产地质勘查

一、矿产地质勘查

地质矿产勘查是依据先进的地质科学理论，在占有大量野外地质观察和搜集整理有关地质资料的基础上，采用地质测量、物化探、钻坑探工程等综合地质手段和方法，取得可靠的地质矿产信息资料。

（一）勘查阶段的划分

关于勘查程序及其阶段划分，目前国际上还没有统一的规范性的规定。即使在经济发达国家，虽然在开展矿产地质勘查工作中，都是按照从大面积的找矿普查逐步进入小范围的详细勘探工作的程序进行，但其对勘查阶段同家并没有规范性的规定。我国和苏联在勘查划分方面是比较规范的，而且国家主管部门是以法规形式做出了统一的规定。最近联合国经济和社会委员会（EN-ERGY/WP、I/R70号文件）"联合国周际储量／资源分类框架（固体燃料和其他矿产）"的研究中，对矿产资源的储址和资源量数据所反映的经济可靠程度，采用三维形式把地质研究阶段（勘查阶段）作为第三维表述时，则把地质研究（地质评价）阶段，划分为预查、普查、一般勘探和详细勘探等四个阶段。可见对勘查阶段的划分已引起国际上的重视。我国对固体矿产勘查阶段的划分，已经做出统一规定。将其划分为预查、普查、详查和勘探四个阶段。并在各自的总则中，对各阶段的目的任务做出了相应的规定。笔者认为上述勘查阶段的划分及对各阶段目的任务的规定，尚需商榷。首先，是找矿与普查混淆不清，不便于立项管理，其次，所规定的各阶段的目的任务与矿山开发建设的需要结合的不够紧密，而且不够准确。再者，勘查阶段命名的用词，其词意不一致，难以理解。

为此建议，应遵循根据地质勘查工作特点和紧密结合矿山开发建设程序的原则，将勘查阶段划分为找矿、矿田（煤田）普查（简称普查）、矿区详查（简称详查）和井田精查（简称精查）四个阶段。现将各阶段的目的与任务概括如下：

1. 找矿

找矿是在区域地质调查的基础上，根据地质理论推测或物化探异常以及其他方面资料，获得的矿化点、矿点信息，寻找和评价工作地区是否具有工业价值的矿产资源，进而确定具有工业价值的地区。所以找矿的主要任务就是寻找评价具有工业价值的矿产资源，为开展普查工作提供依据。

2. 普查

普查一般是在找矿工作的基础上，或是在已知赋存有工业价值矿产资源的地区进行，其主要任务是对工作地区的矿产资源开发价值做进一步评价，获取一定的矿产资源。为国民经济的远景规划提供资料，是开展详查工作的基础。

3. 详查

详查是在普查工作的基础上，根据国民经济发展规划的需要，选择资源条件较好近期开发有利的地区进行。其主要任务是为矿区开发建设的总体设计提供依据。详查成果要保证矿区建设规模，井田划分，不致因地质情况而发生重大变化。对影响矿区开发的特殊水文地质和矿山工程地质条件，要做出正确评价。对近期开发建设井田地段的工作程度，应保证满足矿井建设可行性研究的需要。

4. 精查

精查是在详查工作的基础上，直接为矿井设计和建设服务的矿产地质勘查工作。应根据建设单位、业主的委托或招标的要求，按照矿井设计意图和建井需要，采用地质、设计与施工三者有机结合，科学合理的交叉，分步骤进行，以保证更好地满足矿井建设的需要。矿产地质勘查工作一般应按上述四个阶段循序进行。但是，属于下列情况者，勘探程序可以简化。

（二）勘查手段的选择

1. 根据地质勘查目的及经济效益选择

矿产地质勘查工作必须从地质目的和经济效益出发，根据工作区的地形、地质和物性（包括物理性质和化学性质）条件，因地制宜地选择勘查手段，多快好省地完成矿产地质勘查任务。以此为选择勘查手段的总体指导思想。

2. 确保勘查手段的先进性和实用性

勘查手段的选择要注意处理好先进性与实用性的关系。随着科学技术的发展，各学科之间的交叉渗透，大大地提高并促进了勘查方法与勘查手段的进步与发展。例如航空、航天遥感技术、卫星定位技术、超深综合钻探技术、物化探技术、光谱分析技术、同位素应用技术、高倍电子显微、测试技术以及计算机技术等，在矿产地质勘查工作中的应用。这不仅开阔了地质工作者的宏观视野，而且也大大地扩大了微观视域。这就为扩大地质信息和数据量，以及提高准确性和可信度创造了条件。因之，在勘查手段的选择与运用时，必须充分加以研究，重视新的先进技术的应用。同时，在勘查手段的选择中，还应认真考虑其实用性。犹如目前医药界用药方面所提倡的"用药主要是着重效果，而不是注重其价值

（名牌药、贵重药）"。同样在勘查手段选择时，也要注意处理好先进性与实用性的关系。

要注意处理好多种手段的综合使用与单一手段选用的关系。

目前在勘查手段的选择方面，一般都提倡多种手段综合勘查。其原因是考虑到单一手段的局限性。多种手段的应用，可以各自发挥其长，或者取长补短，或是相互验证，做到合理取舍。其目的则是为了扩大索取地质信息和数据量，以及提高准确性和可信度，为地质情况的综合研究打下可靠的基础。但是，另一方面，从最佳经济效益出发，又要大胆合理的选用单一的勘查手段，避免多种手段不必要的重复使用。也就是说能用一种手段解决的问题，就不应采用多种手段，以减少勘查资金不合理的投入。

以煤矿床为例，在一个勘查区，经过试验和验证，利用地震勘查手段查明地质构造是完全可行的情况下，而且该区煤层稳定或比较稳定，就应采用以地震手段为主探明构造，钻探工作则着重用于探清煤层的赋存，按照探清煤层需要的钻探工程密度，布置钻探工程，大量减少钻探工作量的投入。在物性条件好的地区，钻孔测井能够可靠的解决煤层"三定"（确定煤层、确定煤层厚度、确定煤层埋深）的情况下，在勘探设计时，只需根据查明煤质的需要，布置煤芯煤样的钻探工程点，进而可以大量采用无岩、煤芯钻进，通过钻孔测井获取资料。从而大幅度提高钻井效率，缩短钻探工程施工周期，节省费用。相反，在采用绳索取芯钻探工艺施工的地区，在能准确获得高岩、矿取芯量的情况下，就不应再进行钻孔测井工作。美国在进行某煤矿床的普查勘探时，鉴于该地区的物性条件非常好，在优先查清煤层发育的思想指导下，就大量采取无芯钻进测井解释法，在基本查清煤层发育情况后，再根据查清煤质情况的需要，采用少量的孔旁补孔（美国现场地质人员称猫眼孔）的办法，开展普查工作。

（三）勘查工程的布置

勘查工程布置首先要全面分析研究勘查区的地质条件，弄清各项地质要素，诸如矿层（矿体）的稳定性、构造的复杂程度、矿床水文地质、矿山工程地质以及其他开采技术条件等。并要分析各种地质要素在矿山开发中所占据的重要程度，及其在勘查时的难易程度，分清主次。然后根据地质任务要求，结合各种手段的作用，合理确定勘查工程布置原则，进行勘查工程布置。

根据勘查区条件，结合各单项工程手段所能解决的地质问题，采用单项分析，综合研究，区别对待，统一布置工程的原则，确定该单工程布置的网度，及每个工程点所应解决的问题。做到一种手段多种用途，最大限度地发挥每种勘查手段的作用。

在分别已确定的各种单项工程网度的基础上，将其叠加起来，采用发挥其长，取长补短，统一研究，分别确定工程布置的原则，最后确定各单项工程布置的最佳网度以及其所承担的地质任务。做到各种勘查手段发挥其长，取长补短，相互验证，发挥多种手段综合勘查的最佳效益。

矿产地质勘查工作一般都是分阶段进行的，每个勘查阶段都有相应的地质任务，地质任务是勘查工程布置的依据。而地质勘查工作的各勘查阶段又具有紧密的接续性，后一勘查阶段的勘查工程布置，必须以前阶段为基础进行研究部署。所以矿产地质勘查工作从普查阶段开始，就应慎重研究基本工程网度的选择，尽可能做到相互接，使前阶段投入的工程，在后续阶段能够得到充分利用。

（四）矿产地质勘查风险的成因及解决对策

1. 矿产地质勘查风险的成因

（1）勘查技术方面

矿产勘查过程中会受到许多因素的影响，技术因素就是其中一项比较重要的因素，其也被称为技术风险，在特殊情况下，也可将其称作一种自然风险。存在技术风险的主要原因为：随着地质勘查工作的逐渐深入，浅层地质矿产资源已被开发殆尽，采矿工作要想再有所作为，就必须不断地加深矿区的勘查深度，深矿区的开采环境与浅矿区相比更加复杂。然而我国矿产的地质勘查技术目前还并未成熟，许多技术因素都存在缺陷，在深矿区并未得到良好的应用，这在一定程度上，增加了地质勘查难度，也加大了勘查风险。

（2）市场营销方面

依据目前我国矿产资源的实际销售情况来看，矿产资源市场变化莫测，矿产资源的价格会随着经济环境、政策、人们的理念变化而发生改变。矿产资源的价格变动一种是短期变化，另一种则是长期变化，浮动的矿产价格也导致了地质勘查风险的不断提高。在进行矿产地质勘查中，针对市场风险的预测需要专业人士完成，通过有效的策略，最大程度降低市场给矿产地质勘查带来的风险。

（3）经济方面

在不同的经济环境体制下，矿产资源的价格会发生较大浮动的变化。在矿产地质勘查过程中，矿产地质勘查会存在一定的风险，而且这种风险会随着外界环境的不同而有所差异。因此，在矿产地质勘查过程中，经济方面存在的风险，会对采矿企业的经济效益造成直接影响。因此，如果经济体制发生了巨大变化，矿产地质勘查效益也会受到较为严重的影响，矿产企业在经济投入和收入上将会出现较大的差距，很有可能会导致矿产企业的经济下滑，最终将会导致较为严重的经济损失。情况严重时，还会导致一些矿产企业出现倒闭情况。因此，在矿产地质勘查过程中，经济方面存在的风险，与矿产地质勘查工作的顺利开展联系密切，因此企业为了合理的规避地质勘查过程中的经济风险，企业必须加强对经济政策方面的研究。

2. 规避勘查风险的有效策略

（1）注重提升专业技术

在矿产勘查的同时，要加强对勘查专业技术的提升和创新，从而使矿产资源的勘查技术水平得到提升，提高矿产企业经营过程中的经济效益。在矿产地质勘查前，矿产企业中的相关工作人员必须要对矿产资源的情况进行详细分析。例如，矿床的矿化强度、矿产资源的主要成分、矿产资源的经济效益等，通过科学的眼光对矿产资源地质勘查前景进行分析与预估，从而对矿产资源做出正确的经济评价。然后，依据矿产资源开发规划和地质勘查路线对设计方案的合理性进行仔细勘探，并且在勘查过程中，通过使用先进的勘查技术对矿区进行详细勘查，最大程度降低地质勘查风险。此外，在矿产地质勘查工作中，要加强对每一个地质勘查环节的重视，尽量降低人为因素对矿产资源的勘查和开发造成的影响，确保矿产地质勘查和开发的顺利完成，合理规避在地质勘查过程中遇到的各种风险，确保工作人员的安全以及矿产企业的经济效益。

（2）加强矿产地质勘测市场建设

现代经济体制中，矿产资源地质勘查资金主要来源于国家，其中以事业单位居多，这一情况也导致了地质勘查市场中的信息不全、地质资料信息不完整、技术的研究成果和应用不到位等多方面问题的出现，这增加了地质勘查风险系数。因此，在矿产资源勘查与开发过程中，为了确保一切工作的顺利进行，相关部门需要加强对地质勘查市场的建设，构建一套完整的信息、地质资料、技术成果资源共享平台，控制在资源上的投入，实现对矿产地质勘查风险的合理规避。同时，在市场中建立一套完整的矿产资源市场交易规章制度，强化市场管理，最大程度降低由于矿产资源价格变动给矿产地质勘查工作所带来的影响，提高矿产企业的风险防范能力，促进矿产资源的交易向规范化、标准化方向发展。

（3）完善地质勘查监督管理

在矿产资源实际勘查过程中，国家和政府应当进行适当的干预，通过政策干预和宏观调控的方式，全方位加强对矿产地质勘查的管理与监督，从而动态掌握矿产地质的勘查进度，降低在资金上的投入，实现矿产资源经济的快速发展。相关部门工作人员应当了解矿产资源市场需求的动态变化，以及在矿产资源勘查过程中所面临的各种风险，从而制定一套适当的监管制度，使矿产地质勘查技术得到进一步提高，确保矿产勘查企业的整体实力能够满足勘查要求，为矿产地质工作的长远发展提供强有力的保障。此外，为了满足市场竞争和社会发展两方面的需求，地质勘查企业在矿产勘查中，必须严格依据相关的规则制度进行，对当前的政策进行合理应用，提高企业管理的合理性和有效性，最大程度控制风险，降低地质勘查风险给企业造成的经济损失和声誉损失。实践过程中，应当不断地强化矿产地质勘查监管力度，通过强有力的监管措施，确保矿产资源勘查与开发的经济回报，加快企业的发展步伐，促进企业的长远发展。

三、找矿方法概述

找矿方法是为了寻找矿产所采用的工作方法和技术措施的总称。实质上各种找矿方法是对找矿地质条件和各种找矿标志进行调查研究，以便达到找矿目的。由于调查研究找矿地质条件和找矿标志所采用的工作方法和技术措施不同，便产生了不同的找矿方法。

目前我国矿产勘查中经常采用的找矿方法，主要有如下几种：

（一）地质测量法

在实地观察和分析研究的基础上，或在航空相片地质解释并结合地面调查的基础上，按一定的比例尺，将各种地质体及有关地质现象填绘于地理底图之上而构成地质图的工作过程。这一过程称地质测量，它是地质调查的一项基本工作，也是研究工作地区的地质和矿产情况的一种重要方法。因为通过地质测量能查明工作地区的地质构造特征和矿产形成、赋存的地质条件，为进一步的找矿或勘探工作提供资料。因此，矿产地质工作的各个阶段都需要按工作的目的和任务，分别测制不同比例尺的各种地质图。如为普查找矿而进行的地质测量，其比例尺为 1：50000 至 1：10000；勘探矿区所进行的地质测量，比例尺一般为 1：10000 至 1：1000。

（二）重砂测量法

它是沿水系、山坡或海滨等，从松散沉积物（包括冲积、洪积、坡积、残积、滨海沉积等）中系统地采集样品，通过对重砂矿物的鉴定分析和综合整理，结合工作区的地质、地貌和其他找矿标志，发现并圈定有用矿物（或与矿产密切相关的指示矿物）的重砂异常，再依次追索原生矿床或砂矿床的方法。

整理，结合工作区的地质、地貌和其他找矿标志，发现并圈定有用矿物（或与矿产密切相关的指示矿物）的重砂异常，再依次追索原生矿床或砂矿床的方法。

（三）地球化学探矿法

地球化学探矿法，简称化探。它是以地球化学理论为基础，以现代分析技术和电算技术为主要手段，从各种天然物质（如岩石、土壤、水系、沉积物、植物、水和空气等）中系统采集样品，分析测试样品中某些地球化学特征数值（如指示元素的含量，元素比值等），对获得的数据进行分析处理，以便发现地球化学异常，并通过对地球化学异常的解释评价而进行的找矿方法。常用的化探方法主要有：岩石地球化学测量、土壤地球化学测量、水系沉积物地球化学测量、植物地球化学测量、气体及水化学测量等。

（四）地球物理探矿法

地球物理探矿法简称物探。它是以各种岩石和矿石的密度、磁性、电性、弹性和放射性等物理性质的差异为研究对象，用不同的物理方法和物探仪器，探测天然的或人工的地球物理场的变化，发现物探异常，通过解释评价物探异常而进行找矿的方法。常用的物探方法有：磁法勘探、电法勘探、重力勘探、地震勘探和放射性物探等。

（五）遥感地质测量法

遥感地质测量是综合应用现代的遥感技术来研究地质规律，进行地质调查和资源勘察的一种方法。它是从宏观角度，着眼于由空中取得的地质信息，即以各种地质体和某些地质现象对电磁波辐射的反应作为基本依据，综合其他各种地质资料，以分析判断一定地区内的地质构造和矿产情况。它具有调查面积大、速度快、成本低、不受地面条件限制等优点。目前主要用于地质测量，发现和研究与矿产有关的地质构造现象等方面。

（六）工程揭露法

工程揭露法，又称探矿工程法。它是利用各种探矿工程揭露被松散沉积物掩盖的或地下深处的各种地质体（特别是矿体）和地质现象，以便查明地质矿产情况的一种找矿方法。

综上所述，下文将重点对地球化学勘查新技术及地球物理勘查技术进行分析。

第二节 地球化学勘查新技术

地球化学勘查简称化探，原是一种找矿技术方法，但随着它的发展，已建立起自己的理论与方法学体系。研究领域从找矿扩展到基础地质、地球化学、环境地质、污染调查、农业、畜牧业、地方病等，发展成为地质科学的新分支，称为勘查地球化学。实际上，它是系统地在不同尺度和规模上研究岩石圈、水圈、生物圈、气圈、土壤圈和技术圈（人类活动造成的特殊圈）中化学元素、同位素及其化学特征的空间分布变化规律，并探讨它们在宏观、微观尺度内的分配与迁移机制（地球科学大辞典编委会，2005）。我国的地球化学勘查事业开创于1950年，借鉴国外经验，坚持走中国特色的发展道路，历经60多年的艰辛与挫折，发展成为我国地质调查和矿产勘查工作中不可或缺的方法技术之一，取得了世界一流的调查数据和令人瞩目的找矿成果。中国化探已经走向世界，对国际勘查地球化学产生越来越大的影响。

最近10年来，我国地球化学勘查新技术研究主要围绕生产急需的区域地球化学勘查方法技术展开，取得了重大突破和进展。一是成功地解决了几个特殊景观区的区域化探扫面方法技术，包括森林沼泽区、高寒干旱半干旱山区、高寒湖沼丘陵区等；开创了资源勘查的新局面（张华等，2001，2003；杨少平等，2003；孙忠军等，2005）。二是建立了覆盖区多目标区域地球化学调查方法技术体系和农业、环境、城市地球化学异常评价方法，完成了中国勘查地球化学向环境调查领域的成功转型，开创了环境地球化学勘查的新局面（谢学锦等，2002a；谢学锦，2005），使我国环境生态地球化学研究达到国际领先水平。三是完善了区域化探39种元素的微量、痕量测试方法技术体系，极大地提高了样品分析的灵敏度、精密度和准确度；建立了多目标区域地球化学调查54种元素和指标测试方法技术体系（张勤，2005；叶家瑜等，2006）；完成了76元素测试方法技术体系的初步研究（谢学锦等，2008）。四是地球化学勘查数据库信息系统与制图技术得到了长足的进步。五是寻找隐伏矿的地球化学新方法新技术研究取得了一些进展（谢学锦等，2010）。六是通过地球化学勘查实践和研究，提出了地球化学块体理论（谢学锦等，2002b）。七是中国研究的国际地球化学填图方法技术得到了国际勘查地球化学界的认可（王学求等，2006；成杭新等，2008），这些技术和理论总体上均居国际先进水平。八是油气化探方法技术在曲折中发展前进，建立起了完整的勘查方法技术体系，在油气勘查工作中得到一定程度的推广应用；但总体来说，油气化探方法技术在油气勘查领域中仅占有微不足道的地位（谢学锦，2009）。

十年来，化探找矿效果越来越显著，据不完全统计，90% 以上的贵金属和有色金属矿产均是依据区域化探成果发现的（刘振国等，2010）。地球化学勘查已经成为我国矿产资源勘查中不可或缺的方法技术。同时，多目标地球化学调查成果的社会和经济效益越来越明显，已经对各级政府的决策和有关企业投资方向产生了一定的影响。本节主要介绍有关区域性地球化学勘查方法技术研究的新进展。

一、森林沼泽区区域化探技术

（一）技术领域综述

森林沼泽景观区主要分布在内蒙古自治区东部、黑龙江省、吉林省三省区的大兴安岭、小兴安岭、长白山和张广才岭地区，面积约 $65.9 \times 104km^2$。全国重点成矿区带———大兴安岭成矿带东北部（含得尔布干成矿带）、辽东 – 吉南成矿带和黑龙江省的伊春 – 延寿成矿带位于本景观区中。

森林沼泽区区域化探扫面方法技术研究始于 1975 年，历经 25 年，多家多次开展过研究工作，得到相似的结论：以水系沉积物测量为主，采样粒级 –40 目、–60 目、–20 目，采样密度 1 点 /km^2、1 点 /4km^2 组合样分析或 1 点 /4km^2 单样分析。

2000 年以前，在东北森林沼泽区的大部分地区，主要借鉴内地沿海区的化探扫面方法技术，按照不同阶段的试点研究成果，采用 –40 目、–60 目或 –20 目采样粒级，1 个点 /（1 ~ 4）km^2 和 1 个点 /50km^2 的采样密度先后完成了大部分地域的区域化探扫面工作。但是已获得的资料表明：由于采集这些粒级构成的样品都含有大量的有机质，难以客观地反映测区的地球化学规律，对测区内的成矿带反映得很不清楚；提供的找矿信息很不准确，所圈定的区域化探异常，经查证大多数没有发现有价值的矿化线索，有的异常甚至消失；地质找矿工作一直没有重大突破，使该景观区的区域化探工作的路子越走越窄，陷入困境。

1999 年底，中国地质调查局决定科研生产并重，开展新一轮森林沼泽区区域化探工作方法技术研究，制定新的区域化探方法技术，解决森林沼泽区区域化探工作面临的问题。

（二）技术简介

1.基本原理

区域地球化学勘查是系统地测量广大地区内天然物质（水系沉积物、土壤、湖积物、水、气、岩石等）中多种元素的含量，研究地球化学指标及其地理分布规律，进行中小比例尺区域找矿与矿产预测，并为其他领域提供基础地球化学资料的方法。水系沉积物测量是区域地球化学调查的主要方法。它可以根据少数采样点上的信息，遥测采样点控制的汇水域中的地质矿产信息，为基础地质研究和矿产资源勘查提供比较可靠的地球化学信息，达到寻找新的矿产地的目的。

2. 技术特点

在森林沼泽景观区，影响区域地球化学勘查的主要因素是广泛存在的大量有机质。有机质对元素的吸附作用造成许多元素发生地表富集，加之不同地区不同部位有机质分布的不均匀性，使水系沉积物中的地球化学规律发生畸变，对地质找矿工作造成误导。新的区域化探方法技术可以有效消除普遍存在的有机质对水系沉积物测量的严重影响，为本景观区地质找矿重大突破提供可靠的地球化学资料。同时新技术操作简便易行，便于在全区推广使用。

3. 技术要点

第一，在森林沼泽景观条件下，腐殖土和泥炭是普遍分布的表生介质，其粒级主要以 −80 目的细粒物质占优势，有机质对矿化指示元素的表生富集作用主要集中在 −40 目以下（特别是 −60 目以下）的细粒级段。

第二，残坡积母质层中多数元素相对基岩都发生了富集。表生地球化学作用使多数元素在残坡积母质层中发生了富集，从而强化了下伏矿化的地球化学信息，对找矿是十分有利的。因此，只要采到了残坡积母质层，采样粒级的选择就变得不怎么重要了。

第三，以腐殖土和残坡积土为主要来源而形成的水系沉积物，在不同地区、二级以上级别的水系中仍然是 + 40 目粗粒级段的比例占有主导地位；水系沉积物中有机质的干扰从 −40 目就开始发生，主要出现在 −60 目各个粒级段。因此，选择 −10 ～ + 60 目粒级段的水系沉积物作为采样介质基本上可以消除有机质的影响，得到比较客观反映测区地质实际的地球化学资料。

第四，以发现中型以上的矿床为主要目标的森林沼泽景观区 1：20 万区域化探扫面的采样密度以 1 点 /4km² 为最佳。

第五，以残坡积土为采样介质的土壤测量方法可以适应森林沼泽景观区区域化探异常查证的工作，对矿体、构造带、矿化元素组合等都能比较明确地反映出来，为进一步的找矿工作提供有价值的信息。

第六，利用 −10 ～ + 60 目水系沉积物测量资料进行测区主要地质体的解译是可行的，可以圈定出具有一定规模的地质体，同时对构造具有较强的指示作用。

本项方法技术研究由中国地质调查局资助，中国地质科学院地球物理地球化学勘查研究所（简称物化探研究所）负责研制和推广。目前，此项方法推广的技术支持仍由物化探研究所负责。

（三）应用范围、条件及实例

本方法技术的应用范围为全国森林沼泽景观区中比例尺 1：20 万和 1：25 万区域地球化学调查。此方法技术的应用条件：必须具有地球化学勘查专业调查队伍和实验测试队伍。实例：自 2000 年以来，森林沼泽景观区新的区域化探工作方法技术已经在黑龙江、内蒙古和吉林相应景观区的 1 ：20 万（1 ：25 万）区域化探扫面中全面推广应用。截至 2008 年底，推广面积超过 $22 \times 104km^2$。使用此方法技术开展调查工作的单位有黑龙江省地调总院、安徽省勘查技术院、陕西省第二综合物探大队、河南省地调院、吉林省区域地质调查所等。

（四）应用效果

在所有采用新方法完成扫面的图幅中，其地球化学特征都比较客观地反映了测区主要地质体的分布规律。采用地球化学资料推断的地质体和区域构造引起了地质专家的极大兴趣，取得了十分明显的地质效果。通过新方法新技术的应用，圈定区域化探综合异常 930 处、确定找矿靶区 100 个。经过区域化探异常查证，发现矿（化）点 52 处，其中安徽省勘查技术院承担的内蒙古阿荣旗幅扫面圈定的重点异常，经检查发现了太平沟大型钼矿床，黑龙江省地勘局在检查区域化探异常中发现了黑龙江省黑河市争光大型金矿床，在地质找矿方面取得了重要突破。

二、干旱、半干旱高寒山区区域化探技术

（一）技术领域综述

干旱、半干旱高寒山区主要分布在青藏高原边缘地带，位于西藏自治区南部、青海省柴达木盆地周边和新疆维吾尔自治区塔里木盆地周边。海拔 1500 ~ 6000m，年平均气温 0 ~ 4℃，年均降水量一般为 25 ~ 100mm。在昆仑山主脊、祁连山主脊、天山主脊有冰川分布。面积约 $150 \times 104km^2$。

区内地势陡峻，相对高差较大，一般在 500 ~ 1000m 之间，一些区段相对高差超过 1500m。由于切割剧烈，经常出现阶梯状河道或十米至数十米的陡坎，通行十分困难。

区内水系十分发育，多呈树枝状；具常年地表径流，河水主要来自山体冰雪融化和降水。沉积物多以较粗的砂砾为主，40 目以下的砂质、粉砂质等细粒物质较难沉积；常见基岩河床。

受气流的影响，来自塔克拉玛干和柴达木两大沙漠的风成沙和黄土在区内分布普遍。主要出现在沟谷内或两侧山坡上，以风成沙丘、沙垄或风积黄土丘等形态产出；或混入水系沉积物内和表层土壤中，对区域化探扫面及其异常查证工作造成很大的干扰。

全国重点成矿区带——雅鲁藏布成矿带南部和西部、昆仑－阿尔金成矿带、天山成矿带大部位于本景观区中。

2000 年以前，干旱、半干旱高寒山区的区域化探扫面工作一直在有关省区零星研究的基础上实施。尽管均使用水系沉积物测量，但采样粒级和方法很不统一，仅采样粒级就多达 11 种，且主要为中细粒级，未能消除风成沙的干扰，难以客观地反映测区地球化学

规律，出现了许多难以解释和评价的异常，找矿工作一直没有突破。1999 年底，在该区开展了新一轮区域化探方法

技术研究工作，制定了新的区域化探工作方法，化探找矿效果显著改善。

（二）技术简介

1. 基本原理

水系沉积物测量可有效获得采样点控制的汇水域中地质矿产信息。但本景观区样品中有较多风积物（风成沙和风积黄土）混入，需要通过截取粒级，滤除风积物的影响，才能得到客观的地球化学信息。

2. 技术特点

通过截取水系沉积物和土壤中的有效粒级，可消除普遍存在的风成沙和风积黄土对水系沉积物和土壤测量的严重影响。方法技术野外操作简便易行，适宜大面积推广。

3. 技术要点

第一，在干旱、半干旱高寒山区景观条件下，风积物分布十分普遍。由于山体的阻滞，这里以风成沙沉降为主。粒级偏细，主要集中在 –60 目以下（杨少平等，2006）。在山坡和低洼地带见有明显的风成黄土堆积。风成沙和黄土中大部分元素含量很低，混入到水系沉积物中后，造成矿化信息严重稀释甚至完全消失，对地质找矿工作造成误导。

第二，研究区以物理风化为主，水系沉积物中 +60 目以上的粗粒级约占 60% 以上。从 –40 目开始，岩屑逐渐减少，石英、长石明显增多。石英、长石中的很大部分与风成沙的掺入有关。风成沙的掺入不仅使多数元素异常含量明显降低甚至消失，也使一部分元素的背景含量明显升高，幅度可达数倍。

第三，对水系沉积物 6 个粒级 8 种相态的研究发现，水系沉积物中与成矿有关的元素多保留在较稳定的以铁氧化物相、碳酸盐相为主的次生氧化物相内。水溶相只占很小的比例。但水溶相随水系沉积物迁移距离加长和粒级变细，其比例有逐渐增高的趋势。而碳酸盐相、离子交换相和铁氧化物相则随粒级变粗而比例增高。

第四，土壤中各元素的含量主要受风成沙和风成黄土掺入的影响。在土壤表层，–40 目粒级段有风成沙和黄土的大量掺入；在下部残坡积层，风成沙和黄土的掺入较少。土壤测量排除风积物影响的有效方法为采集残坡积层 –10 ～ +40 目粗粒级。

第五，依据上述研究成果，提出干旱、半干旱高寒山区区域地球化学调查方法技术：① 1 ∶ 20 万区域化探以水系沉积物测量为主。基本采样密度：1 点 /4km²，视测区通行情况可适当加密或放稀。采样粒级：–10 ～ + 80 目。采样方法：采样时注意选择各种粒径混杂的地段，注意横切河道采集组合样；每一采样点必须下挖 20 ～ 30cm，采集砂砾混合的样品，增强样品的代表性。在截取粒级中，可能混有由盐类胶结的假颗粒，样品加工时应注意对假颗粒的消除；②异常追踪阶段以水系沉积物测量为主。采样密度 2 ～ 3 点 /

km²，采样粒级和样品采集方法同 1 ：20 万区域化探。在风成黄土覆盖较严重的地段可选择地气测量等具较强穿透能力的方法技术；③异常查证阶段可使用土壤测量，依据地形和通行难易程度选择面积性或在异常中心地带进行地球化学剖面测量。面积性测量采样密度 50 ~ 100 点 /km²。剖面测量点距 50m，至少 3 条剖面。采样粒级 –10 ~ +80 目。采样部位为基岩上部残（坡）积层。

本项方法技术研究由中国地质调查局资助，地科院物化探研究所负责研制推广和技术支持。

（三）应用范围、条件及应用实例

本项方法技术的应用范围为青藏高原周边、西南天山、祁连山干旱、半干旱高寒山区中比例尺 1 ：20 万 /1 ：25 万区域地球化学调查。此项方法技术的应用条件，须具有地球化学勘查专业调查队伍和化探测试实验室。实例：自 2000 年以来，干旱、半干旱高寒山区新的区域化探工作方法技术已经在西藏、青海和新疆相应景观区的 1 ：20 万 /1 ：25 万区域化探扫面中推广应用。截至 2008 年年底，推广面积约为 $50 \times 104 km^2$。使用此方法技术开展调查工作的单位有湖北省地调院、陕西省第二综合物探大队、西藏自治区地调院、新疆维吾尔自治区地调院和吉林省地调院。

（四）应用效果

采用新方法完成扫面的图幅中，地球化学规律性明显增强，反映了测区主要地质体的分布规律，为基础地质提供了重要地球化学信息。使用新方法新技术圈定出一大批具有找矿意义的区域化探异常和找矿远景区。经过异常查证，发现矿（化）点 50 处以上。其中新疆地矿局物化探大队承担的"新疆昆仑山东段布喀达坂峰——依吞布拉克 1 ：20 万区域化探"项目发现了维宝大型铅锌矿床；吉林省地调院在白干湖地区 1 ：10 万地球化学勘查中发现了白干湖超大型钨锡矿床。

三、高寒湖沼丘陵区区域化探技术

（一）技术领域综述

高寒湖沼丘陵景观区分布在青藏高原腹地，主要位于西藏自治区北部、青海省西南部及新疆维吾尔自治区的少部分地区。海拔 4500m 以上，年平均气温 0℃以下，年均降水量在 50 ~ 150mm 之间，中西部年均降水量不足 50mm。面积约 $80 \times 104 km^2$。

区内地形起伏较平缓，相对高差多在 100 ~ 500m 之间，山体较窄，山体间多宽阔河谷和狭长状小断陷盆地或淤积盆地，以浅切割融冻泥流作用丘陵为主要地貌类型。区内水系较发育，但多数为干涸河床或沟谷，仅少部分为常年地表径流。其补给源主要为冰雪融水，为内陆流域区。一般水系偏短，冲刷能力较弱，二级以上的较大水系流水线明显，一级水系多被坡、塌积或风积物覆盖。区内多阵雨，易形成阵发性洪流，持续时间很短；阵雨分布的不均匀性使同一较大汇水域各支流的地表径流流量不一，携带汇水域物质量的差异巨大，下游沉积物的代表性较差；由于区内地势较平缓，较大水系多为宽缓河谷，易形成多条河道组成的素流或辫流，主流水线具有不确定性。

区内风成沙分布普遍，部分区段风成沙已上侵至半山腰，更多分布在一级水系的沟谷内。风成沙以掺入的形式分布在水系沉积物和土壤表层内。在山坡和大河道两侧见有古风积黄土堆积。

本景观区又一大特色是沼泽广泛分布。发育大片沼泽湿地和冰积平原，其中水系发育程度较差。由于高寒低温和缺氧，有机质分解缓慢，堆积明显，普遍发育塔头和鱼鳞坑。在水系沉积物和地表土壤中有机质含量丰富。对区域化探扫面和异常查证工作造成严重的影响。

全国重点成矿区带———雅鲁藏布江成矿带北部、西南三江成矿带西北部、班公湖 – 怒江成矿带大部位于本景观区中。2000 年以前，虽做过一些研究，但在高寒湖沼丘陵区的大部分地区，主要按照高寒山区的化探扫面方法技术，采用 –60 目水系沉积物测量开展调查工作。以 3 ~ 7km^2 一个点的采样密度先后完成了约 1/3 地域的区域化探扫面工作。按照不同时间段的试点研究成果，也采用 –40 目、–20 ~ +120（160）目水系沉积物测量完成部分图幅调查工作。已获得的资料显示大部分图幅地球化学分布规律不清楚，已知成矿带反映得不明显，有的图幅甚至很难圈出区域化探异常。鉴于上述原因，1999 年年底，中国地质调查局采用科研生产并重的方针，决定开展新一轮高寒湖沼丘陵景观区区域化探方法技术研究，制定新的区域化探方法技术。

（二）技术简介

1. 基本原理

高寒湖沼景观区多形成树枝状水系、汇聚水系和羽状水系。水系的空间分布特征为 1 : 20 万区域化探采样介质的选择提供了基础。由于降水条件具有阵发性，水系沉积物冲刷具有接力性，水系沉积物中成矿元素的迁移规律研究揭示：中小型矿床形成的水系沉积物异常比较发育，且具一定规模。选择水系沉积物作为区域化探采样介质比较合适，可以遥测采样点控制的汇水域中的地质矿产信息，为基础地质研究和矿产资源勘查提供比较可靠的地球化学信息。

2. 技术特点

可以有效消除普遍存在的风成沙和有机质对水系沉积物和土壤测量形成的干扰，取得客观反映测区元素分布规律和地质矿产信息的地球化学资料。本项方法技术操作简便易行，适于大面积推广使用。

3. 技术要点

第一，在高寒湖沼丘陵景观条件下，风成沙和有机质粒级组成研究发现其对水系沉积物组分的扰动具有突变性，主要发生在 40 目以下粒级段。

第二，研究区内水系沉积物以粗粒级为主，40 目以上的粗粒级基本上为岩屑，随粒级变细，岩屑减少，石英、长石增多。+40 目粗粒级元素的含量主要与汇水域风化岩石碎屑的组成有关；－40 目细粒级元素的含量明显受风积物和有机质掺入的影响，使－40 目细粒级段的地球化学异常减弱或消失，并使背景升高。

第三，土壤中元素含量亦主要受风成沙或有机质掺入的影响。在土壤表层中风成沙或有机质主要出现在－40 目粒级段；下部残坡积层掺入较少。因此，土壤测量的有效采样粒级为－10 ~ +40 目的粗粒级，并在残坡积层中采样。依据研究区风积物、水系沉积物、土壤的粒级分布、颗粒构成、元素分布、风积物和有机质的干扰程度和水系搬运特点，确定高寒湖沼丘陵景观区的化探方法技术如下：

1：20 万区域化探以水系沉积物测量为主。基本采样密度：1 点 /4km²，疏密可依据交通便利状况适当改变。由于研究区降水稀少、水动力条件和搬运能力弱，物质迁移距离较短，采样密度不宜过稀。采样粒级：－10 ~ +40 目，可有效排除风积物的干扰，获得接近汇水域内基岩地球化学特征的信息。采样方法：考虑到本景观区降水和冲积物的形成状况，采样时注意选择各种粒径混杂的地段，应横切河道或多条河道采集组合样，每一采样点必须下挖 20 ~ 30cm，砂砾样品混合采集，增强样品的代表性。

异常追踪阶段适宜开展水系沉积物测量。采样密度 4 ~ 8 点 /km²，采样粒级和样品采集方法同 1：20 万区域化探。

异常查证阶段可使用土壤测量，依据地形和通行的难易程度，选择面积性或在异常中心地带进行地球化学剖面测量。面积性测量密度 50 ~ 100 点 /km²，剖面测量点距 50m。至少布测 3 条剖面。采样粒级 －10 ~ +40 目，采样部位为基岩上部残（坡）积层。

以上方法技术研究由中国地质调查局资助，研制、推广和支持单位是地科院物化探研究所。

（三）应用范围、条件及实例

本项方法技术适用于青海、西藏和新疆高寒湖沼丘陵景观区中比例尺 1：20 万 /1：25 万区域地球化学调查。此项方法技术的应用条件，调查队伍必须具备地球化学勘查专业资质，测试单位应是专业化探样品测试实验室。实例：高寒湖沼丘陵景观区的新区域化探方法技术，2000 年起在西藏、青海和新疆有关地区的 1：20 万区域化探扫面中进行了推广。截至 2008 年底，推广应用面积达到约 50×104km²。使用此技术的单位有青海省地调院、河南省地调院、湖北省地调院、陕西省第二综合物探大队、西藏自治区地调院、新疆维吾尔自治区地调院、吉林省地调院。

（四）应用效果

在所有采用新方法完成扫面的图幅中，取得了十分明显的地质找矿效果。通过新方法新技术的应用，并经过区域化探异常查证，在青海南部三江源地区新发现了茶曲怕查、宗陇巴、多才玛、那日尼亚、纳保扎陇、纳不才金、楚多曲、然者涌、东莫扎抓、吉龙、莫海拉亨、旦荣、解嘎等多金属矿床、矿（化）点；在羌塘高原也同样取得了不错的地质找矿效果。其中青海省地调院对三江源区区域化探扫面圈定的异常检查后，发现了沱沱河特大型铅锌多金属矿田，确定风火山砂岩型铜矿床具有大型规模。

四、覆盖区多目标地球化学填图技术

（一）技术领域综述

覆盖区主要分布在我国中东部经济发达地区，如东北平原、华北平原、长江中下游平原、珠江三角洲、四川盆地、黄土高原、汾渭谷地、河套平原等地。多目标区域地球化学调查属于基础性地质调查工作的范畴，调查区域主要包括第四系发育的平原、盆地、滩涂、近岸海域、湖泊、湿地、草原、黄土高原、丘陵山地等地区。以江河流域生态系统、农田生态系统、草地生态系统、森林生态系统、浅海生态系统、湿地湖泊生态系统、城市生态系统、道路生态系统为研究对象。

多目标区域地球化学调查主要任务是：①获得调查区高精度、高质量的地球化学数据；②查明测区元素地球化学分布、分配的特征；③绘制测区各类地球化学图；④对发现的重要异常进行查证；⑤为环境、农业、生态、土地规划、全球气候变化、第四纪地质研究、矿产资源勘查等各个领域的开发利用提供基础地球化学资料。

多目标区域地球化学调查具有为国土资源合理规划、管理、保护和利用，向社会公众发布地学信息，促进社会经济可持续发展等多层面、多领域服务的功能，是一项多目标的地质调查技术。使地球化学勘查工作从研究点源（矿床）中化学物质向四周各种介质中分散而形成的各种元素的地球化学分散模式，发展到以全球观点来研究各种元素在地球不同圈层（土壤圈、水圈、大气圈、生物圈）中的分布模式（成杭新等，2008），是勘查地球化学在新世纪拓展的全新服务领域。

（二）技术简介

1. 基本原理

多目标地球化学填图技术的基础理论是将岩石、土壤、生物、水、大气作为一个整体系统来看待，以土壤圈为中心来评价地球系统。土壤圈处于相互关联的地球系统之中，记录和保存了岩石圈、水圈、大气圈和生物圈的大量信息。多目标地球化学填图技术依据元素地球化学循环的原理，主要研究土壤圈和生物圈元素的分布特征、赋存状态及与地球系统中其他圈层间的迁移转化规律。

2. 技术特点

多目标区域地球化学调查以土壤（浅海／湖底沉积物）地球化学填图为基础，向上拓展到地表水、大气、植物，向下延伸到地下水、岩石；其实质是对地球表层整个生态系统进行地球化学填图（成杭新等，2008），是一项基础性、公益性的地质工作。多目标区域地球化学调查可以获得大江大河流域尺度、不同层位土壤中 54 种元素或指标高精度海量地球化学数据和资料，发现可能对经济社会发展产生重大影响的一系列地球化学问题，形成可供多方面利用的系列区域地球化学图，为国土资源规划、第四纪地质研究、资源潜力评价（油气、地热、固体矿产等）与生态环境评价（土地、农业和环保）提供技术支撑。寻找并发现可能影响经济社会发展和人类生存的重大生态环境地球化学问题，并寻求解决办法，为国民经济和人类社会的可持续发展提供地球化学调控方法。

多目标地球化学调查是集区域生态地球化学调查、评价和土地质量地球化学评估为一体的系统工程。其中多目标区域生态地球化学调查是以查找重要经济区土壤中由元素异常引发的生态地球化学问题为主的基础性调查工作；区域生态地球化学评价是以重大生态地球化学问题为对象，以查明异常元素来源和迁移途径，评价其生态效应、发展趋势和危害程度，进行预测预警为主的研究性工作；土地质量地球化学评估是以土壤中有害、有益元素和有机污染物含量水平及其对土地基本功能（生产功能）的影响程度为依据，进行土地质量等级评定。三者之间是相互联系的有机整体。

3. 技术要点

全国多目标区域地球化学调查工作的比例尺为 1 ∶ 25 万，工作区域按行政区划、经济区带或景观区划定。采用双层网格化土壤测量（包括土壤或近岸海域沉积物或湖积物测量第一环境（深层）和第二环境（表层））和水化学测量。

（1）采样密度

土壤地球化学样品包括表层土壤和深层土壤两类样品。表层土壤样品采样密度为 1 个点 /km²；城区及周边地区，可加密到平均 1 ~ 2 个点 /km²；滩涂（含潮间带）一般采样密度为 1 个点 /4km²；西部景观单一，以草原为主地区采样密度可放稀为 1 个点 /4km²。深层土壤样品采样密度为 1 个 /4km²；滩涂（含潮间带）采样密度为 1 个 /16km²；低山丘陵土层覆盖较薄地区，可以适当放稀。近岸海域沉积物地球化学样品包括表层沉积物和深层沉积物两类样品。表层沉积物样品采样密度一般为 1 个点 /4km²，地势宽缓地带，可适当放稀至 1 个点 /16km²；河口、海湾区域，可适当加密至 1 个点 /km²。深层沉积物样品采样密度：一般为 1 个点 /16km² 至 1 个点 /32km²。向海面延伸方向，应尽量保证 2 ~ 3 个采样网格。湖泊沉积物地球化学样品包括表层沉积物和深层沉积物两类样品。湖泊表层沉积物采样密度一般为 1 个点 /4km²。湖边、河流入口处应加密至 1 个点 /km² 采样，并按采样大格（4km²）进行组合。湖泊深层沉积物采样密度为 1 点 /16km²。水地球化学样品包括地表水和浅层地下水两类样品。地表水和浅层地下水采样密度根据调查区地形地貌类型确定，平原区为 1 个点 /16km²，丘陵区为 1 个点 /32km²，山区为 1 个点 /64km²。

（2）采样深度

第一环境（深层）大于 150cm，近岸海域和湖泊采样深度为 200cm。第二环境（表层）

为 0 ~ 20cm。

（3）采样粒度

各类土壤和沉积物的采样粒度均为 –20 目。

（4）样品加工

土壤样品：一般样品，晾干后用尼龙筛截取 –0.9mm（20 目）粒级的样品 500g，装瓶，送分析。作持久性有机污染物分析用样品，要求风干、贮存于干净的硬质玻璃容器内，暂时不分析应置于 –18℃冷冻箱保存。水样：6000mL（分装 6 瓶）。按照不同测试指标加入不同的保护剂（采用高纯硝酸或盐酸、氢氧化钠及其他专用保护剂）预处理样品，然后蜡封、送分析。

（5）检测指标

多目标地球化学调查土壤和湖（近海）沉积物样品分析：土壤表层样品为 1 个点/4km² 组合样分析，土壤深层样品为 1 个点 /16km² 单样分析；湖泊和近岸海域适当放稀采样和分析密度。

分析测试指标：Ag、As、Au、B、Ba、Be、Bi、Br、Cd、Ce、Cl、Co、Cr、Cu、F、Ga、Ge、Hg、I、La、Li、Mn、Mo、N、Nb、Ni、P、Pb、Rb、S、Sb、Sc、Se、Sn、Sr、Th、Ti、Tl、U、V、W、Y、Zn、Zr、SiO_2、Al_2O_3、TFe_2O_3、MgO、CaO、Na_2O、K_2O、TC、Corg、pH 共 54 项指标。根据地区的特点和实际需要，可选测 Rn、Cs、Hf、Ta、Pr、Nd、Sm、Eu、Gd、Tb、Dy、Ho、Er、Tm、Yb、Lu、Pt、Pd、Rh、Ir、Os、Ru、In、有机质等指标。多目标地球化学调查水化学分析测试：必测项目为 pH、氯化物、Fe、Mn、Cu、Zn、Mo、Co、Hg、As、Se、Cd、Cr（六价）、Pb、Be、Ba、Ni、Ca、Mg、亚硝酸根、氟化物 21 项；选测项目为①总硬度、氢化物、挥发性酚类（以苯酚计）、高锰酸盐指数、溶解性总固体、硫酸盐、阴离子合成洗涤剂、硝酸盐、N、P、K、化学耗氧量、氧化还原电位、碘化物、氨氮等；②有机污染物：滴滴涕、六六六等；③细菌指标：总大肠菌群、细菌总数等；④放射性指标：总 α 放射性、总 β 放射性等。分析方法和检出限要求：采用 X 射线荧光光谱仪（XRF）、等离子体质谱仪（ICP–MS）、等离子发射光谱仪等现代大型精密仪器测试样品中的元素指标。分析元素检出限要求低于地壳元素丰度值。分析质量监控：准确度（Δ lgC）控制在 0.05 ~ 0.12 之间，精密度（RSD）控制在 8% ~ 20% 之间，要求报出率达到 98% 以上。全国统一采用国家一级土壤系列标准物质构成的密码样监控分析质量，保证地区间、省区间和流域间地球化学图的高精度拼接，使元素空间分布最大限度地逼近实际分布状态。

地科院物化探研究所是覆盖区多目标区域地球化学调查方法技术的主要研究单位，中国地质大学（北京）是主要协作单位，江苏省地调院、江西省地调院、湖北省地调院、广东省地调院、四川省地调院是主要参加单位。

（三）应用范围和条件

我国陆域平原、盆地、湖泊湿地、近海滩涂、丘陵、草原、黄土高原等主要农牧渔业产区和重要经济区带。此项方法技术的应用条件：必须是专业的地球化学勘查队伍和专业的化探实验测试队伍。

（四）应用实例

全国各省区市通过对多目标区域地球化学调查数据的初步研究，已将多目标区域地球化学调查成果应用于国土规划、基础地质、资源勘查、土地质量评估、新农村建设、科学施肥、全球变化等多个研究领域，成为国家制定各种规划的重要依据之一。主要应用实例如下。

1. 指导区域规划

湖南株洲市政府在制定株洲市 2006 ~ 2020 年土地总体利用规划时，根据洞庭湖地区多目标区域地球化学调查项目提供的土地污染数据和空间分布位置，及时修编了该市2005 年制定的土地总体利用规划。

2. 厘定第四系地质界线

长期以来吉林中西部农耕区，第四纪地质图因缺乏明显的地层对比标志，导致界线不清，通过对多目标区域地球化学调查资料的综合分析，根据元素地球化学图的空间分布规律，厘清了各时代地层的地质界线。

五、深穿透地球化学勘查技术

（一）技术领域综述

随着勘查程度的提高，出露区找到新矿床的可能性越来越小，因此寻找大型矿床的最大机遇出现在隐伏区。为适应在隐伏区寻找新的大型矿床的需要，突破覆盖层、获得深部矿化信息就成为当务之急。国外自 20 世纪 50 年代开始，就致力于能探测更大深度的地球化学新方法研究（尤宏亮，2005；王学求等，2010）。我国地质工作者于 20 世纪六七十年代开始，经多年研究于 20 世纪 90 年代进一步发展了适合隐伏区矿产勘查的深穿透地球化学理论与方法。

广义的深穿透地球化学勘查技术包括以下几个系列。①物理分离提取技术：细粒级测量、磁性分离氧化物测量；②电化学测量技术：大电流供电提取技术，小电流独立供电提取技术；③选择性化学提取技术：偏提取法、元素有机质形式结合法，活动金属离子法，酶提取法，金属活动态提取法；④气体和地气测量技术：地气测量，纳米物质测量，气溶胶测量，地球气纳微金属测量，气体测量（包括常规气体和烃类气体）；⑤水化学测量技术：元素测量、离子（硫酸根、氯离子、钙离子等）测量；⑥生物测量技术：植物、细菌测量。

狭义的深穿透地球化学勘查技术实际是指选择性化学提取技术。这些技术先后在国内外已知隐伏矿床上进行了广泛的试验，积累了大量观测数据，不仅取得了良好的应用效果，而且也发现了亟待解决的许多问题。目前深穿透地球化学探测与识别技术存在的主要技术问题是：①地球气采样技术和采样仪器的稳定性不理想；②活动态采样的层位不确定，活动态提取没有专用的提取试剂，提取时间、提取温度等条件不确定；③所需的样品快速提取和分离仪器（快速同步多道提取设备、大容量高速离心机、旋转振荡器）满足不了地质勘查大批量样品分析的要求；④采矿区地表污染和深部矿体信息的识别有困难；⑤多方法在不同勘查阶段和不同矿种的有效集成、应用还缺少系统研究；⑥产业化程度低，无法进行大规模的应用。

国外类似技术申请专利的有：澳大利亚的活动金属离子法（MMI）申请到 8 项专利；加拿大的酶提取方法（enzymeleach）申请专利 1 项。

我国取得了多项原创性技术，包括细粒级采样与分离技术、金属活动态测量技术、地气动态测量技术、独立供电的电化学提取技术等。无论是在方法研究方面还是在应用方面，我国的深穿透地球化学应该说已走在了世界的前列，至少是同步的。

（二）技术简介

1. 基本原理

深穿透地球化学是探测深部隐伏矿或地质体发出的直接信息的勘查地球化学理论与方法，通过研究隐伏矿成矿元素或伴生元素向地表的迁移机理和分散模式，含矿信息在地表的存在形式和富集规律，发展含矿信息采集、提取、分析和成果解释技术，以达到在覆盖区寻找隐伏矿的目的（王学求，1998）。

各类矿床本身及其围岩中的成矿元素或伴生元素，以活动态的形式（包括各种离子、络合物、原子团、胶体、超微细的亚微米金属颗粒、铁族元素氧化物吸附和包裹金属、碳酸盐包裹金属、矿物颗粒间的成矿元素独立金属矿物（自然金属、金属互化物、硫化物等）），在某种或几种营力作用下被迁移至地表。

一般认为元素被运移至地表的几种途径是：①风化过程中元素的物理和化学释放；②地下水循环将元素溶解带到地表；③离子扩散作用；④氧化还原作用；⑤蒸发作用；⑥植物根系吸收；⑦气体扩散或被气体搬运。用适当的方法捕获或提取这些元素叠加在地表介质中的含量，可以达到寻找隐伏矿的目的（王学求，1998）。

2. 技术特点

深部含矿信息主要赋存在碱性地球化学障和氧化地球化学障中，使用提取碱性蒸发盐类中的金属元素和提取氧化物膜中的金属元素可以有效地识别深部含矿信息。我国发展的深穿透方法与国外发展的深穿透方法的不同之处在于，不仅能在详查阶段发现隐伏矿信息，而且可适应于不同景观条件的隐伏区。这一概念和方法对我国大面积的干旱荒漠戈壁覆盖区、黄土覆盖区、草原覆盖区、冲积物覆盖区和玄武岩覆盖区的大规模矿产资源调查和找矿具有重要意义。

3. 技术要点

考虑到广义的深穿透地球化学不同方法技术涉及面很广，涉及方法技术较多，这里不进行全面介绍。地电化学测量法、地气测量法、汞蒸气测量法、水化学测量法等方法技术暂不涉及，仅就近 10 年来国内研究工作开展较多的狭义的深穿透地球化学技术中的金属活动态测量法的技术要点做简要介绍。

采样对象：在干旱荒漠戈壁覆盖区和半干旱草原覆盖区，以覆盖层中的地表弱胶结层（10 ～ 40cm 深度）为佳；在森林沼泽区，以河漫滩表层土壤 A 层为佳。

采样介质：–160 目细粒级样品。

主要提取物：以铁锰氧化物结合态为主的活动态。

低密度调查至详查的采样密度：1 点 /100km² → 1 点 /（16 ~ 25）km² → 1 点 /（1 ~ 4）km² → 18 点 /km²。

分析检出限要求：各元素检出限必须小于等于地壳丰度值。

样品测试方法：①水溶态提取分析。提取剂是去离子水；提取对象是金属离子，部分纳微级超微细粒金属，可溶性盐类中的金属，可溶性胶体、可溶性无机络合物与可溶性有机络合物中的金属；分析方法是 ICP–MS/OES 和 AFS 多元素分析，GF–AAS 测试 Au 和 CP–AES 测试 Au、Pt、Pd；②铁锰氧化物结合态提取分析。提取剂是 0.1M 盐酸 + 0.1M 盐酸羟胺溶液；提取对象是矿物颗粒表面铁锰氧化物膜吸附或结合的金属；分析方法同上。

活动态提取分析质量监控：采用子样平行提取方法来监控样品提取和提取液处理误差。以相对误差来衡量，要求达到：元素含量大于 3 倍检出限时，相对误差小于 50%；元素含量小于等于 3 倍检出限时，相对误差小于 100%。

地科院物化探研究所是国内研发适合隐伏区矿产勘查的金属活动态地球化学理论与方法技术的主要单位，持有系列金属活动态测量方法的研究成果，具有一批推广本项技术的高素质技术人员。

（三）应用范围和条件

金属活动态地球化学勘查技术可以应用在不同景观区隐伏矿床从概查到详查的各个工作阶段。主要适用于寻找覆盖区的隐伏矿和出露区的盲矿。要求实施单位具有专业地球化学勘查技术人员和完备的实验测试条件，能够满足采样和样品预处理工作的需要。

（四）应用实例

1999 年，物化探研究所王学求等在东天山地区进行了 15 × 104km² 的低密度金属活动态地球化学试点调查。中国地质大学蒋敬业、朱有光等在西天山高寒草甸区开展寻找隐伏矿化探方法研究，在运积物覆盖区开展了成矿元素 Cu 的活动态测量研究。地科院物化探研究所在埋深大于 200m 的山东省大尹格庄金矿区开展了金属活动态测量试点，以检验深穿透地球化学方法勘查隐伏矿的有效性。

（五）应用效果

物化探研究所王学求等在东天山开展的 $15 \times 104km^2$ 超低密度金属活动态地球化学试点调查，填补了东天山大部分地区地球化学调查的空白。新发现有远景的 Cu、Au、W、U 异常十几处，发现了大规模的东天山北带和土屋南带 Cu 异常，并首次在哈密盆地发现大规模、高强度铀异常，对整个东天山矿产勘查的战略部署具有重要意义。

六、油气地球化学勘查技术

（一）技术领域综述

油气地球化学勘查（简称油气化探），是在石油地质学和地球化学基础上，逐渐发展起来的一门综合性油气资源勘查应用科学。油气化探以地质研究为指导，以岩石、近地表土壤、地下水和土壤中气体等为研究介质，用微量或超微量测试手段，检测深部油气藏运移至近地表的烃类及其蚀变产物和油气伴生物，并以这些检测结果为基础资料，通过对测试分析结果进行综合分析研究，指出研究区油气聚集的远景区带或有利部位，为区域含油气远景、有利油气集聚区带以及圈闭含油气情况的综合评价和最终部署钻井提供地球化学依据，为油气田的勘探和滚动开发服务（徐伟民，1993）。它具有直接、快速、有效和成本低的特点，对减少勘探风险、提高油气勘探成功率、缩短油气田的发现周期有着重要意义（郝石生等，1994）。

（二）技术简介

基本原理油气藏中的烃类物质在动力作用下垂向运移至地表而引起地面地球化学场的异常。借助于精密分析仪器检测微油气苗及其蚀变现象，根据地面地球化学场的结构和分布特征即油气地表效应，来推测地下地球化学场的结构，并结合石油地质条件，评价地下油气藏的存在与分布（吴传壁等，1989）。

（三）技术特点

1. 微观性

在无可见（在肉眼和显微镜下）标志的巨厚覆盖区进行油气化探，主要依靠分辨能力很高的仪器设备，分析测试油气运移的微观组分；它们是地质历史发展过程中，油气藏对上覆层地球化学特征影响的产物，其异常强度一般都较弱，各种指示指标的丰度较低。

2. 适应性

油气化探几乎在任何自然地理和地质条件下均可应用，不论在基岩裸露区，还是在沉积物覆盖区；在陆地，还是在海域；在严寒的冻土带地区，还是在温暖潮湿、干旱沙漠区等均可进行测量，并且都能取得良好的预测效果，其适用性很强。

3. 直接性

油气化探是以研究油气组分及其衍生物运移为目标的找油气方法。在阐明区域地球化学规律的基础上，排除某些非油气因素对化探指标的影响和干扰，在石油地质研究的背景上，圈定的化探异常是深部油气的直接反映。与其他方法相比，其找油气的直接性尤为突出。

4. 连续性

油气化探是一个连续的测量过程，包含着两层意思。其一，它的测量精度是按照预查—普查—详查—井中勘探的顺序依次进行的；其二，在确定了化探异常后，应建立试验场，观测和研究其稳定性和可靠性。因此，化探测量过程不是一次完成的。

5. 快速性和经济性

油气化探方法能迅速地对沉积盆地做出油气资源前景评价、指出有利地区和发现含油气构造（圈闭），并且能以较快的速度开辟新的勘探领域。油气化探成本低廉，是目前油气普查勘探中最经济的方法技术。

6. 局限性

油气化探不是万能的找油气方法，许多石油地质问题化探是无法解决的。从广义上讲，化探可以反映地下含油气的情况，但是，当含油层系较多、含油地质时代较长时，化探成果目前还不能确切地指出地下含油气的层位。从狭义的方面来说，即使在单一含油层系的地区，化探成果也不能指出油层的埋藏深度、油气藏的几何形状等（刘崇禧等，1992）。

（四）技术要点

油气化探测量常用方法技术有：紫外吸收光谱法、荧光光谱法、ΔC 法、碳同位素法、土壤吸附烃找油法、水文地球化学法。在此以水文地球化学法为例分析其技术要点。

水文地球化学找油法简称水化学找油法。油气藏的存在使水化学成分发生变异，呈现规律性的变化。即在油田上方或周围形成与油气组分有关的特殊的水文地球化学异常，构成含油区和非含油区地下水化学成分迥然不同的特点。因而可根据地下水中某些元素或化合物的增高（相对于背景区）及其分布规律推测地下含油气的远景，追溯和寻找油气聚集的有利地区，确定油气田的位置（卡普钦科，1991）。

1. 样品采集要点

样品采集是选取同一地质时代的层位作为主要研究目标层，在工区内应采集具有统一水动力条件的浅层承压水或潜水。根据分析项目的要求分别取样（如全分析水样应取2L，分析可容气取 500mL 等），按不同的要求相应加入试剂（如分析微量金属每升加入2mL 盐酸酸化等）；为防止水中某些组分发生变化，必须及时对水中有机物质在采样现场萃取和处理。另外，应做模拟实验，如蒸发浓缩试验、混合试验、浸泡试验、压榨试验、抽提试验和建立水化学试验场（包括长期观测等），加强研究成果的可靠性。

2. 用于水化学样品的主要分析方法

滴定分析法（主要测定水中常量组分和土壤中碳酸盐）、比色法（测定挥发性酚等）、气相色谱法（主要分析可溶气态烃、苯及其同系物，甲烷碳同位素的分离等）、原子吸收光谱法（一般用来分析测试水中微量元素）。

3. 水化学找油气的指标

①直接指标：在成因上与油（气）成分有直接联系并溶解于天然水的组分。主要有（石毓埕等，1988）：（A）可溶气态烃（主要以甲烷系列、甲烷－重烃系列和甲烷－重烃－不饱和烃系列3种形式存在）；（B）苯、酚及其同系物（即石油中的芳烃化合物）：它们的高迁移性能、热力学稳定性、与油气在成因上的密切联系性，被视为寻找油气藏的直接指标；（C）轻芳烃、杂环化合物和稠环芳烃：这些化合物是石油的重要组成部分。用紫外吸收光谱仪和荧光光谱仪对地下水中的芳烃组分进行扫描，可以区分水中以哪种芳烃为主（如单环、双环、三环等），进而可以判断地下圈闭内是石油还是天然气，是重质油还是轻质油；（D）铵离子与氨：铵离子和氨的高含量是良好的含油气指标，通常在高盐度的卤水中 pH 值不超出 6.4 时，用其评价圈闭的含油气性；（E）环烷酸：地下水中的环烷酸是石油中环烷酸溶解的产物或是环烷烃氧化而形成的；（F）其他有机组分：在水化学找油中经常运用的指标还有可溶有机质总量、脂肪酸、有机碳、有机氯等。

②间接指标：与油气有关的深部地下水向上运移与浅层地下水混合，或由还原环境转变为氧化环境时形成特殊的水化学组分。它们虽然不是石油和天然气的直接成分，但与油气有一定的成因联系。如钙镁碳酸盐络合物、黄铁矿（H_2S 与铁矿物作用形成的）、SO_2^{-4} 与 $[SO_2^{-4}]/[Cl]$ 比值等。③环境指标：该类指标在成因上与油气没有直接关系，只能判明地下水所处的水文地球化学环境，或有利于油气存在的水文地质条件。属于这类的指标有：常量组分、微量元素、氧化－还原电位、pH 值、水温等。④成因指标：主要指能判明地下水来源和成因的同位素指标，如 H、O、C 的稳定同位素等，据此可以判断水化学异常的真伪。

（五）应用范围和条件

油气化探在油气普查与勘探中的应用是多方面的（李晋超等，1985），概括如下：

1. 评价沉积盆地的找油气远景

在油气普查初期，根据地球化学场的特征和不同介质中找油气指标的变化规律，能够做出盆地有油或无油的结论，可避免造成勘探投资、人力、物力的巨大浪费。

2. 缩小有利的勘探靶区

在具备找油找气条件的含油气盆地内进行油气化探测量，研究近地表不同介质的各种指矿（油气）元素含量的空间变化规律及其与油气的关系，圈定出与油气有关的综合异常（或异常带），为地震勘探工作部署和加密测线（网）缩小勘探靶区提供地球化学依据。

3. 验证含油气构造（圈闭）。

根据地质、物探等资料所确定的局部构造或圈闭是否有油气存在，需要通过验证（黄第藩等，1980）。目前验证的方法主要有钻探和化探两种方法。前者成本昂贵。油气化探测量通过加密测量点，不仅可以评价构造圈闭内是否有油，而且能够指出构造圈闭内储存的是石油还是天然气。

4. 查明油气田的特征

充分利用油气普查勘探中的参数井、基准井和探井，对地球化学录井（气测录井、沥青录井、水化学录井、岩石化学录井等）资料和采取的岩心（岩屑）进行研究，可以为油气勘探提供大量的基础资料：划分出可能的生油层系和储油层系；分析盖层的特征及其埋藏条件；油层、产层对比结果；圈闭的封闭程度；油、气、水分布规律、动态特征及其物理、化学性质等。如应用 $\delta^{13}C_1$ 值可以：①判断天然气成因和来源：利用天然气中甲烷及其同系物的比值与 $\delta^{13}C_1$ 值划分松辽盆地南部天然气成因类型，获得比较理想的结果，与勘探实践基本吻合。②进行气与气源岩对比：测量气源岩中原生吸附烃 $\delta^{13}C_1$ 值与天然气的 $\delta^{13}C_1$ 值，利用其近似程度，确定天然气与气源岩的成因关系。③推断勘探目的层的流体性质：岩心或岩屑中高含量的烃类气体往往与油气的富集程度有关，或者主要是有机质演化过程中形成的原生烃。运用吸附烃的 $\delta^{13}C_1$ 值可以推断勘探目的层的流体性质；④寻找浅层生物成因气：气态烃的 $\delta^{13}C_1$ 值与其他化探指标配合可以起到找浅层生物成因气的作用。

第三节　地球物理勘查技术

一、地球深部矿产资源物探现状

自改革开放以来，随着我国经济持续快速发展和人民生活水平的提高，对矿产资源的需求进一步增加。现阶段探明矿床的资源储量已满足不了经济社会日益增长的需要，其中一些大宗矿产、稀缺有色矿产供需矛盾日益突出。现有产出 25 种主要金属矿产的 415 座大中型矿山中，192 座（占 46.2%）面临不同程度的资源危机（吕古贤等，2003）。随着矿产勘查工程程度的逐年提高，随着矿业的迅猛发展，易采矿、地表矿、浅部矿等基本开发利用殆尽，因此急需发现接替资源，以缓解资源供应紧缺的状况，促进矿业可持续发展。探索新的矿产资源，无非宇宙、地下深部、海洋 3 大空间。相比较而言，向地下深部找矿是比较现实和可行的。因此，向地下深部找矿，必将成为我国矿产勘查的主攻方向之一，开展深部矿的地质研究和勘查工作，具有重要的经济、理论与实践意义。

目前，由于世界各国的矿产资源情况、地质工作程度、矿业发展历程与水平、勘查技术水平、矿产市场形势等方面都各不相同，对矿产勘查的深度也有不同的要求与理解，因此，对于划分深部矿和浅部矿的具体深度范围各不相同，尚无定论。依据我国矿产勘查与开发利用的技术水平与要求，固体矿产勘查一般对地表 500m 以下的资源只做远景控制、不做详细调查的勘查要求。我国绝大多数现有金属矿山的探采深度为 300 ～ 500m（陈喜峰，2011）。另外，根据成矿理论，地表以下 5 ～ 10km 的深度范围正好是地壳内外动力的复合叠加场，也是多种成矿要求发生突变与耦合的转折带，有利于大量岩浆矿床、热液矿床的产出（翟裕生等，2004）。一个大型热液成矿系统的垂直延伸，可达 4 ～ 5km 或更深。国内外找矿实例说明，深部具备形成金属矿床的有利构造地质条件，成矿潜力大。最新的成矿理论研究和深部定位预测验证结果均表明，地下 500 ～ 1000m 深度见矿范例众多（叶天竺等，2007）。总体看，我国绝大多数矿山开采深度不超过 500m，只有少数矿山的开采深度达到了 1000m，表明我国矿山深部蕴藏着潜力巨大的矿产资源，特别是我国东部研究程度比较高的重要成矿带，深部找矿潜力重大。

如何加强深部找矿，叶天竺等（2007）提出了深部找矿基本技术路线，指出深部找矿的三要素：地质研究是基础，物探技术是主要技术支撑，钻掘工程是实现条件。通过地质研究工作建立明确的深部找矿思路，通过物探、化探推断深部矿体位置、施工钻掘工程，实现深部找矿突破。深部矿埋藏较深、矿化信息弱，因而无论是地球物理还是地球化学的探测技术，随着探测深度的增大，地质背景就越复杂，探测获得的信息的准确性、可靠性就越低。因此，深部找矿对现有适用于浅部矿找矿的勘查技术方法，提出了更高的要求与挑战。以往的物探与化探技术，多存在探测深度浅、分辨率低、抗干扰差、存在多解性等问题。因此，必须对现有适用于浅部找矿的勘查技术方法进行改进、调整与升级，研究开发适用于深部找矿的勘查技术方法。

深部找矿针对的基本上都是盲矿体，在地表的直接反应非常微弱或根本没有反映，不像在浅部矿体在地表有化学晕。这就需要物探工作对地下的情况进行先期的了解，以便指导后续工作的开展。根据不同的找矿目的进行有针对性的物探工作（常德峰等，2011）。

1956 ～ 1981 年，国内多家地勘单位在河南省某铁矿区所在区域内开展了大规模的地质找矿工作，共探明铁矿资源储量 6.4 亿吨，约占当时河南省铁矿总资源储量的 70%。由于受到当时经济、技术条件限制，探明矿区的控制深度仅有 300 米左右；随着地质勘探技术及地球勘探技术的发展，控制深度可以达到 800 米及以上，许多深部矿、隐伏矿还有可能在这个区域内找到。近年来，我国钢铁行业的发展受到国内钢铁行业铁矿石供应不足、国际铁矿石价格急剧攀升等因素的制约。2011 年 6 月份，国土资源部组织实施了找矿突破战略行动，研究矿区所在地区的铁矿区被列为全国铁矿八大重点找矿远景区之一。为提高矿产资源保障能力，联合河南省有色金属地质矿产局开展"河南省某铁矿区铁矿预测地球物理调查"的项目，拟通过综合地球物理勘探方法在原来老矿区周围及深部找到潜在的矿床，验证和总结深部铁矿勘探的地球物理找矿模式。

二、国内外深部找矿的地球物理勘查现状

近年来，随着国内外地球物理勘查方法应用研究程度和技术水平不断提高，不仅在勘探实际中出现了许多新的技术和方法，在数据处理解释上也应用了许多新的理论与方法，使得通过地球物理方法获取的实测数据通过处理可以真实地反映深部矿产信息。当前在深部找矿方面，主要是利用重磁方法划分区域构造，利用大地电磁测深（MT）、可控源音频大地电磁测深（CSAMT）、瞬变电磁（TEM）和金属矿地震勘探等方法对矿化带和有利部位进行详细勘查。

（一）地球物理新仪器的发展

随着电子技术和微处理技术的不断提高，地球物理仪器的自动化程度、精度、稳定性、抗干扰能力指标得到大幅提高，使得仪器具有稳定性好、信息量大、灵敏度高、使用简便等特点。重磁类新仪器主要应用于航空物探与地面高精度重磁勘探，其中光泵类、超导类仪器的发展比较迅速。例：2003 年以来德国高技术物理研究院推出了基于超导量子干涉技术的新一代高精度磁力传感航空重力标量测量技术并不断改进，可测量沿测线、垂直测线和垂直向下的梯度，梯度仪本身的噪声水平非常低。

加拿大 GEM 公司研发的高精度质子旋进式磁力仪 GSM-19T，信息分辨率高达 0.01nT，灵敏度高达 0.05nT，具有独一无二的编程式基点站观测功能，在野外就可以实现导航定位功能，使得基点台站观测和野外流动观测之间有高精度的时间同步。

电磁法类新仪器主要体现在航空勘探中频率域、时间域航空电磁测量系统的发展与地面勘探中多功能电法仪、工作站的发展。例：美国 Zonge 公司推出的多功能电磁观测系统 GDP-32 II，其设计目的在于采集任何类型的电磁数据和电场数据，它既可进行频域测量，也可进行时间测量，多个接收机也可同时使用进行更多道的数据采集，可进行大部分的电磁法测量。地震类新仪器主要有无线遥测地震仪、无缆存储式地震仪等。

（二）深部找矿新方法的探索

在航空重磁勘探中，由于 GPS 技术的进步，航空重力、磁法勘探有了很大提高。2000 年以来，航空重力标量测量广泛应用于勘探实践，航空重力梯度测量技术仍处于改进、完善过程之中，航空矢量测量技术尚处于研发阶段。航空磁力梯度测量技术发展迅速，并在地磁普查和找矿实践中广泛运用。我国的航空磁测技术的主要特点是利用质子磁力仪或氦光泵磁力仪测总磁场强度，设立日变站记录地磁场随时间的变化，或用飞切割线的方法进行日变改正。与西方发达国家航磁技术相比，差距还是比较大。随着重磁勘探在仪器与采集方法上的发展，探测精度不断提高，高精度重力勘探与高精度磁法勘探已经成为金属矿地面重磁找矿的重要勘查方法。井中磁测技术向着高精度的三分量磁力仪方向发展，根据磁场三分量数据来发现井旁盲磁铁矿、预报井底盲矿、预防地质灾害等方面取得了良好

的效果。

航空电磁法在近年的发展中主要体现在频率域航空电磁、时间域固定翼航空电磁测量技术上，由于测量精度的提升，使勘探深度大大增强。地面电磁主要是发展大地电磁法（MT）、可控源音频大地电磁法（CSAMT）、人工源和天然源的混合场源法（EH4）、瞬变电磁法（TEM）、复电阻率法等。其中 CSAMT 采用的是人工源，信号强，信噪比高，弥补了 MT、AMT 信号比较微弱、具有随机性、易受自然环境因素影响、信噪比低的不足，勘探深度增大，适用范围广泛。地震方法具有精度高、探测深度大、分辨率高和探测结果准确可靠等特点，可以弥补重、磁、电方法在寻找深部隐伏矿方面的不足。反射波法、折射波法、散射波法的综合应用，使地震在金属矿勘探方面能够对地下精细结构进行探测，达到多目标深度勘探的目的。井中地震勘探的跨孔地震层析成像、垂直地震剖面、井下地震成像技术等能有效地解决深部盲矿探测的问题。

（三）深部找矿数据处理、数据解释新技术的发展

随着电子技术和计算技术的提高，深部找矿数据处理、数据解释也产生了许多新技术。例如：小波分析方法大量应用于重力磁法数据的处理中，位场分离技术与大深度的位场延拓技术使向下延拓的点距成倍增加；拟 BP（BackPropagation）神经网络反演方法应用于重磁三维反演；重磁人机交互实时三维可视化技术、重震联合反演、欧拉反褶积法等也经常应用于重磁数据处理中。利用空间滤波法、小波分析压制静态效应、联合反演法、相位换算法等应用于 CSAMT 的静态效应校正。在电磁场正演中应用有限差分法、有限单元法、积分方程法等，在电磁场反演中应用比较多的有共轭梯度极大似然反演、非线性共轭梯度反演、快速松弛反演、遗传算法反演、神经网络反演等。

（四）两个国内外综合物探深部找矿案例

铜陵狮子山矿区在原来重磁勘探数据的基础上，通过新方法和新手段进行重新处理，包括区域异常和局部异常的分离、向上延拓、化极、垂向求导等，推测出与埋深较大的隐伏矿体有关的地质构造，再配合使用地震反射法，结合地质、钻孔资料，在深部找到了黄铁矿化带，为在原矿区外围及深部找矿提供了重要的指导作用。

加拿大萨德伯里铜镍矿矿区是世界著名的铜镍矿区，在此地区采用重力测量和反射地震是查明杂岩体底界的有效手段，为推测深部矿体提供了一定的指导作用。在结合老钻孔及新钻孔的交，采用地—井 TEM 方法扩大周边的探测范围，发现了深部良导体，圈定出深部矿体，为下一步钻孔找矿指明方向。在深部找矿中，单单使用一种物探方法很难起到良好的效果，往往需要综合运用重力、磁法、电法、测井等勘探技术，利用数据处理新技术、新方法，再结合地质资料、钻孔资料，进行综合解释，才能圈定出有效的深部控矿构造。

三、深部铁矿勘探的地球物理找矿模式

社会文明的发展依赖于资源勘探、开发和利用的水平。进入 20 世纪以后，人类对能源和矿物的需求与时俱增，勘探与开发的规模也随之越来越大，那些在地表上容易找到的资源多数已经被发现和开采，依据岩石露头或其他暴露形式为线索寻找矿产资源的传统方法已经不能满足人们对矿产资源开发的需要。人类需要探求新的方法，能够从地面观测到反映地下物质的信息，从而在深部找到矿体。随着物理学的进展和观测技术的进步，一个地质学与物理学的边缘学科——地球物理学逐渐形成。

地球物理学是通过观测由于地下探测对象与周围介质物理性质的差异所引起的物理场变化，来研究探测对象的形态和性质。现在已经利用的物理性质包括密度、磁性、电性、弹性、热性和放射性等。根据所利用的岩石的物理性质不同，已经形成了重力勘探、磁法勘探、电法勘探、地震勘探、地热勘探、放射性勘探等。按照工作空间位置不同，有时地球物理勘探又划分为地面、海洋、航空和钻井地球物理勘探等。

我国的深部铁矿大都是借助地球物理方法找到的。在深部找矿过程中，区域地质背景研究特别是地球物理特性研究、钻孔资料是深部找矿的地质基础，也是选择地球物理方法的依据；磁法勘探是深部勘探铁矿最重要的地球物理方法，常常用来圈定利于成矿的磁异常区；电法勘探是深部勘探铁矿的重要手段，经常用来在磁测异常的基础上研究地下控矿构造，并圈定找矿靶区；综合地球物理勘探是勘探深部铁矿的保障，它可以有效地降低单一地球物理勘探方法在解释方面存在的多解性问题，提高地球物理勘探解释的可靠性。另外，良好的数据分析和解释可以剔除假异常，确定赋矿的地质构造。钻探是验证地球物理方法找矿模式可行性的最好方法。

（一）区域地质背景研究是深部找矿的地质基础

地质背景是影响矿床形成的地质环境及有关事物，它既概括当时环境情况，也可包括该地区的过去经历，以显示成矿作用的复杂性和长期历史。区域地质背景研究主要是研究该区域内的地层、构造、岩石类型、矿体特征、地球化学特征、地球物理特征等。它是进行下一步地质工作的地质基础，也是深部找矿的地质基础。在区域地质背景研究中，特别是地球物理特性研究是展开地球物理工作的依据，也是选择地球物理勘探方法的基础。

地球物理学是通过观测地下矿体与围岩之间物理特性差异所引起的异常来研究地下矿体的形态和性质的。而矿体的物理特性又与其区域地质背景密切相关，尤其是成矿地质背景密切相关。因此，在开展地球物理勘探深部矿之前，研究区域地质背景是必需的工作之一。以下按照铁矿类型介绍几个开展深部找矿之前的区域背景分析案例。

1. 火山岩型铁矿区域地质背景研究

火山岩型铁矿的成矿作用的全过程与火山活动、火山作用全过程相关联，矿床的形成是火山活动过程中不同时期、不同阶段的产物；矿床在空间上的定位与产出是以某一火山

机构为中心，成群、配套出现。一般的火山岩型铁矿的构造都与背斜和断裂等岩浆活动的场所有关，断裂交会处往往控制岩浆喷发中心和大中型铁矿的分布。岩浆岩中以火山岩、侵入岩为主。矿床往往呈现带状展布，矿床定位受火山中心、断裂和交汇处岩体凹凸部位等构造控制；大中型矿床一般会有明显的蚀变带；大中型矿床一般都有明显的磁、重高同现，正负异常明显。磁铁矿为铁矿石的最重要矿石类型，重磁异常是重要的地球物理找矿标志。因此，应用重力勘探、磁法勘探是查找此类型铁矿的重要方法。

长江中下游成矿带是我国东部著名的内生多金属铁铜成矿带，以岩浆接触交代"矽卡岩型铜矿"和火山岩型"玢岩铁矿"为特征。安徽罗河大型铁矿坐落在庐枞地区，位于武钢和马钢两大钢铁基地之间。矿区岩性和构造比较简单，出露的地层是一套多次喷发的火山岩系，其下为火山岩侵入体——闪长玢岩，铁矿便赋存在闪长玢岩之中。地表大部分为第四纪覆盖，没有矿化迹象。安徽地质局物探队（1979）研究了该区的区域地质背景，认为该区有较好的成矿地质前提，同时分析了当地岩矿石的地球物理特征，认为该矿区主要的铁矿为磁铁矿，其磁性较强；磁性火山岩及中基性侵入岩体也具有较强的磁性；但铁矿和中基性岩体的密度比其围岩高，而磁性火山岩的密度不高。当矿体具一定规模，而埋深不特别大时，可以利用高精度重力和磁法来评价磁异常，有可能区分矿致磁异常与非矿磁异常。同时测定了以往钻井的大量岩芯的磁性和密度，发现只有磁铁矿及近矿的磁铁矿化岩石具有强磁性，其他岩石无磁性或弱磁性，证实了磁异常主要是由磁铁矿引起的。而引起重力异常的主要是磁铁矿、黄铁矿，近矿围岩的矿化蚀变比较强烈，密度增大，也形成了比较厚的高密度层。通过上述分析，选定了进行 1：1 万比例尺的重力、磁法详查工作，以详细圈定重力、磁法异常。

内蒙古好力宝铜铁矿区域内地表的 70% 以上面积为第四系风成黄土，草原植被发育，只在矿区西南部有小型石英斑岩侵入体出露。贾长顺等（2007）认为岩体与地层接触带部位是形成矽卡岩型矿化的有利部位，且该区域内沿接触带靠近二叠纪地层的部位发育有一中等强度的磁异常。但磁异常本身有精度低和异常范围大的不足，决定了磁异常只能圈定区域尺度上的找矿靶区，而难以进行矿体精确定位预测。通过分析矿区的地层、构造、岩浆岩分布特征等，重点关注矿化类型、蚀变、矿化带在地下的规模及地下水文条件等。通过对地质背景及以往磁测数据的分析，选择了 EH4 连续电导率剖面测量、可控源音频大地电磁法、激发极化法等电法勘探，确定已知和待定含矿构造在深度 50～2000m 范围内的产状及规模。

依阡巴达铁矿位于新疆与青海交界，青藏高原西部东昆仑祁漫塔格地区。姚卫星等（2012）通过分析该地区的地质背景资料，得到该区内磁铁矿产于钾长花岗岩与围岩接触带矽卡岩中的结论。详细分析了该区域内的岩石密度、磁性和电性参数，认为：磁铁矿、磁铁矿化矽卡岩等具强磁性、高密度、高极化率等特征，与矽卡岩、花岗岩、斜长片麻岩和斜长片岩等其他主要岩性存在较大物性差异；斜长片岩、斜长片麻岩等具较高密度特征，该类岩石的分布形成局部重力高异常。因此，选定进行重力勘探、磁法勘探和激电勘探等地球物理方法综合勘探，重视"重磁双高"、低电阻率的异常。

综上所述，火山岩型铁矿一般位于地层中接触带附近，在铁矿周围的围岩有可能也有磁性强的物理特征，这样仅通过磁法勘探很难找到真正的矿体异常，需要借助利用其他物理特性差异的重力勘探、电法勘探等其他地球物理方法辅助，得以圈定找矿靶区。

2. 沉积变质型铁矿区域地质背景研究

沉积变质型铁矿也是我国铁矿资源的主要来源。这种类型铁矿一般局限于（古）大陆板块和（古）大洋板块的结合带或陆间裂陷带发育的部位。深大断裂常常控制着主要构造单元的边界，并在控矿方面起着重要作用。矿石矿物主要有赤铁矿、菱铁矿、镜铁矿、磁铁矿、黄铁矿等。铁矿或与火山—沉积围岩同生沉积，或者是火山气液在有利的构造部位和岩性条件下充填交代形成的。该类矿床伴生组分较多。该类矿床通常有较高的重、磁异常。物探方法中重、磁方法最为有效。尽管有些火山岩具有弱磁性，但与磁铁矿相比仍有差异。国内外好多沉积变质型铁矿是利用磁法找到的。例如，1959 年航空磁测发现了云南大红山铁铜矿区超过 500nT 的磁异常的异常范围达 300km^2，异常区出露变质火山岩，当时推断是由中酸性侵入体引起的，实际却是一个大型铁矿。

郭武林（1986）在研究河北省东部某铁矿时，详细分析了矿区的区域地质背景和岩矿石的物理特性，发现该矿区的赋矿地层为单塔子群白庙子组，变质岩相属于绿片—角闪岩相，围岩以斜长角闪岩为主，矿石为磁铁石英岩。根据岩矿石的磁性参数统计，发现围岩比矿体的磁化强度要低 1 ~ 2 个级次，因此围岩对于磁异常的推断解释的影响可以忽略不计。矿石中的磁性与其中的磁铁矿含量、氧化程度及其所受到的变质作用等因素有关，因此各个矿区的相同矿石的磁性参数值会有一定的变化。另外，岩（矿）石有明显的电性差异，矿石的极化率比围岩高 8 倍以上，但矿石标本的电阻率则表现为低电阻。因此采用高精度磁测、井中激电和剖面性激电测深来进行矿致异常的圈定。

河南省的镇平县李普吾铁矿区位于秦岭褶皱造山带东段倾没端，区域性朱夏深大断裂和南阳凹陷盆地的交汇部位。成矿区划属于西峡北部—镇平北秦岭褶皱区域上多金属、稀有金属、非金属成矿区。与铁有关的矿床主要是沉积变质型磁铁矿。唐杰等（2011）在分析了该区域的区域地质背景后选定与之匹配的高精度磁法勘探、可控源音频大地电磁法进行地球物理施工。邯邢式铁矿是河北省重要的铁矿成因类型，已经探明资源储量达到 8.7 亿吨。邯邢地区磁铁矿体均分布在中奥陶统灰岩与闪长岩的接触带中或者附近。磁铁矿和闪长岩是引起该地区磁异常的主要原因。该地区的磁铁矿的磁化强度比闪长岩的磁化强度要高 20 倍甚至上百倍。根据计算与推断，该矿区闪长岩的磁异常不会超过 2000nT，因此超过 2000nT 的磁异常就认定为矿致异常。根据磁法勘探原理，对大于 2000nT 高值异常的数据，可以在其中心部位或中心附近部位进行钻探手段进行直接找矿，效果比较理想。该矿区某矿区的岩（矿）石物理参数如表 3-1 所示。从表中可以看出，该矿区的磁铁矿与围岩之间有一定的密度差异，磁性差异巨大；磁铁矿的电阻率比较低，而极化率较高。根据这些特性参数，郝俊杰等（2008）确定了在该矿区内综合运用重力、磁法和电法等地球物理手段进行勘探。

表3-1 河北某矿区岩矿石物性统计表

岩性	件数	密度（g/cm²）		磁化率（10⁻⁶⁴πSI）		电阻率（Ω·M）		极化率（%）	
		变化范围	平均值	变化范围	平均值	变化范围	平均值	变化范围	平均值
岩体	4	2.65~2.67	2.66	121~197	161	799~875	837	3.5~4.3	3.9
矽卡岩	2	3.03~3.04	3.03	311~431	379	51~167	109	2.8~3.1	2.9
磁铁岩	4	4.17~4.44	4.29	104625~176056	142194	4~150	54	35.6~91.8	62.4
围岩（大理岩、砂岩、逝去质灰岩）	24	1.58~3.34	2.64	8.14~2484	146	68~1504	763	1.49~45.7	5.1

综上所述，变质岩型铁矿的地球物理勘探方法也是主要根据矿区的区域地质背景、岩矿石的特性特征来确定的。

（二）磁法勘探方法

利用铁矿的物理特性，采用磁性寻找铁矿是公认的最有效、最成功的物探方法之一。据不完全统计，我国80%以上的铁矿是采用磁法勘查发现的。有关资料和航磁信息显示，我国尚有较大的铁矿找矿空间。

磁法勘探是通过观测和分析由岩石、矿石或其他探测对象磁性差异所引起的磁性异常，进而研究地质构造和矿产资源或其他探测对象分布规律的一种地球物理方法。它研究的磁异常是指磁性体产生的磁场叠加在地球磁场之上而引起的地磁场畸变；它是一个空间矢量场。磁异常的起因取决于地球磁场和岩（矿）石磁性，前者是外因，后者是内因，两者是磁法勘探的物理基础。用高精度磁力仪观测获得磁异常多参量信息是磁法勘探的一个重要环节。另外，正确的工作方式和消除各种干扰的改正方式，可以确保获得的磁异常值的可靠性，进而进行数学分析，总结出磁异常多参量场与磁性体之间的对应关系和规律，并利用这些规律对磁异常进行磁性体的埋深、形状、产状、分布范围和性质做出大致判断。

磁法勘探是发展最早、应用广泛的一种地球物理勘探方法。它轻便易行、效率高、成本低；工作领域广、不受地域限制，可广泛用于空中、海洋、地面与钻井中。磁法勘探主要用于直接找磁铁矿及其共生矿床，另外还广泛用于固体矿产、石油天然气构造的普查和不同比例尺的地质填图及深部、区域、全球构造的研究；综合其他地球物理方法应用于煤田火烧区探测、地热田远景预测、考古、探雷与深潜、核电等等。

1. 地球的磁场

之所以能够利用磁法勘探寻找铁矿，是因为地球上每一点都在地磁场的范围之内，都具有一定的地磁强度。地磁场与电场一样，是一个矢量场。拿一个磁针，找到它的重心，并将其悬挂起来，并可以使它能够自由转动。任意摆放磁针，当磁针静止时，总会指向一个相同的方向，这个确定的方向就是磁针的 N 极指向，近地理北极。同时发现磁针还倾斜一定的角度，如果是在北半球，磁针 N 极会向下倾斜的比较多，在地球的其他地方，倾角随着观测点位置纬度的变化而变化。

（1）地磁要素

地面上任一点都有一个磁场总强度，一般我们用矢量 T 来表示，如图 3-1 所示。在这个直角坐标系的图中，O 为坐标原点，也是我们的观测点，T 为这一点的磁场总强度。在实际观测和分析某一点的磁场强度时，仅仅用 T 很不方便，需要它在其他方向的分量辅助。设指向地理北方向的为 X 轴，指向地理东方向的为 Y 轴，铅直向下的方向为 Z 轴。如此，观测点处地磁场强度 T 在 X、Y、Z 轴上的分量分别称为北向分量 X、东向分量 Y 和垂直分量 Z。水平分量 H 是 T 在 XOY 平面上的分量。H 指向磁北，其延长线即是磁子午线。在实际工作中，规定各分量与相应坐标轴的正向一致时为正，反之为负。D 为水平分量 H 与 X 轴的夹角，称为磁偏角，也是磁子午线（磁北）与地理子午线（地理北）的夹角。H 偏东时 D 为正，反之为负。I 表示 T 与 XOY 平面的夹角，称为磁倾角。T 下倾时 I 为正，反之为负。地磁要素就是这些表示地磁场大小和方向的物理量，地球上某一点的地磁要素的值并不是一成不变的，而是随时间变化而变化的，不同位置的地磁要素的值也是不一样的。

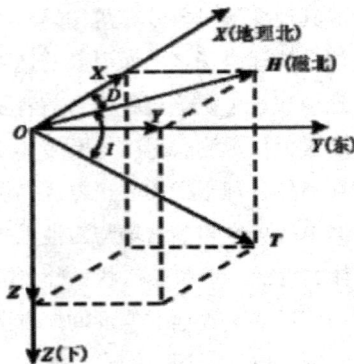

图3-1　地磁要素

（2）地磁场的构成

在地面上某一点观测到的地磁场 T 不是由单一因素引起的，而是各种不同成分的磁场之总和。它主要由两部分组成：一是主要来源于固体地球内部的稳定磁场；二是固体地球外部的变化磁场 T；前者大约占全部场的 94%，后者约占全部场的 6%。来源于地球内部的稳定磁场是地磁场的主要来源，一般称为基本地磁场。其他磁场一般是变化的磁场，根据变化的时间长短又分为长期变化磁场和短期变化磁场。长期变化比较缓慢，在短时间内变化的幅度很小，它的主要来源也是来自地球内部。短期变化的在短时间内的变化幅度较大，来源有地球外部的高空电离层和地球内部由于电流感应，前者约占短期变化磁场部分的三分之二，后者约占三分之一。

（3）正常场与磁异常

如果地球是均匀体的话，在很大范围内的地磁场的强度值应该是接近的。正因为地下地质构造的多种多样，造成了地磁场强度的高低变化。因此，在实际工作中，根据研究地磁场的不同目的，需要将地磁场分类，一般将地磁场分为正常地磁场（正常场）和磁异常（异常场）两部分。而前者可以认为是后者的背景场或基准场。在野外实际工作中，不管是寻找金属矿还是地质构造，大部分时间关注的是异常场的范围与大小。

当然，在野外磁法勘探过程中，选取正常磁场也是相对的，常常因解决各种地质问题的对象不同而选择不同的正常磁场，而测区不同、不同深度场源的研究也可能会影响正常磁场的选择。磁法勘探的主要目的是找到反映所研究的地质对象引起的异常磁场，因此选择正常场的时候需要主要考虑所要研究的地质对象能够引起的异常场的大小与范围。如果在实际工作中，所要研究的岩层或地质构造是弱磁性的，一般会把分布在岩层或地质构造周围的磁性地层上所反映的磁场作为正常场，而把在无磁性岩层上的相对变化称为磁异常。而对于磁性较强的铁矿，则会选择铁矿周围引起比较平缓异常的地层作为正常场。磁法勘探中，解释异常是非常重要的一个步骤，这个步骤的主要任务之一就是以正常（背景）场作为基准场，通过研究异常场来有效地提取所要研究对象的磁场变化，进一步研究其异常场与所要解决的各种地质问题的对应关系。

（4）地磁场的变化

地磁场并不是一成不变的，而是随着时间与空间的变化而变化的，这就增加了磁法勘探的复杂性。叠加在地球基本磁场上的变化场是随着时间变化而变化的。根据磁场变化的时间长短，一般将地磁场分为两大类：一是长期变化场。一般是由地球内部场源缓慢变化所引起，它随时间的变化而缓慢变化，若要记录和分析这种缓慢变化，需要在记录比较精确的地磁台上进行长年累月连续观测；二是短期变化场：一般是由于地球外部场源引起的短期变化场。

在磁法勘探中，主要的研究对象是地磁的短期变化。根据有无周期性，可以将短期变化分为两种：一是连续出现的有规律且有确定周期的变化；二是偶然发生的短暂而复杂的变化。这两种类型的变化的原因不同，但大都是地球内部的原因所造成的。前者称为平静变化，主要是由于电离层内长期存在着的电流体系的周期性变化而引起的。而后者称之为扰动变化，主要是由磁层电离层中电流体系、结构的、太阳辐射等变化所引起的。

平静变化又分为太阳静日变化、太阴日变化。其中太阳静日变化简称为日变，是磁法勘探中需要主要研究的一个方面。它的变化主要是由于地球外部圈层的电离层引起的地表磁场的变化，它以一个太阳日为周期。地磁日变的特点是在白天时候从早上6点到晚上6点的磁场变化比较大，而在夜间变化较为平静；夏季变化比冬季变化要大。

扰动变化包括磁扰、磁暴和地磁场的地脉动等。在野外工作时尽量避开有磁暴的时间段。

2. 岩石的磁性

地表面下的部分主要由土壤与岩石组成，而矿产资源主要存在于地壳中的层中。这些地下矿产以不同的形态存在于地下岩层之中，从它们形成时起，就受到地磁场的磁化而具有不同程度的磁性，这些磁性差异是地表磁异常的主要来源。通过地面探测这些磁异常，进而推测地下岩矿体的赋存状态是磁法勘探的主要任务。由于岩石是由各种各样的矿物组成的，岩石的磁性就与这些不同类型矿物的磁性直接有关。大量研究表明，岩石中的铁磁性矿物是岩石磁性的最主要来源。在自然界，具有铁磁性的矿物是少数的，绝大多数矿物是抗磁性和顺磁性的。虽然铁磁性矿物种类在自然界不多，但分布却很广，许多岩石或多或少都含有它。矿物的磁性与物质的磁性一样，也分为：抗磁性、顺磁性和铁磁性。

常见的抗磁性矿物主要有石英、正长石、方解石、石墨、方铅矿等，常见的顺磁性矿物主要有黑云母、辉石、白云母、辉石等。自然界并不存在纯铁磁性矿物，主要存在的是铁淦氧磁性矿物，如铁的氧化物和硫化物及其他金属元素的固熔体等。它们的磁性很强，对岩石磁性起着决定性的作用。常见的铁磁性矿物有磁铁矿、赤铁矿、镁铁矿、菱铁矿等。

地壳中的纯磁铁矿少见，大都由不同比例的铁、钛、氧组合成复杂的固熔体。地壳的岩石可分为沉积岩、火成岩及变质岩三大类。普遍来说，沉积岩的磁性比较弱，沉积岩中副矿物的含量及成分决定了它的磁化率的大小。火成岩的磁性较强，其中超基性岩的磁性最强，基性、中性岩较超基性岩次之；花岗岩建造的侵入岩，磁化率不高；另外，火成岩具有明显的天然剩余磁性。变质岩的磁化率和天然剩余磁化强度的变化范围很大。在具有层状结构的变质岩中，往往其磁性随之方向不同而异，表现有磁的各向异性。岩石的磁性主要由所含磁性矿物的类型、含量、颗粒大小、结构以及温度、压力等因素决定的。岩（矿）石中因含铁磁性矿物，在成岩时受到当地磁场的磁化而获得剩余磁性。对铁磁性物质即使外磁场消失后仍具有永久磁性（剩余磁性）。岩石剩余磁性的类型有热剩余磁性、沉积（或碎屑）剩余磁性、化学剩余磁性、等温剩余磁性、黏滞剩余磁性。不同类型的岩石的剩余磁性的成因也不同。

引起磁异常的因素特别多，但最重要的是物性因素（含磁性矿物的多少、矿体的大小、矿石的贫富、岩矿石的种类）；其次是埋藏深度，矿体的赋存形态、氧化蚀变程度；还有其他如原始磁化强度、地域环境、地质构造等。大量的资料和工作经验证明，岩矿石磁性由强到弱排列如下：铁矿石（磁铁矿、磁黄铁矿、钛磁铁矿），火成岩（闪长玢岩、辉长岩、橄榄岩、闪长岩、玄武岩、花岗岩），变质岩（角闪片岩、黑云片麻岩），沉积岩。在实际工作中，要排除各种干扰因素，去伪存真。

3. 磁法勘探的发展及工作方法

磁法勘探是物探方法中最古老的一种，也是勘探铁矿中应用最广泛的物探方法。它的发展经历了多个阶段：

第一阶段，利用磁性罗盘直接找磁铁矿。早在 17 世纪中叶，瑞典人就掌握了用带磁性的罗盘寻找磁铁矿的技术。

第二阶段，早期磁力仪的诞生。磁法勘探正式用于生产始于 19 世纪 70 年代末，1879 年塔伦（R.Thaln）制造了简单的磁力仪。20 世纪初，石英刃口磁力仪被发明，磁法才开始大规模用于找矿，同时也将磁法勘探应用在研究小面积范围内的地质构造。从此，磁法勘探不仅用于找磁铁矿，还用来研究地质构造、圈定岩体以及寻找与油田有关的岩丘。

第三阶段，航空磁力仪的诞生及应用。20 世纪 30 年代，感应式航空磁力仪由苏联罗加乔夫研制成功。其后，随着航空磁法推广与使用，大面积的磁场分布得以快速而经济的观测，磁场分布规律得以得到较系统地分析和总结。其后，磁法开始用于研究大地构造，及解决地质填图中的一些问题。

第四阶段，海洋磁测的诞生及其成果。20 世纪 50 年代到 60 年代，苏联和美国将质子磁力仪移装到船上，开展海洋磁测。通过研究和分析观测结果，得到的成果如下：一是复活了大陆漂移学说，发展了海底扩张和板块构造学说；二是推动了地学理论的大变革、大发展。

第五阶段，高精度磁法勘探的广泛应用。20 世纪 80 年代开始，高精度磁测开始广泛应用于油气勘探、煤田勘探、工程勘探、军事等领域。

我国磁法勘探的发展始于 20 世纪 30 年代。早在 1936 年，我国地质工作者在攀枝花、易门、水城等地就开始了试验性的磁法勘探。1939 年，顾功叙在云南易门铁矿上利用磁秤找矿；同时，李善邦、秦馨菱也将此种技术应于在四川綦江铁矿上。1950 年后，我国才将磁法找矿大规模开展起来。1949 年新中国成立后，磁法勘探得到了很大发展：20 世纪 50 年代，我国先后在山东金岭镇、辽宁鞍山本溪、湖北大冶、内蒙古白云鄂博、山东莱芜、河北邯郸邢台、四川攀西等地区开展磁法找铁矿工作，并取得较好的找矿效果。我国 80% 以上的铁矿是通过磁测发现的。我国航空磁测始于 1954 年。磁测不仅可以勘探铁矿，对勘察其他金属矿也起到非常大的作用。我国的安徽铜陵、湖北铜绿山的矽卡岩型铜矿、吉林红旗岭、甘肃白家嘴子、新疆喀拉通克的硫化铜镍矿床等的勘测过程中，磁测都起到了非常关键作用。另外，磁法勘探也在内蒙古、新疆、西藏等地碲矿，山东、辽宁等地金刚石岩管，硼矿、石棉等矿产的发现和圈定起到重要作用。

磁法勘探可在地面、空中、海洋、钻孔中和卫星上进行。最常用的是地面高精度磁法勘探与航空磁法勘探。在地面磁法勘探中，测区一般是比较规则的矩形，布置的测线方向一般与要研究和寻找的地质对象垂直，并且这些测线一般是平行等距的，在每条测线上按一定距离设置测点，每条测线上两个相邻测点之间的距离是一固定的，在测点上使用磁力仪观测地磁场垂直分量的相对值。在航空磁法勘探和海洋磁法勘探中，观测机或观测船会在导航仪的帮助下沿预先设计好的航线行进，用航空磁力仪或海洋磁力仪自动记录总磁场强度。

航空磁测是用安装在飞机的磁力仪进行磁测。航空磁测具有快速高效，不受地貌环境限制等特点。航空磁测时，飞机一般会距地面一定的高度进行飞行观测，地表磁性不均匀影响会得到减弱，因此其记录的数据更能反映深部区域地质构造的磁场。航磁比例尺也分为几种，由不同因素来确定到底使用哪种比例尺，选择的因素有：探测对象的规模、地质任务的目的与规模、所测区域的地球物理特征等。测线应垂直于矿带或主要构造带且飞行高度尽量低。

地面磁测是地面上设置测网，用磁力仪观测磁异常现象和分布规律。测网一般是由互相平行的等间距的测线和测线上等间距分布的测点组成。研究对象的规模、需要研究的程度和经济效益等方面因素会决定测网的形状和密度。地质普查阶段的磁法勘探主要是发现磁异常，线距最好要小于最小探测对象的长度，点距应保证有 3 个以上测点落在磁异常范围内；详查阶段的主要任务是研究磁异常，测网密度则要保证能够反映磁异常的形态特征细节。仪器类型、磁测精度和观测方式的选择一般会根据探测对象产生磁异常的强弱来决定。一般来讲，基点的选择是磁测工作的首要任务，因为它是全区磁异常的起算点。基点可以选择在工区内，也可在工区附近。然后再测量每个测点的总磁场强度值，有时还需要测量每个测点的垂向梯度和垂直分量、水平分量的值。每次磁测工作，需要重复观测一定比率的测点来评价磁测质量。由于观测数据中还存在其他干扰，因此需要对观测数据做必要的改正才能得到正确的异常值。主要的改正有正常场改正和日变改正，有些还需作高度改正和零点漂移改正。经改正后的异常值，常用等值线平面图和剖面图表示。

4. 磁力仪工作原理

磁力仪是进行磁异常数据采集及测定岩石磁参数的仪器。自 20 世纪至今，磁力勘探仪器经历了由简单到复杂，由利用机械原理到现代电子技术的发展过程。常见的磁力仪有机械式磁力仪、光泵磁力仪、质子磁力仪、超导磁力仪等，国内广泛用于地质勘探的是质子磁力仪。反映磁力仪总体性能的技术指标主要有：灵敏度、精密度、准确度、稳定性、测程范围等。在磁法勘探工作中，通常把精密度与准确度不予区分，统称为精度。在此以质子磁力仪的工作原理为例作简单介绍。

质子旋进磁力仪是根据含氢原子溶液中氢原子（质子）在地磁场中产生一定频率的旋进作用制成的，常见的溶液有煤油、水、酒精等。在一般情况下，这些含氢原子的物质都具有分子电子轨道磁矩和自旋磁矩，这两者成对地彼此相互抵消了；另外，除氢以外的原子核自旋磁矩也相互抵消，只有氢原子核显示出微弱的磁矩。在无外磁场作用下，溶液中氢的原子磁矩杂乱无章，任意指向，不能显现宏观的磁矩。当外磁场 T 作用于含氢溶液时，这些氢原子磁矩将各自沿着 T 的方向排列，形成一定的宏观磁矩。地磁场 T 的方向垂直于地面，在平行于地面的方向加一强人工磁场 H_0，则样品中的原子磁矩不再混乱，而是按 H_0 的方向排列起来，这个过程叫作"极化"。磁法勘探时，需要加强人工磁场，一段时间后，等样品中氢原子磁矩按人工场方向排列以后再切断磁场 H_0。此时，质子受地磁场的影响，受到一个 $\mu_p \times T$ 的力矩作用，它试图将质子拉回到地磁场方向。由于质子自旋的物理特性，在这个力矩作用下，质子磁矩 μ_p 将绕着地磁场 T 的方向作旋进运动，称为质子旋进，也叫作拉莫尔旋进。

质子作自由旋进运动是测定地磁场 T 的量值的必要条件。测量地磁场的前提是质子磁矩极化，也就是使之偏离 T 方向一个角度。常用的极化方法是：将一圆柱形容器置于线圈之中，这个容器一般是有机玻璃的，其中装满富含氢的工作物质（如水、煤油、酒精）等。若要产生极化（磁化）磁场 H_0，需给线圈通以一段时间的电流，H_0 的方向与线圈轴线一致，大致垂直于地磁场 T 的方向。通电结束后，电流被切断，质子磁矩的旋进，将在接收线圈中产生感应电压信号，这时再利用极化线圈作为接收线圈，并调谐在旋进频率 f 上。通过测定感应信号的电压信号，再通过计算就可得到 T 的值。

5. 磁异常的概念与磁法勘探的主要解释任务

磁异常即"地磁异常"，又称"磁力异常"，它是在消除了各种短期磁场变化以后实测的地磁场与作为正常场的主磁场之间的差异。磁异常是地下岩、矿体或地质构造受到地磁场磁化以后，在其周围空间形成并叠加在地磁场上的次生磁场，因此他属于内源磁场。

磁法勘探是通过观测和分析由岩石、矿石（或其他探测对象）磁性差异所引起的磁异常，进而研究地质构造和矿产资源（或其他探测对象）的分布规律的一种地球物理勘探方法。磁法勘探的主要解释任务是：根据测得的异常来判断确定引起该异常的磁性体的几何参数（位置、形状、大小、产状）及磁性参数（磁化强度大小、方向）。根据静磁场理论，运用数学工具由已知的磁性体求出磁场的分布，称为正（演）问题；由磁异常求磁性体的磁性参数和几何参数，叫作反（演）问题。要完成磁法勘探解释推断的全部解释任务，仅仅靠数学计算是不够的，还必须掌握可靠的地质、物性及其他物化探资料，进行综合分析及解释，才能得出比较符合客观实际的地质结论，为查明地下矿产资源或其他探测目标体提供依据。

（三）电法勘探（CSAMT）是深部铁矿勘探的重要手段

有些地区地质条件复杂，岩石物性变化大，干扰因素多。寻找埋深大的隐伏铁矿会遇到种种困难。只用磁法难以区分矿致异常与非矿磁异常，不能取得预期的效果。借助其他地球物理方法（重力、电法、测井等），是解决问题的重要方法。电法勘探是深部铁矿勘探的重要手段，尤其是可控源音频大地电磁法的探测深度大，经常用来进行铁矿的勘查。

电法勘探是根据地壳中各类岩石或矿体的电磁学性质（如导电性、导磁性、介电性）和电化学特性的差异，通过对人工或天然电场、电磁场或电化学场的空间分布规律和时间特性的观测和研究，寻找不同类型有用矿床和查明地质构造及解决地质问题的地球物理勘探方法。电法勘探的应用领域也比较广，主要用于寻找金属、非金属矿床、勘查地下水资源和能源、解决某些工程地质及深部地质问题。电法勘探的方法分类如下：

（1）按场源性质可分为人工场法（主动源法）、天然场法（被动源法）；

（2）按观测空间可分为航空电法、地面电法、地下电法；

（3）按电磁场的时间特性可分为直流电法（时间域电法）、交流电法（频率域电法）、过渡过程法（脉冲瞬变场法）；

（4）按产生异常电磁场的原因可分为传导类电法、感应类电法；

（5）按观测内容可分为纯异常场法、总合场法等。

在金属矿勘探中，常用的电法勘探方法有电阻率法、充电法、激发极化法、自然电场法、大地电磁测深法和电磁感应法等。

（四）综合地球物理勘探是勘探深部铁矿的保障

综合地球物理勘探简称综合物探，是针对特定的勘探对象以及勘探任务，为达到最佳勘探效果，采用的地球物理方法的组合。它可以有效降低单一地球物理勘探方法在解释方面存在多解性的问题，从而提高地球物理勘探解释的可靠性。

我国深部铁矿大多是利用综合地球物理方法勘探到的。对于深部铁矿的找矿模式，并没有具体的定义和解释，但仍然在各种深部铁矿找矿案例中存在着。首先，研究当地矿床区域地质背景，尤其重视地球物理找矿标志，并通过研究当地岩、矿石的物性特征，选择地球物理方法进行勘探；对于地质情况复杂的矿床，一般采用综合地球物理方法进行勘探。

20世纪80年代，安徽省地质局物探队在1956年1：10万比例尺的航空磁测数据中发现的罗河异常基础上，开展了1：5万、1：2.5万比例尺的地磁普查找矿工作，圈出了一些局部的地磁异常，对任务有意义的异常，进行了1：1万~1：2000比例尺的地磁详查，根据异常进行钻孔验证。发现了不是所有异常都是由于铁矿引起的，有些异常则是由强磁性的火山岩或强磁性、高密度的中基性基岩体引起的。后期在1：1万面积性磁测资料基础上，进行了包括重力、磁法、垂向电测深等综合物探方法对罗河地区进行详查。根据异常矿体源的强磁性、高密度、低电阻的特点，对数据进行综合详细分析，首钻即在468m以下见到厚层的磁铁矿、含铜黄铁矿等，为以后综合物探找火山岩型铁矿提供了参考。

国内的许多矽卡岩型接触交代型铁矿床都是通过综合物探的方法勘测到的。大冶铁矿以磁铁矿、赤铁矿、菱铁矿、黄铁矿为主。磁铁矿矿石与围岩相比，具有高磁化率、低电阻率的特征。因此在深部勘查过程中，物探方法主要以磁法为主，兼用可控源音频大地电磁测深（CSAMT）。两种方法互相补充、验证，获得了良好的找矿效果（石教波等，2006）。好力宝铜铁矿是通过甚低频电磁法（VLF）结合高精度磁测、EH4连续电导率剖面测量、可控源音频大地电磁法、激发极化等综合物探方法来确定含矿构造在深度50-2000m范围内的产状和规模的（贾长顺，2006）。金山店的铁矿物探勘查中首先采用高精度磁测扫面和剖面方法重新圈定磁异常，再在此基础开展了CSAMT剖面测量工作，大致圈定了接触带走势及有利控矿构造；然后再根据钻孔施工情况开展井中三分量磁测，发现并圈定井旁、井底盲矿异常；利用综合物探所得数据进行联合反演和综合解释推断，揭露了深达 500m 以上的矿体（高宝龙等，2010）。东昆仑祁漫塔格依阡巴达地区铁矿为矽卡岩型磁铁矿床，具高磁性、高密度、高极化率等物性特征，采用了重力、磁测及激电等物探方法进行勘探。通过详细分析所得勘探数据，圈定了异常，发现了多条磁铁矿体，增加了该矿区的铁矿资源量（姚卫星，2012）。另外，宁芜地区的"玢岩铁矿"是火山 - 次火山岩侵入活动有关的多类型矿床共生、复合的一种组合方式，通过高精度重磁测量、CSAMT、瞬变电磁测深（TEM）、大功率激电测深及三维反演等方法进行综合地球物理勘探，并通过钻探验证，发现了与已知矿床类似的矿体（林刚等，2010）。

　　沉积变质铁矿也是我国铁矿资源的主要来源。许多矽质类浅色矿物与磁铁矿相间成层状结构，因此在磁场上表现为磁各向异性。计算和研究剩余磁异常，是对沉积变质型铁矿做出优良的地质推断的基础。沉积变质铁矿一般规模大、沿走向延伸也较大，单单利用高精度磁测很难得到良好的效果，一般要根据矿体所在地区的物性差异，辅助电测深、井中激电等其他地球物理方法进行综合反演，才能得到较好的找矿效果（郭武林，1986）。河南省的赵案庄铁矿赋存于太古界赵案庄组，具有深变质和超变质性矿物组合特征，与围岩是同生产出关系。矿体赋存形态、构造较复杂，闪长岩破坏矿体严重，只有加强钻探为主，同时采用高精度大比例尺磁测及激电测深，再利用坑探等多种勘探方法来揭露矿体赋存规律，才能查明地下矿体的储量（文启富等，2005）。另外，余钦范等（1985）提出研究剩余磁异常应作为磁异常解释的主要手段。在进行河南省李普吾铁矿的勘查工作中，首先采用地面高精度磁法扫面验证航磁异常并圈定磁异常范围，再利用可控源音频大地电磁测深进行综合勘查，经钻探验证在 430m 左右发现了厚度达 80m 的磁铁矿（唐杰等，2011）。

　　祁连山地区的铬铁矿具有明显的重力高异常，通过重力勘探圈定了异常，并通过钻探验证找到了厚 21m 的致密块状铬铁矿。铬铁矿体在此地区往往引起低磁异常和负异常，但其激电异常较明显；而具有一定规模和埋深的超基性岩体，可引起正异常。综合利用重力、磁法、激电测井等物探技术，找到了满足重力高异常、低磁异常、激电异常明显的矿体（曹宏绪，1990）。在勘探湖北大冶黄铁矿时，利用直流电法能较好地突出异常、减小体积效应的特点，采取以电法资料解释分析为主，再配以地面高精度磁法测量，从磁性上对电法所推断的异常加以界定，即由岩石的电磁特性来查明和判断矿体，基本查清了铁脉矿脉分布的大概位置和范围，为下一步铁矿开采提供了有利的地质参考资料（刘金涛等，2008）。河北省沙窝店地区的铁矿以硫铁矿为主，矿区内铁帽发育，矿化特征明显，含矿层和黄铁矿在电性上与围岩之间存在着较明显的电性差异，采用时间域激发极化法与视电阻率法等综合物探方法寻找低电阻率、中高极化率的矿体，通过钻探验证在 91m 处见矿，矿体最大厚度 50m，取得了较好的效果（李然菊，2009）。

　　综合上述，在进行物探找铁矿过程中，都是利用矿体与岩体之间的物性差异，选择合适的物探方法进行勘探，以发现较好的异常。

（五）钻探是验证找矿模式可行性的最好方法

钻探是用钻机设备从地表向地下钻进成孔，从而达到所要任务的工程施工工程。从钻探的目的可分为：地质钻探，水文水井钻探，工程勘察钻探，石油钻探等等。

地质钻探是为了查明矿体或地质构造，从钻孔中不同深度处取得岩心、矿样进行分析研究，从而判定地层地质情况的作业。按矿种的不同，钻探的深度从几十米到几千米不等。一般金属矿的钻探深度会达到上百米，而煤、石油、天然气的钻探深度可能达到上千米。

不管是利用什么方法找矿，只有通过钻探才能真正了解地下真实的地质情况，矿床的赋存情况，它是验证找矿方法与找矿模式可行性的最有效的手段。

综合上述，深部找铁矿的地球物理找矿模式为：区域地质背景分析是进行地球物理工作的地质基础，根据岩矿石的地球物理特性，选择相应的地球物理方法；以磁法勘探作为深部找铁矿的最重要的手段，航空磁测与地面磁测相结合，借助电法勘探等其他地球物理方法进行综合地球物理勘探，进行多物性、多参数的综合解释，对隐伏矿体进行定位和预测；利用钻探来验证地球物理方法找矿模式的可行性。

第四章　测绘勘查技术

第一节　地面测量技术

计算机技术及微电子技术逐渐渗透到测量及仪器仪表技术领域，使该领域的面貌不断更新。智能仪器及虚拟仪器等微机化仪器，不仅增加了测量功能，而且提高了技术性能。在数据采集方面，数据采集卡、仪器放大器及数字信号处理芯片等技术的不断升级和更新，也有效地加快了数据采集的速率和效率。微电子技术与计算机技术的紧密结合，已成为当今仪器与测控技术发展的主流。

随着现代自然科学的发展，人们更加注重多科学技术的创新与融合。测量仪器与计算机及通信技术的互动，使得测试过程、测量目的及测试结果的管理等都发生了较大变化。如今，测量作为信息技术的源头和基础，已难以找到原先纯原始的方式，人们似乎已不太关心某个测量需求是属于电测量范畴还是属于非电测量领域。依托这些现代测试与测控技术，传统意义上的测量含义、目的和作用都得到了丰富和拓展。这种丰富和拓展自然而然地预示着网络技术向测量领域的注入和渗透，也必将导致新的测量观念、思想和概念的产生。同时，计算机技术、微电子技术、通信技术、空间技术及卫星遥感技术等在测绘仪器生产中的应用，已构成现代测绘仪器发展的主要特征，因此，现代测绘光学仪器在地面测量技术上的应用研究具有十分重要的经济意义和战略意义。

一、测量机器人

随着电子技术的不断发展，以往工程测量中所使用的光学经纬仪和电磁波测距仪已逐渐被电子全站仪所取代，电子全站仪的出现为测绘技术的发展提供了广阔的前景。全自动全站仪又称为测量机器人，目前角度测量精度可达到依 0.5 义，距离测量精度在标准测量模式下可达到依 0.5mm 以内，局部坐标系统的测量精度可达到亚毫米级。对合作目标可进行自动识别、锁定跟踪，从而实现测量的自动化与智能化。

测量机器人（measurement robot）是一种可以代替人进行自动搜索、跟踪、辨识及精确照准合作目标并获取所需的角度、距离、三维坐标和影像等信息的电子全站仪，又称作测地机器人。测量机器人给常规测量领域注入了新的活力，对工程测量的智能化、实时性和信息化等带来了革命性的变化。

根据测量机器人的发展历程，可以将其分为以下三种类型。

第一，需要在被测的物体上设置标志，主要以反射棱镜作为合作目标，称为被动式三角测量或极坐标法测量。

第二，把结构光作为照准标志，即用结构光形成的点、线、栅格扫描被测物体，采用空间前方角度交会法来确定被测点的坐标，称为主动式三角测量，由两台带步进马达CCD 传感器的视频电子经纬仪和计算机组成。

第三，目前正在进行研制的测量机器人，不需要合作目标，主要根据物体的特征点、轮廓线和纹理，用影像处理的方法自动识别、匹配和照准合作目标，仍采用空间前方交会的原理获取物体的三维坐标及形状。

测量机器人具有以下特点。

第一，可以用手动和自动模式灵活地进行高精度测量。

第二，适应性强，在极其困难的条件下也能应用自如。

第三，高精度保证了测量的可靠性。

第四，精确、可靠的机械位置控制，避免高昂代价的返工修复。

第五，均匀的高精度测量，与观测者无关，快捷、省力。

第六，不需要精确调焦。

第七，测量时使用任一标准棱镜，即不需要有源反射棱镜。

第八，自动目标照准，在重复测量中具有巨大优势。

第九，自动目标跟踪，大片地形点采集。

测量机器人具有自动照准、锁定跟踪、联动控制等功能，可以使用它完成各种艰巨的工程测量任务，同时测量机器人具有高可靠性和高精度的优势，因而被广泛应用于地形测量、工业测量、自动引导测量、变形监测等。例如，在桥梁方面，可用于桥梁的安装测量、24 小时连续自动化变形监测等；在工程测量方面，可用于小型三角网的精密测量和放样；在隧道施工方面，可用于隧道掘进机械的引导、钻孔定位和钻杆定向，以及大坝或大型建筑物的变形监测等。

二、三维激光扫描技术

自瑞士徕卡公司推出世界上首台三维激光扫描仪的原型产品，三维激光扫描技术已走过了几十年的历程，它是继 GPS 之后测绘领域的又一个飞跃。三维激光扫描技术（3D laser scanning technology）是一种先进的全自动高精度立体扫描技术，又称为实景复制技术。它是用三维激光扫描仪获取目标物表面各点的空间坐标，然后由获得的测量数据构造出目标物的三维模型的一种全自动测量技术。

三维激光扫描仪是通过激光测距原理（其中包括脉冲激光和相位激光），瞬间测得空间三维坐标的测量仪器。它是一种高精度、全自动的立体扫描技术。与常规的测绘技术不同，它主要面向高精度的三维建模与重构。资料显示，国外正向设计的三维模型仅占设计总量的40%，而逆向设计的三维模型达到60%。因此，三维激光扫描技术的应用十分广泛，这项技术是正向建模的对称应用，也称为逆向建模技术。由于该技术能将设计、生产、实验、使用等过程中的变化内容重构回来，因而可用于进行各种结构特性分析（如形变、应力、过程、工艺、姿态、预测等）、检测、模拟、仿真、虚拟现实、虚拟制造、虚拟装备等。因为价格昂贵，这种逆向工程目前在我国应用还处在逐步推广的阶段，我国非常多的设施、设备、生产资料、空间环境、文物古迹，以及其他无数据的目标和变换了的目标都需要三维激光扫描技术来进行研究和应用。

（一）三维激光扫描系统

1. 三维激光扫描系统的组成

近几年来，应用于医学、工业、规划及测绘等领域的三维激光扫描设备的生产也呈现出发展高潮。国际上约有30多个著名的三维激光扫描仪的制造商，生产出近100种型号的三维激光扫描仪。种类繁多的扫描仪虽然在应用领域、技术性能、扫描测量原理上各有差异，但其作为三维激光扫描技术的基本组成部分，其实现的功能是较为相近的。地面三维激光扫描仪主要包含了以下几个部分。

（1）扫描仪

激光扫描仪本身包括激光测距系统和激光扫描系统，还集成了CCD和仪器内部控制、校正等系统。

（2）控制器（计算机）

（3）电源供应系统

2. 三维激光扫描仪的部件组成

三维激光扫描仪的配置主要包括一台高速精确的激光测距仪、一组可以引导激光并以均匀角速度扫描的反射棱镜。其中，部分仪器具有内置的数码相机，可直接获得目标对象的影像。

3. 三维激光扫描仪的基本原理

三维激光扫描仪是采用非接触式高速激光扫描的方法，通过点云的形式来表现目标物体表面的几何特征。三维激光扫描仪由自身发射激光束到旋转式镜头中心，镜头通过快速、有序的旋转将激光依次扫描被测区域，若接触到目标物体，光束则立刻反射回三维激光扫描仪，内部微电脑则通过计算光束的飞行时间来计算激光光斑与三维激光扫描仪两者间的距离。同时，三维激光扫描仪通过内置的角度测量系统来测量每一束激光束的水平角和竖直角，以便获取每一个扫描点在扫描仪所定义的坐标系内的 x、y 及 z 的坐标值。三维激光扫描仪在记录激光点的三维坐标的同时也会将激光点位置处物体的反射强度记录，将其称为"反射率"。

4. 三维激光扫描系统的测距原理

三维激光扫描仪的测距模式主要有两种：第一种是脉冲测量模式；第二种是基于相位差的测量模式，即通过测量发射信号和目标反射信号间的相位差来间接测距，相位差测距模式使用的是连续波激光。脉冲激光测距是利用发射和接收激光脉冲信号的时间差来实现对被测目标的距离测量，测距远、精度低；相位式激光测距利用发射连续激光信号和接收之间的相位差所含有的距离信息来实现对被测目标距离的测量，测距精度高。

5. 扫描方式

与测绘单位使用的免棱镜全站仪一样，三维激光扫描系统发射一束激光脉冲产生的一次回波信号只能获得一个激光脚点的距离信息。获得一系列连续的激光脚点的距离信息，必须借助专用的机械装置，采用扫描方式进行测量。当前，三维激光扫描系统常用的扫描方式有线扫描、圆锥扫描、纤维光学阵列三种。

（二）三维点云数据处理

1. 点云数据去噪

在三维点云数据处理中，人机交互的方法是用来处理三维点云数据中杂点的最简单的方法。操作人员首先通过软件显示出图形，然后找出明显的坏点，并删除它。但在点云数据量特别大的情况下该方法并不适用。点云数据根据其排列形式可以分为以下三类。

第一类，陈列数据，即行列分布都是均匀分布，且排列有序。

第二类，部分散乱数据，由于扫描时按线扫描，数据点基本上位于同一等截面线上。

第三类，完全散乱的点云数据，由于扫描时完全无组织、无规律，因而出现完全散乱的点云数据。

对于第一类和第二类这两种有规律可循的点云数据，目前一般是把三维点云数据转化成二维形式，把散乱点云作为二维图像数据处理。国内外很多学者对此进行了大量的研究，已经提出了很多有效的方法，主要有直观检查法、空间域方法、多次测量平均法、频率域法、随机滤波法、弦高差法及曲线检查法等。对于第三类数据，由于点云数据中的点与点之间完全杂乱，没有拓扑关系，因而至今仍没有通用的方法可以对其进行处理。而三维激光扫描仪扫描得到的点云数据就属于第三类，随着三维激光扫描技术的不断发展及广泛应用，目前许多学者已对这种散乱无序的点云数据去噪进行了大量的研究，虽然还不太成熟，但也取得了一定的成果。对于散乱点云数据的去噪一般有以下两种方式。

第一种，直接作用于点云数据中的点。

第二种，首先格网化，然后进行网格分析，进而去除不合格的顶点，从而实现去噪平滑。由于完全散乱的点云数据之间不存在拓扑关系，因而目前所提出的网格去噪光顺方法不能简单地应用于数据。由于完全散乱的点云数据去噪处理相对困难，其相应的光顺算法也较少。

目前主要采用的方法有以下几种。

（1）手动删除

直接通过操作人员来判断特别异常的点，并手动删除；但数据量特别大时，这种方法就很不科学，所以意义不是很大。

（2）高斯滤波、平均滤波或中值滤波算法

高斯滤波器在指定域内的权重服从高斯分布，其平均效果较小，因而在滤波的同时可以较好地保持点云数据的形貌；平均滤波器采用的数据点是窗口中所有点云数据的平均值；而中值滤波器使用窗口内各点的统计中值作为数据点，中值滤波器对于消除点云数据毛刺有较好的效果。

（3）曲线分段去噪法

其原理是基于曲率的变化，该算法需要找到分段点，寻找的方法是依据曲率的变化，对于每一个分段区间，进行各自的曲线拟合，根据扫描线来一行一行地进行去噪处理，极大地提高了删除测量误差点的准确度，从而使拟合后的曲线的光滑性和真实性大大增强。曲线分段去噪法主要适用于曲率变化较小的情况。

（4）角度法和弦高差法去噪

角度法的基本原理是计算沿扫描线方向的检查点与检查点的前后两点所形成的夹角，如果此夹角小于一个阈值，则此检查点就被认定为是一个三维激光扫描数据噪点；弦高差法则是首先连接检查点和检查点的前一点，同时还要连接检查点和检查点的后一点，然后计算出给定的检查点到连线的距离 e，若小于一个给定的阈值，则认为点是一个三维激光扫描数据噪点。角度法和弦高差法去噪法主要适用于较大密度的三维激光扫描数据。

近几年来，针对上述方法存在的不足，很多研究人员对其进行了改进，并提出了很多新方法。Liu 等提出基于小波变换的去噪算法；闫艳华提出了基于曲波变换的去噪方法，但该方法存在一定的局限性，且阈值的选择存在一定的不确定性；还有基于偏微分方程（partial differential equations，PDE）的曲面逼近算法、移动最小二乘曲面拟合算法及低通滤波算法等一些算法，这些算法虽然在删除小振幅的三维激光扫描数据噪声方面显示出了较好的效果，但对于一些离群点，只能通过人工手动的方法才能去除噪点。同时，近年来将统计学上的鲁棒概念应用到处理三维离散点云数据的技术也取得了长足进步，但对于离群的离散采样点，采用可靠的算法识别及删除这些噪点的技术仍有待改进。例如，刘大峰等提出了基于聚类的核估计鲁棒滤波算法从三维点云中筛选出离群点，该方法可以很好地去除振幅不相同的三维激光扫描数据噪点，但在并行处理过程中，当每一个三维激光扫描数据噪点都独立收敛于一个似然函数最大值时会出现一定的问题。

2. 点云数据的压缩

随着三维激光扫描技术的发展，三维激光扫描仪的性能越来越好，外业实测的效率得到很大的提高，在很短的时间内就可以获取大量的、密集的点云数据。直接使用庞大的原始点云数据进行模型的曲面重建是很不现实的。一方面，过多的点云数据在存储过程中需要耗费大量的空间，从而生成目标物体曲面模型时需要运行很长的时间，降低了计算机的运行效率，更甚者将导致计算机无法运行；另一方面，过多的、密集的点云数据会影响目标物体曲面重构的光顺，然而，模型的光顺性在满足生成需求中具有非常重要的作用。因此，提取出点云数据中显示物体特征的特征点，删除其中大量的坏点，极大地精简点云数据，有助于模型的重建，既可以提高建模的效率，又可以提高建模的质量。目前，点云数据的精简压缩是逆向工程的一项关键技术。

点云数据压缩的主要研究内容就是减少点云数据的数据量，提取有效信息。点云数据模型的压缩问题可描述为：给定点云模型 $G=\{g_i\} \in R^3$，i=1，2，…，N 其中，（x_i，y_i，z_i）是模型中数据点 g_i 的三维坐标，N 是点云数据点的个数。根据实际需要将点云模型 G 简化为点云模型 $P=\{P_i\} \in R^3$，i=1，2，…，$M<N$，其中，G 与 P 应该尽可能地接近，而且尽量减少模型特征的丢失，以使后续的曲面建模和绘制的速度及效率得到提高。

近年来，国内外的许多学者对点云数据的精简压缩进行了大量的研究，并取得了一定的成果。他们提出的点云精简算法虽然在"既保留特征点又去除冗余点"上难以做到完全兼顾，但也取得了良好的效果。下面对这些成果进行简要的介绍和点评。

（1）角度法

角度法的基本原理很简单，就是先选取点云数据中的三个邻近点 a、b 及 c；然后获取中间点 b 与 a、c 两点连线之间的夹角，再将此夹角与设定的门限值进行比较，从而精简掉冗余数据。该方法实现简单，点云数据的处理效率也较高，不足之处在于难以识别点云数据中的特征点。基于此，王志清等对角度法进行了改进，提出了一种更优的方法，即角度偏差迭代法。该方法既保留了角度法处理效率高的优点，同时又弥补了它的缺点，增强了它的特征识别能力。角度偏差迭代法的特点在于它的角度门限值及参与计算夹角的点云数据点数是慢慢减少的，而不是一成不变的。角度偏差迭代法的不足之处在于点云数据的自动化水平不高，在整个处理过程中，人工干预过大。另外，包围盒法和角度弦高法相结合也是在此基础上发展而成的。

（2）均匀格网法

马丁等提出的均匀网格法在图像处理中已得到了广泛应用，该方法是基于"中值滤波"原理提出的。均匀格网法首先需要在垂直于扫描方向的平面上确立一系列均匀的小方格；然后将点云数据中的每个点都对应分配给其中的一个小方格，并将其与小方格的距离求出；最后根据这个距离的大小重新依序排列每个小方格中所有的点数据，让中间值的点数据代表此格中所有的点云数据点，删除其余的。均匀网格法的优点在于能很好地精简扫描方向垂直于扫描目标表面的单块点云数据，并克服样条曲线的限制。但它有个明显的缺点，就是对目标物的形状特征识别能力较弱，容易遗失目标物体形状急剧变化处的点云数据特征点，因为均匀格网法使用的是大小均匀的网格，并没有考虑目标物体的形状。Li 等提出的三维格网精简算法虽然在此基础上做了改进，但对于这种由于建立均匀格网而忽略了目标物表面形状是格网精简法产生的固有缺陷，仍不能够克服。

（3）三角网格法

Chen 等提出的三角网格法主要是由减少三角网格数目来实现删除部分点云数据的方法。三角网格法首先是将点云数据三角网格化，然后将数据点所在的三角面片法向量和邻近的三角面片法向量做对比，利用向量的加权算法，在比较平坦的区域中，用大的三角面片代替小的三角面片，从而删除相对多余的点云数据，来达到精简目的。三角网格法因为要对点云数据进行三角网格化处理，所以对于点云数据特别散乱的数据不太实用，由于复杂平面和散乱点云的三角格网格化处理非常困难，效率不高，三角网格法在实际应用中受到了一定的限制。

（三）三维激光扫描仪的应用

三维激光扫描仪作为一种全新的高科技产品，经过多年的研究及发展，它的实用性越来越强，已成功应用于诸多领域，如文物保护、采矿业、飞机船舶制造、隧道工程、虚拟现实、地形测量、智能交通等，三维激光扫描仪的扫描结果以点云的形式显示，而利用获取的空间点云数据可以快速构建结构复杂、不规则场景的三维可视化模型，不仅省时而且省力，是三维建模软件无法比拟的。随着三维激光扫描仪的普及，其应用领域将会越来越广泛。

三、移动测量系统

传统测绘方式的局限导致了传统的测绘产品具有以下信息不足的先天缺陷。第一，社会化属性不足。传统的测绘产品仅含基础框架数据，缺乏与行业应用及与人们衣食住行有关的大量属性。第二，现势性差，数据更新缓慢。传统测绘方式在数据采集、加工管理及发布方式上的不足已成为制约世界各国地理信息产业发展的瓶颈。

数字化测绘的出现和发展无疑给测绘行业注入了新的活力，数字化测绘的关键技术是"3S"（GPS、RS 及 GIS）技术、现代计算机技术及网络技术。这几项技术的集成，又产生了新的测绘方法，不仅大大提升了测绘信息化水平，而且提高了测绘的智能水平。移动测量系统就是其中的代表之一，它集成了全球定位系统（GPS）、惯性导航系统（inertia navigation system，INS）及摄影测量等诸多前沿科技，它无须烦琐的地面控制，通过摄影方式就可以完成对目标的精确测量。

移动测量系统（mobile mapping system，MMS）是 20 世纪 90 年代兴起的一种快速、高效、无地面控制的测绘技术，代表着当今世界最尖端的测绘科技，它是一种基于汽车、飞机、飞艇、火车等移动载体的快速摄影测量系统。

（一）移动测量系统的工作方式及特点

经过多年的发展和研究，移动测量系统已广泛应用于诸多领域，如掌上城市、实景三维网络地图服务、数字景区旅游、实景化智能交通管理、公安应急管理、实景化城市管理、数字城市地理信息共享平台等。移动测量系统的广泛应用主要是因为它具有多种工作方式及特点，下面简要介绍移动测量系统的工作方式及特点。

1. 路面巡航，实时采集

采用该工作方式具有安全性能高、采集效率高、劳动强度低、采集成本低及更新灵活等优点；同时可以做到全景激光的定位与测量。

2. 基于实景图像的可视化测量

可以精确地测量实景地物的位置及几何尺寸（如任意地物的坐标、宽度、高度、半径及面积等）。

3. 图像的标注及数据库链接

可以在实景图片上进行 POI 标注，并与后台业务数据库链接。

（二）惯导技术

说到移动测量系统，就不得不提惯导技术。它是国际上最先进的测绘技术，通过陀螺和加速度计测量载体的角速率和加速度信息，经积分运算得到载体的速度和位置信息。惯导技术目前广泛应用于导航中位置及物体姿态的辅助定位，在测绘领域特别是移动测量中有着深入的应用。中国工程院院士刘先林曾表示，先进的测绘技术是把现有的尖端传感器都用上，特别是将最先进的"惯导技术"应用于测绘而实现"无控制"测绘。移动测量对移动载体的位置精度有极高的要求，这一过程需要对载体进行实时的定位和定姿。其中，定位主要依靠 GNSS 通过卫星信号确定载体的高精度地理位置；而定姿则通过惯性测量单元（inertial measuring unit，IMU）记录载体的姿态，即水平和垂直角度在瞬间变化时的状态。如果移动测量过程中仅有 GNSS 提供的位置数据，缺少载体的姿态数据，就会直接影响数据生产过程中与位置对接的精准性，因此惯导技术对移动测量系统来说至关重要。值得一提的是，由于惯导产品面向不同行业，精度各不相同，所以只有达到一定精度水平的惯性导航设备才适用于移动测置。惯性测量单元（IMU）配合 GNSS 共同构成了用于移动测量的定位定姿系统，二者以互补关系实现对运动中的汽车、飞机进行实时的高精度定位，特别是当汽车穿越隧道、山洞，或飞机上的定位装置受到干扰时，惯导装置就会发挥其辅助延续性导航的作用。其中，精度越高的惯导设备，在 GNSS 信号受阻的一定距离内就能以较小的误差进行延续性定位。惯导自主技术的研发存在着两大技术难题，它们几乎囊括了开发自主惯导设备的全部，其一是惯导的软件算法问题；其二是硬件的制造工艺。

首先，软件算法方面。GNSS 和惯导设备产生的数据本是相互独立的两个数据源，只有当数据通过某种方法把它们对接到一起，产生了新的观测值时，才能用于移动测量中的高精度导航，这样的数据融合过程称为"紧耦合"。当移动测量正式在国内出现以前，学术领域对其研究已经比较成熟，但要真正落实到能够面向市场应用的水平，必须要让紧耦合过程中关键的数学计算模型产生的误差值最小，这就需要不断地通过大量的实验来对数学模型进行修正，直到紧耦合导航算法变得成熟可靠。

其次，惯导设备在硬件方面的制造工艺直接影响移动测量高精度导航的精准性。我国在惯导设备的原材料、核心制造工艺、机械化加工技术等方面的确与国外存在着较大的差距，这导致了国产惯导设备在寿命、稳定性和数据可靠性方面未能达到国际标准，特别是在产品寿命方面，国外由专业测绘惯导厂商提供的设备可用 10 ～ 20 年，而国产设备只有5 年左右的生命周期，虽然国货可由价格来抵消硬件性能上的不足，但产品的研发停滞不前，是不利于国内移动测量和惯导技术的整体发展的。综合软硬实力来看，国内惯导技术距离国外先进国家的差距依旧有 20 ～ 30 年之遥，这直接影响着惯导技术在移动测量乃至更多领域的技术应用成熟度。但是，我国企业从自身角度不断追赶并缩短国内外差距和国内市场对自主产品的支持，这将为自主的惯导技术带来机会。

（三）移动测量系统的分类

随着移动测量系统的不断发展，目前已有很多不同类型的车载移动测量系统。下面从不同方面对移动测量系统进行分类。

1. 根据采用的测量技术分类

一类是基于摄影测量技术，传感器主要是 CCD（charge-coupled device）相机、IMU和 GPS；另一类是基于激光扫描测量技术，传感器主要是 GPS、IMU 及 CCD 相机。

2. 根据载体形式分类

（1）机载移动测量系统

用于大面积无地面控制测量。

（2）车载移动测量系统

机动灵活，主要用于地面道路及两侧地理信息的快速获取与更新。车载移动测量系统是在机动车上装配 GPS、CCD、INS/DR（惯性导航系统或航位推算系统）等先进的传感器和设备，在车辆高速行进之中，快速采集道路及其两旁地物的空间位置数据和属性数据，并同步存储在车载计算机中，经专门软件编辑处理，形成各种有用的数据成果。

（四）车载移动测量系统的发展

20 世纪 90 年代期间，随着 GPS 动态定位及高精度姿态确定等定位、定姿技术的发展成熟，人们发明了激光扫描仪，同时随着机载激光雷达技术的快速发展，数据采集技术也越来越成熟，车载移动测量系统就是在这样的背景下出现的。

移动测量系统是在 GPS 开始应用于民用工程后才发展起来的。第一个现代意义上的移动测量系统是在 20 世纪 90 年代由美国俄亥俄州立大学制图中心（CFM）开发的GEOFIT，该系统是一个可以自动和快速采集直接数字影像的陆地测量系统，它是基于摄影测量技术开发的。之后，加拿大卡尔加里大学和 GEOFIT 公司共同开发了专为高速公路测量而设计的 VISTA。德国慕尼黑联邦国防军大学也研制了车辆的动态测量系统，该系统主要用于交通道路和设施的动态测量。20 世纪 90 年代中后期至 21 世纪初期，许多国家积极开发了很多商业化的移动测量系统。

我国对车载移动测量系统的研究起步于 20 世纪 90 年代后期，由于起步晚，我国的移动测量系统较国外技术相对落后。由于激光的发展潜力巨大，很快便得到了国家及各研究部门的重视。国家 863 计划之一的车载激光三维信息建模明确要求发展自己的移动测量技术。在此基础上，我国的激光扫描测量技术开始从相对简单的系统发展到现在更加成熟的、实时多任务的和多传感器融合起来的可在陆地及空中运行的测量系统。为此，我国的移动测量技术得到了显著发展和提升，特别是在遥感测量及测绘市场上的应用。国内较早的车载移动测量系统是由武汉立得空间信息技术发展有限公司自主研制的 LD2000 系统，它也是基于摄影测量技术研制的。在国家 863 计划的支持下，山东科技大学开始研究的"近景目标三维测量技术"，集成了车载近景目标三维信息获取系统。同时，还有中国测绘科学研究院、首都师范大学和北京航空航天大学共同开展的"车载多传感器集成关键技术"的研究，研制出了空间数据快速获取和处理的车载移动测量系统。

（五）车载移动测量的组成及工作原理

车载移动测量系统主要由定位定向系统、GPS 同步控制单元、里程计系统、相机系统及激光传感器系统组成。

1. POS 系统

定位定向系统（POS）是车载移动测量设备的核心部件，它为移动测量系统提供高精度的绝对坐标及姿态信息，其精度将直接影响车载移动测量系统的整体精度。

一般情况下，POS 系统包含 GPS 天线及接收机、IMU 及主机。其中，GPS 为系统提供绝对地理坐标，IMU 则提供系统实时的三维姿态，主机负责控制管理软件及存储数据。在数据的后处理中，利用动态滤波的方法把两组数据结合起来，从而形成一条完整的轨迹。由于现实地面情况很复杂，GPS 在地面很容易失锁，所以地面的 POS 系统通常采用 GPS+IMU 传感器的形式进行数据采集。在此类系统中，量测实景影像就可以为系统提供系统当前的状态（如静止、前进或后退等）及行驶距离。

2. GPS 同步控制单元

GPS 同步控制单元是车载移动测量系统中非常重要的硬件设备之一。车载移动测量系统所包含的数据源类型多种多样，它们分别来自不同类型的子系统和传感器。在采用车载移动测量系统进行测量过程中，数据采集的同步性非常重要，采集的数据不同步将致使它们之间失去相互的联系和桥梁，从而不能进行有效的操作及管理。同步控制单元被用于从 GPS 中获取时间准则，进而控制立体测量图像及激光测量系统数据的采集等，使采集到的数据具有统一的时间基准，从而能够将激光扫描雷达测量子系统及立体摄影测量子系统相对测量结果转换到绝对测量结果中。

3. 里程计系统

里程计系统是指在汽车轮胎的内侧，均匀地布置多个磁铁作为动子，并在车身上固定安装与之对齐的霍尔开关作为其定子。当汽车轮胎转动时，霍尔开关由于磁铁的接近输出一个脉冲，从而通过对脉冲的计数来实现距离的测量。

4. 相机系统

车载移动测量系统采用的相机系统必须经过严格的检校，并带有相关的检校参数，同时相机要具备可量测性，它所有的相片都要带 GPS 坐标，且可利用相关软件进行进一步的处理。由相机获取的相片中所带有的彩色信息可以给激光点云提供真彩色信息及建筑物的纹理信息。另外，影像系统可根据用户的需求自行调整位置及姿态。由于影像库中的影像带有绝对方位元素，因而可以实现影像中的任意地物的绝对测量及相对测量，其绝对测量的精度可达 0.5m，相对测量的精度可以达到厘米级。

5. 激光传感器系统

激光传感器是车载移动测量系统中直接获取地物坐标信息的部件。采用激光进行测量是车载移动测量系统发展的必然趋势，也是一种跨越式的发展。首先，由于激光测量不受光线条件的制约，因而可以实现全天候作业。其次，目前激光发射频率就可以达到上万甚至是 10 万 ~ 20 万次 / 秒，这意味着每秒钟就可以获得相应的地物坐标，且地物的细节可以被完整地还原。除此之外，部分传感器使用的激光具备一定的穿透能力及多次回波接受能力，因而可以获取部分在照片上难以获取的被遮挡住的地物的坐标。

激光扫描系统能快速地、精确地获取高分辨率目标的三维点云数据，可有效地拓宽数据的来源。激光扫描传感器可以自动地提供以车辆的移动中心为原点的相对测量点云数据，通过 GPS/INS 提供的位置及姿态信息，获取到的点云数据就可以根据标定的参数，转换成具有全球描述能力的绝对坐标。

四、数字近景摄影测量

近景摄影测量是摄影测量的一个重要分支。它是通过在近距离范围内对目标物体进行拍摄，再利用拍摄获取的数字图像来精确地测定物体在三维空间的位置、形状、大小及运动的方法。与传统测量方法相比，近景摄影测量具有很大的优势：硬件设备简单、自动化程度高、测量方式灵便、迅速获取数据、在线和实时处理数据、成本低及使用广泛等，近景摄影测量的发展已朝着快速、准确，从静态到动态、从二维空间到三维空间的方向发展。

普通数码影像的出现，解决了现场快速获取影像的问题，并降低了近景摄影测量作业对设备和技能的要求，从而使摄影测量过程成为全数字流程。数字化使数字近景摄影测量摆脱了传统解析摄影测量的限制，再加上它所处理的目标物体具有很强的几何图形，所以数字近景摄影测量将进入自动化处理的阶段，并成为一种具有高精度的测量方法，且应用范围广泛，并不局限于测量领域。

因此，数字近景摄影测量已成为众多学者研究的热点。尽管数字近景摄影测量的研究取得了很大的发展，但对于要求精度高的工业应用，如何在保持数字近景摄影测量的灵活性与方便性的同时，提高由多幅二维图像解算出的空间坐标信息的精度与稳定性，仍需进行下一步的理论研究和工程解决方案的密切配合。因此，对此进行研究具有重要的理论及现实意义。

（一）近景摄影测量概述

摄影测量是一门通过分析记录在胶片或电子载体上的影像，来确定被测物体的位置、大小和形状的科学。它包括很多分支学科，如航空摄影测量、航天摄影测量和近景摄影测量等。近景摄影测量是指测量范围小于 100m、相机布设在物体附近的摄影测量。通过获取的图像，确定非地形目标的形状、大小、性质及位置。它经历了从模拟、解析到数字方法的变革，硬件也从胶片相机发展到数码相机。将以数码相机作为图像采集传感器并对所摄图像进行数字处理的近景摄影测量称为数字近景摄影测量。数字近景摄影测量是基于数字影像和摄影测量的基本原理，应用计算机技术、数字影像处理、影像匹配、模式识别等多学科的理论与方法，提取所摄对象以数字方式表达的几何与物理信息的一门技术。数字近景摄影测量是摄影测量学科的一个分支与发展方向，但与常规的以测制地形图为主要目的的航空摄影测量相比，具有如下特点：第一，在被测物的周围或内部拍摄相片；第二，相机的摄影光轴很少平行，交向摄影居多；第三，待测物的尺寸与摄影距离的比值很大，接近 1∶1；第四，主要测量目标物的尺寸和形状，而不是绝对位置；第五，测量结果要与设计值（如 CAD 模型）进行比较，等等。

（二）数字近景摄影测量测图

将数字近景摄影测量应用于测图，是建立在数字摄影测量的经典理论的基础之上的，主要包括相机检校、外业数据获取及内业数据处理这三个步骤。相机检校常采用控制场检校法；外业则包括控制点联测及影像获取，控制点联测可采用常规控制测量的方法，影像信息获取则采用大面阵非量测数码相机，直接获取大幅面数字影像；内业数据处理主要包括数字影像预处理及数字摄影测量工作站（简称为数字工作站）处理，其中数字工作站处理主要包括摄影测量数学解析（数字定向）与矢量测图。

（三）多基线数字近景摄影测量

传统的近景摄影测量对设备与技能的要求较高，伴随着全站仪、GPS 等技术的快速发展与广泛应用，传统的近景摄影测量技术在工程测量中的应用相对减少。随着计算机应用技术的迅猛发展及普通数码相机性能的不断提升，多基线数字近景摄影测量系统应运而生，它实现了将普通数码相机所摄照片转化为数字地形图、数字高程模型、三维坐标点云 DMS 等产品的功能，由于其具有成本低、分辨率高、数据采集简便、影像传输与处理快速、产品种类多、易于推广应用等诸多优点，在很大程度上扩展了近景摄影测量的应用空间。

近景摄影测量可分为正直摄影和交向摄影两种。这两种摄影方式分别具有各自的多基线摄影方式。

1. 多基线正直摄影

正直摄影与航空摄影类似，其利用相邻影像构成"立体像对"，常常需要视场角较大（焦距较短的物镜）的相机进行摄影。多基线正直摄影就是在常规的正直摄影的基础上将重叠度增加到80%以上，它有两种多基线摄影。

（1）平行多基线正直摄影

影像匹配（自动化）交会角为5°～10°，因此基线的长度一般保持为摄影深度D的1/10～1/5。

（2）回转多基线正直摄影

摄影对象为圆形物体。

2. 多基线交向摄影

当被摄物体较远、焦距较大、视场角较小时，为了使交会角不小于20°，常采用交向摄影方式。根据被摄物体的大小，它也有两种方式。

（1）简单多基线交向摄影

在由两个摄站组成的常规交向摄影的基础上再增加几个摄站。

（2）旋转多线交向摄影

在一个摄站上，旋转摄影相机对被摄物体进行多次摄影，获取多张影像，相邻的摄影影像之间重叠一般不小于50%。这种局部的全景摄影（panoramic photographing）实质上是增加了视场角，将单张影像的视场角由a_0增为a。

在实际应用中，一般难以应用一次交向摄影完全包含被摄物体，如果采用多次交向摄影又很难按一个"整体"进行摄影测量处理，但采用旋转多基线交向摄影便能对所有影像进行"整体处理"。例如，4个摄站，每个摄站摄取3张影像，共12张影像，就可以像航空摄影一样，按一个"区域"一起进行处理。

（四）数字近景摄影测量的应用

数字近景摄影测量仅仅需要应用数字摄像机，而无须其他任何精密仪器，只有在拍摄时才需人工干预，其他过程包括图像处理、三维模型重建等均可由计算机自动处理。由此可见，该方法硬件设备简单、测量方式灵活，能进行快速处理，且由于其继承了传统摄影测量的严密理论与方法，具有相当高的精度与可靠性，它已广泛应用于以下领域。

1. 大型飞机、舰船、雷达等装备的三维测量

飞机、舰船、雷达等大型装备的测量一直是测量领域的难点。传统测量方法如接触式三坐标测量机与激光扫描测量机的测量面积有限，所以对这些体积庞大的装备进行测量需耗费大量的时间，且传统的测量方法均需给测量设备提供稳定的平台，而该要求在测量大

体积物体时却难以得到保证。由于数字摄影测量具有测量范围广、面积大，使用简单、灵活的特性，可有效地解决大型飞机、舰船、雷达等装备的某些测量难题。

2. 多视角测量数据拼合

对于大型物体，采用其他测量方法从多角度进行测量，每次仅能得到物体的局部数据。为此，可以在待测物体的表面布置多个特征点，利用数字近景摄影测量在同一个坐标系下重建布置的特征点的空间坐标，然后利用布置的特征点来实现多角度测量数据的拼合，以消除每次测量依次拼合所带来的累积误差。

3. 飞机等大型产品的装配定位

在飞机等大型产品的装配过程中，采用数字近景摄影测量可实现实时的、高精度的装配定位。首先，在待装配零件上布置特征点。然后，利用数字近景摄影测量得到这些特征点间的相互位置关系，以便利用这些位置关系与已知零件位置关系间的偏差来调整待装配零件的相对位置，从而实现准确装配定位。

4. 工业检测与质量控制

例如，结合金属板材上的网格印制技术，对变形后的零件进行多角度拍照测量，检测零件的三维变形情况，进行冲压模具检验，优化冲压工艺，从而实现提高钣金成形工艺的生产力。

5. 移动机器人导航

具有三维测量装置的机器人就如同有了人的三维视觉功能一样，这对机器人在陌生环境下的漫游与自定位是至关重要的。哈尔滨工业大学全自主足球机器人也具有三维视觉功能，能够进行快速准确定位，进而赢得比赛。

6. 产品设计、飞行训练等

先对真实场景进行拍摄，再通过基于计算机视觉的摄影测量重建场景的三维空间模型。该方法通过数字图像建立空间坐标，在二维图像和三维坐标间具有天然映射关系，从而可方便地将二维图像中的颜色、纹理信息映射到三维几何元素上，产生具有自然纹理的三维模型和真实效果的三维场景。由此产生的一个潜在应用是"基于物理现实的虚拟现实"。此外，数字近景摄影测量还被广泛应用于交通事故现场勘查、古建筑与文物的三维模型恢复、医学中进行骨骼定位等。由此可见，数字近景摄影测量已具有非常广泛的应用前景。

五、特种精密工程测量

20 世纪 50 年代初，大型特种工程（如军事设施、大型核电站、水利枢纽、大型联合钢铁企业、大型射电天文望远镜的安装、超强聚焦的高能粒子加速器及航天设施）的兴建，采用传统测量方法已难以为这些规模巨大、结构复杂、设备精尖的大型工程和工业建设提供测量保障和质量控制。为此，人们首先对传统测量方法进行改进，进而针对特殊需要研制专用仪器及设备，从而逐渐地形成了特种精密工程测量的内容及体系，使特种精密工程测量应运而生并得到迅速发展。自 20 世纪六七十年代以来，电子技术、计算机科学、空间技术及激光技术的发展，又极大地推动了特种精密工程车测量的发展。特种精密工程测量是将现代大地测量学与计量学等学科的最新成就结合起来，运用现代测绘技术的新理论、新方法及新技术，采用专用的仪器与设备，以高精度与高科技的特殊方法来采集数据，并进行数据处理，获得高质量的数据和图像资料，从而有效地进行质量控制的特殊测量工作。

进入 21 世纪，伴随着信息化的浪潮和全世界范围内的科学技术不断发展，特种精密工程测量将朝着自动化、智能化、实时化及系统化的方向发展，它将服务于国民经济的各个部门。特种精密工程测量学科与相关学科的结合，将促使它们相互进步、相互繁荣。

（一）激光垂准仪

激光垂准仪是近十几年根据测绘仪器的发展和工程建设的需要，新研制出来的一种用于建筑工程与设备安装的铅垂定向的专用仪器。激光垂准仪是根据光学准直原理，利用激光的方向性强、能量集中的特点，通过机械设计及加工，实现激光束光轴与望远镜的视准轴同心、同轴、同焦，并通过上对点和下对点这两个系统（或自动安平系统）把地面上的基准点和建筑物上面的控制点连到一条准直线上。因为上、下光路在同一个旋转轴上转动，所以可以达到上述目的，最终可以获得建筑物上面所需控制点的准确位置。采用激光垂准仪进行作业不仅非常方便，而且效率高，因此激光垂准仪已广泛应用于建筑行业、工业安装、工程监理、变形监测等领域。

目前，国内使用较多的激光垂准仪有北京博飞仪器股份有限公司生产的 DZJ3 型激光垂准仪、苏州一光仪器有限公司生产的 DZJ2、JC100 型激光准仪。下面以 DZJ2 型为例，介绍激光垂准仪的特点及使用。

1. 仪器特点

DZJ2 激光垂准仪是由苏州第一光学厂生产的，它在光学垂准系统的基础上添加了两只半导体激光器，其中一只半导体激光器是通过上垂准望远镜来发射激光束的。仪器的结构要保证激光束光轴和望远镜的视准轴同心、同轴、同焦，当激光垂准仪的望远镜照准目标时，目标处会出现一红色小亮斑。激光垂准仪的目镜外装上仪器配备的滤光片，以便人眼直接观察。仪器还配有网格激光靶，可以使测量更方便；另一只半导体激光器则通过下对点系统来发射激光束，利用激光束对准基准点，快速直观。由于仪器配有度盘，因而对径测量更准确和更方便。同时，仪器采用一体化机身设计，结构更紧凑，性能更稳定。

2. 仪器的使用

（1）安置、对中及整平

激光垂准仪的安置、对中及整平与传统水准仪、全站仪的方法差不多，具体可参阅仪器使用说明书。需要强调的是在确认对中、整平完成后，可对点激光关闭以节省用电。

（2）照准

测量时，在目标处放置网格激光靶，转动望远镜目镜使分划板十字丝清晰，然后转动调焦手轮使激光靶在分划板上成像清晰，应尽量消除视差，即当观测者轻微移动视线时，十字丝和目标间不能有明显偏移。否则，应重复上述步骤，直至无视差为止。

（3）向上垂准

若光学垂准若仪器已校正好，当仪器整平后，视准轴同竖轴同轴误差≤5，便可作为垂准线，一次观测可保证垂准精度。但是为了提高垂准精度，应将仪器照准部旋转180度，通过望远镜获取第2个观测值，取其平均数作为测量值。

于激光垂准打开垂准激光开关，一束激光就会从望远物镜中射出，在激光靶上聚焦，观测值即激光光斑中心处的读数。为了提高对径读数的垂准精度，同样建议用户通过旋转照准部获取第二个读数。若需要通过望远镜目镜读数，必须在目镜外装上滤色片，以减少激光对人眼的伤害。

（二）精密陀螺仪

矿山测量（深井定向、井下平面控制、立井井筒装备安装、井下次要巷道和采区联系及重要巷道的检查验收）、城市交通系统、隧道、地铁等地下工程及现代战争，在很多情况下都需要实现快速定向，而陀螺仪就是一种重要的快速定向的仪器。与常规仪器相比，陀螺仪定向无须罗盘等设备预先确定近似北方向，且不需要考虑通视及气象情况，更加不需要提供已知点等。除了在南极和北极外，陀螺仪都能准确地测定出真北方向。目前在测量领域，主要使用的陀螺仪有全站式陀螺仪及陀螺经纬仪两种。下面以索佳GPX系列全站式陀螺仪为例，介绍陀螺仪的特点及操作。

1. 全站式陀螺仪GPX的特点

索佳全站式陀螺仪GPX是由GPI陀螺仪与SET全站仪组合而成的用于测定真北方向的测量系统。它主要具有如下特点。第一，GPI陀螺仪内置一个悬挂陀螺马达，地球自转而引起的机动性使得陀螺马达绕地球的子午线（真北）方向来回摆动；第二，结合GPI陀螺仪、SET全站仪及专用处理软件，SET可以在观测完成后自动计算出真北方向；第三，真北方向的测定主要有两种方法：逆转点跟踪法和中天法。

2. 全站式陀螺仪GPX的测前准备及测量实施

（1）仪器连接

进行SET、GPI、逆变器及电池的连接，具体步骤如下：首先，将三脚架架设在测点上，并在三脚架上安置好SET全站仪。其次，将GPI上的固定杆置于开位置，通过连接件将GPI和SET连接后将固定杆置于关位置将其固紧。然后，用5芯电缆连接GPI接口与逆变器输出接口。再次，用3芯电缆连接逆变器输入接口和电池DC12V输出接口。最后，进行SET全站仪的对中及整平。

（2）陀螺测量前准备工作

具体步骤如下：首先，将管式罗盘安置在 GPI 顶部，使罗盘体与 SET 望远镜处于同一方向线上，松开管式罗盘，锁紧螺旋。其次，利用 SET 的水平制动和水平微动手轮转动仪器使罗盘指针处于指标线中央，此时，SET 望远镜大致对准磁北方向。在不具备罗盘的场合下，可利用如地图、太阳、时间等其他方法来使 SET 望远镜大致对准北方向。然后，检查光标在零分画线左右的摆动是否对称，在检查完之前不可打开陀螺马达电源。最后，打开逆变器上的 GP1 电源开关，大约 60 秒后马达启动指示灯亮，表明陀螺马达已正常工作。至此，测量前的准备工作便已全部完成。

（3）陀螺程序启动和退出

第二节　地下测量技术

地下工程测量（underground engineering survey）是工程测量学的分支，是研究地下、水下具体几何实体的测量描绘和抽象几何实体的测设实现的理论方法和技术的一门应用性学科。地下工程测量是工程测量的分支，是测绘学科在地下工程建设中的应用。工程测量学是研究各种工程建设中测量理论和方法的学科，主要研究工程和城市建设及资源开发等各阶段进行的地形和有关信息的收集、处理、施工放样，变形监测、分析与预报的理论和技术，以及与研究对象有关的信息管理和使用。地下工程测量是研究地下工程建设中的测量理论和方法。地下工程测量的主要任务包括地面控制测量、地下起始数据的传递、地下控制测量、贯通测量、地下工程施工测量、地下变形监测及地下管线探测，为地下工程建设提供必要的数据、资料、图件，确保工程建设按设计施工，并安全、有效地完成施工。地下工程测量的内容包括铁路、公路、城市地铁和跨河跨海的隧道施工测量，大型贯通测量，矿山建设和井下采掘测量，大型地下建筑的建设测量，地下各种军事设施施工测量，以及各种非地面建筑物或封闭构筑的施工测量。

地下测量技术主要包括水下地形测量、隧道测量、矿山测量及城市地下管线测量等，本书主要介绍水下测量技术和地下管线测量部分。

一、水下测量技术

水下测量是大地测量中地形测量的一个分支，水面以上的陆地地形测量和水底地形测量均属于地形测量。通常所说的水下测量就是指水下地形测量，水下地形测量是测绘科学技术的一个重要组成部分，主要包括海洋地形测量、河流水下地形测量及湖泊水下地形测量。水下地形测量是利用测量仪器来确定水底点三维坐标的过程，其最基本的工作是定位和测深。在我国，由于江河湖海众多，随着国民经济的快速发展，水下地形测量日益凸显出其重要性。特别是在现代施工设计与规划中，解决水下地形测量的精确性和现势性问题尤为迫切。研究水下测量方法并结合先进测量设备可提高水下地形测量精度和作业效率，解决当前水下测量面临的诸多问题。

（一）水下地形测量特点

水下地形测量是陆地地形测量的延续，是一种特殊的地形测量。水下地形测量，在投影、坐标系统、基准面、分幅、编号、内容表示、综合原则及比例尺确定等方面都与陆地地形测量相一致，但二者测量的具体方法却相差甚大。与陆地地形测量相比，水下地形测量要复杂得多，主要体现在技术含量高、人员及设备投入多、测量过程及数据处理步骤复杂等方面。水下地形测量既需要平面定位技术，又需要特有的水深测量技术，水上定位最显著的特点就是动态实时性。

（二）水下测量基本理论

水下地形测量，是根据陆地上布设的控制点，利用船艇行驶在水面上，按等时间间隔或等距离间隔来测定水下地形点（简称测深点）的水深（结合水面高程信息获得水下地形高程）和对应平面位置来实现的。其主要测量工作包括水位观测、测深及定位等。

1.水位观测及计算

测深点的高程等于测深时的水面高程（称为水位）减去测得的水深。因此，在测深的同时，必须同时进行水位观测。观测水位时需首先设置水尺，再把已知水准点联测到水尺，得其零点高程 H_0。定时读取水面在水尺上截取的读数 $a(t)$，则某时刻水面高程：

$$H'=H_0+a(t)$$

水位观测的时间间隔，一般按测区水位变化大小而定，观测结束后绘制水位与观测时间的曲线以用于各测点采样时的瞬时水位的内插获取。

2.水深测量

测深和定位是水下测量必须瞬时同步进行的工作，都是描述水下地形的要素。用于测深的仪器主要有测杆、测锤（或测绳）、回声测深仪等。

3.平面定位测量

测深点除了水深数据和瞬时水面高程数据外，还要确定其平面位置。测量方法包括断面索法、经纬仪角度前方交会法、微波定位法及 GPS 坐标法等。

（三）传统水下测量技术

定位和测深是水下地形测量中最基本的工作，其中，定位是水下地形测量的基础。传统水下地形测量作业的基本过程为：在已知点上架设测距测角仪器，测定目标船的方位和测站与目标船之间的水平距离，确定目标船的平面位置，然后利用静水面高程及目标船处的水深得到水下点的高程。传统水下地形测量的载体为测量船；常用的测深仪器主要有测深杆、测深绳、测深仪等；常见的测距测角仪主要有全站仪、平板仪、激光测距仪、经纬仪、无线电定位仪等。根据测量船离陆地的远近和定位精度的要求采用不同的定位方法，传统的水下测量方法主要有经纬仪交会法、大平板仪方向交会法、大平板仪或经纬仪视距法、横断面法、散点法、断面索法、回声测深仪测深法。

（四）现代水下测量技术

1. 测量机器人结合数字测深仪

测量机器人采用极坐标法实现坐标点自动化测量和存储，测深仪实现水深的自动化采集和存储，通过解决测量机器人与测深仪的同步数据获取问题，实现水下地形测量自动化。在长距离水下地形测量中，由于该方法受通视条件等限制，未能得到广泛应用。

2. 测深仪结合 GPS

随着 GPS 技术的飞跃发展，水下测量技术大多采用 GPS 获取平面坐标、测深仪获取深度数据的基本模式，其中，GPS 主要完成水上的定位和导航。GPS 机型的选择主要取决于测图比例尺，测图比例尺对 GPS 定位精度的要求如下。

GPS 接收机目前来说按作业方式可分为差分型和非差分型，因为水上作业需要实时连续导航，所以提供实时定位的数据是十分重要的。差分型 GPS（DGPS），根据精度要求的不同，有如下几种：静态差分定位、快速静态差分定位、动态差分定位和实时动态差分（RTK）定位等。针对不同的差分定位方法，可将 GPS 结合测深仪分为以下几类。

（1）结合 RTD GPS 及测深仪

伪距差分测量技术是以测码伪距观测量为根据的实时差分 GPS 测量技术。它通过两台接收机同时测量来自相同 GPS 卫星的导航定位信号，基准站接收机所测得的三维位置与该点已知值进行比较，可以获得 GPS 定位数据的改正值，据此来改正动态接收机所测得的实时位置。一般情况下，RTD 定位精度在 1 ～ 5m，考虑基准站架设、船体姿态等因素的影响，实际上定位精度在 7 ～ 10m，这个精度指标可满足 1∶10000 比例尺的水下地形测量要求。

（2）结合 RTK GPS 及测深仪

载波相位差分技术又称 RTK 技术，是一种能够在野外实时得到厘米级定位精度的测量方法，它采用了载波相位动态实时差分方法，能实时提供观测点的三维坐标。通过软件支持，该水下地形测量方法可以实现定位和测深的实时显示，并能自动存储、导航，是目前水下地形测量方法的首选。GPS–RTK 测量是基准站接收机借助电台将其观测值及坐标信息发送给流动站接收机，流动站接收机通过电台（数据链）接收来自基准站的数据，同时采集 GPS 观测数据，在系统内组成差分观测值进行实时处理，求得其三维位置。水下地形测量就是要测定水下地形点的平面坐标和高程。传统的水下地形测量方法采用常规仪器或测定水下地形点的平面坐标，而其高程需要通过测深数据和水面验潮数据求得。当采用无验潮方法进行水下地形测量时，将 GPS 天线架设在测深仪换能器的垂直上方，高程计算的模型与方法较为简单。

由于该测量方法配备设备比较多，加上需要人员实地操作计算机，为保证人员和设备安全，一般都需配备载重较大的船只。但该方法对于小面积水域和陡岸坎下的水下地形鞭长莫及。

（3）结合CORSGPS、测深仪及遥控船

CORS是卫星定位技术、计算机网络技术、数字通信技术等高新科技多方位、深度结晶的产物。它是利用多基站网络RTK技术建立的连续运行卫星定位服务综合系统。

CORS系统由基准站网、数据处理中心、数据传输系统、定位导航数据播发系统、用户应用系统五个部分组成，各基准站与监控分析中心间通过数据传输系统连接成一体，形成专用网络。

单波束测深仪一般采用较宽的发射波束，因为是从船底垂直发射，所以声传播路径不会发生弯曲，来回路径最短，能量衰减很小。通过回声信号的幅度进行检测，确定信号往返传播的时间，再根据声波在水介质中的平均传播速度便可测得水深。

遥控船是利用无线电技术对轻便船进行一定的运作控制，可实现船体的转向、加速、减速等操作。它具有旋转能力非常灵活、质量较轻等优点。将CORSGPS、测深仪及遥控船组合在一起，在水塘、小型水库、陡岸（能够靠近岸边）的水下测量中，便能克服RTD GPS或RTK GPS结合数字测深仪水下测量方法的缺点，并能实现同等精度的测量。采用水下摄影测量对水底目标或局部地形进行测量，以确定水下摄影目标的形状、大小、位置和性质，或局部地形的起伏状态。

3. NASNet的声学定位系统

NASNet的声学定位系统，就像是掉转了方向的GPS，只是用海底的基准站代替了空中的卫星，用声波代替了无线电波。NASNet可以用于水下和水面的导航或作业定位，其灵感来自GPS。由于无线电波在水中的衰减速度太快，采用无线电波进行通信的GPS技术在水下的应用受到了限制，GPS原则上采用三点定位，是一种用户只接收信号的单程系统，用户数量不受限制，效率也很高。

该系统的特点是覆盖范围大、定位精度高、敷设简便、环保效果明显。

通过几个海底基准站，NASNet系统便能够覆盖100km²的地区。正常情况下，它的精度可达到lm，若结合使用特殊的装置，精度可以提高到1cm。NASNet系统的缺点是成本高，而且用声波代替了无线电波，地质变化测量的结果就会产生相应的误差。

（五）湖泊水下地形测量实例

该实例利用GPS–RTK技术对滇池水域约300km²的水下地形进行了1：1万数字测图工作，该实例为大、中、小型湖泊水下地形数字测图进行了有益的探索。

由于湖泊、溪河的水域面积小、水浅，河流入口处水流急、水草密集等特殊性，对确定采用哪种作业船作业、哪种测深仪测深等带来了一定的难度；而且水下情况极其复杂。

存在木桩、铁丝网及不明的水下障碍物，加上养殖和捕捞的因素，众多的网具和捕捞工具密布水中，大小不同的捕捞船只来往穿梭，在一定程度上，给作业船的运行、外业数据的采集工作带来了极大的困难；特殊的地理环境使 GPS 信号接收出现盲区等，也影响了作业速度。上述这些因素，使本可以在海洋上进行测绘的工作船及作业手段，在这些水域中几乎无法进行工作。

因此，在这些水域中作业，需要解决诸多实际中遇到的应用性问题。例如，作业船的强电弱电供应问题；作业船的安全防雷问题；测深仪探头安置架设、防网挂、防撞问题；作业船上 GPS 天线架设问题；GPS 参考站的合理布设及数据链路问题；岸边及障碍区无法用测深仪测深问题。同时，还要注意各种数据的数据接口问题；数据处理及作图软件自动化等实际应用方面的问题；还有通信联系及交通问题等。水下地形测量所测对象是水下地形点，目前，大面积水下测量主要采用 GPS、测深仪和水下测量导航软件相结合，测量快捷、自动化程度较高，平面位置能够满足不同精度的要求。值得一提的是，测量导航软件在水下地形测量中起着极其重要的作用。

1. 作业船

本实例测量作业船的特点：作业船不宜过大，需满足灵活、快捷，可在浅水区域作业，容易躲避渔网、竹竿、木棒等障碍物，方便清理螺旋桨上的水草、破网等缠绕物等要求。同时，该作业船可采用汽车电瓶（12V 直流电）为计算机供电，还需升压为 220V 供测深仪用电，且必须安装避雷针防雷。

2. GPS 接收机

GPS 接收机采用的是天宝 4700 双频 GPS 接收机，在实时测量中，RTK 的作业精度为厘米级。

3. 测深仪

测深仪采用无锡海鹰企业集团有限责任公司产的 SDH-13D 型精密浅水回声测深仪，该测深仪是一种用于江河、湖泊、浅海及水库水深测量的便携式测深记录器，适用于水文、勘察、航道及码头疏浚等行业的精密测量及水深数据记录，集传统的模拟记录与先进的数字信号处理 DSP 技术、水底门跟踪技术于一体，使仪器能在恶劣的水文环境和地貌情况下，得到精确、真实、稳定的水深数据。

二、地下管线测量

近年来，随着现代城市化的发展和自然灾害的频发，作为城市基础设施的城市地下管线对于城市的规划和日常管理的重要性显得越加突出，它已引起了国家、各级政府和社会大众的广泛关注。为了全面查明地下管线空间的分布和属性情况，应建立具有权威性、现势性的城市地下管线综合数据库和专业数据库，将地下管线信息以数字的形式进行获取、存储、管理、分析、查询、输出、更新，建立公共数据交换服务平台，实现地下管线信息计算机化、网络化管理；建立切实可行的数据更新机制，保证地下管线数据的动态管理，提高城市管理效率，为社会提供多元化的服务，为城市可持续发展及防灾减灾提供决策支持。我国一些大中城市已全面或部分地开展了本市的地下管线普查工作。

城市地下管线是指埋设在地下的管道和地下电缆，主要包括给水、排水、燃气、热力、电信、电力、工业管道等几大类。地下管线的空间位置及属性信息是城市规划建设管理的重要基础信息，在进行城市规划、设计、施工及管理工作中，若没有完整准确的地下管线信息，将会变成"瞎子"，到处碰壁，寸步难行，甚至造成重大损失。因此，做好城市地下管线的科学管理已成为城市建设的重要课题之一。

（一）地下管线测量概述

1. 地下管线测量的范围和对象

政府组织的地下管线测量范围一般为城市道路上的管线和市政管线，单位、工厂、院校和封闭的生活小区内部不查，但对于穿越上述区域的市政主干线不能中断，以保持主干管线的连续性。普查对象为给水、排水（含雨水、污水、雨污合流）、煤气、热力、电力、交警信号灯电缆、广播电视、路灯、电信、工业管道及直埋电缆等市政公用管线、部队等其他单位的专用管线。

2. 地下管线探测方法及技术分析

（1）明显管线点探查方法

第一，对明显管线点（包括接线箱、变压箱、阀门、消防栓、人孔井、手孔井、阀门井、检查井、仪表井等附属设施）各种数据应直接开井量测，并必须采用经检验的钢尺测量，读数至厘米。

第二，实地调查应在现况调绘图所标示的各类管线位置的基础上进一步实地核查，并对明显管线点作详细调查、记录和量测，填写明显管线点调查表，同时，确定必须用仪器探查的管线段。

（2）隐蔽管线点探查方法

第一，金属管线的探测：主要采用感应法、直连法和夹钳法。平面定位采用极值法，辅以极小值法，定深采用70%极值宽度。

第二，电信管线的探测：采用夹钳法，用等效中心修正法确定平面位置，用70%极值法结合等比值法确定埋深，比值现场测定。当夹钳法困难而用感应法探测时应采取措施压制干扰与综合方法探测，对疑难点应进行开挖验证。

第三，电力管线的探测：采用揭开盖板直接量测，在难以揭开盖板的地段采用夹钳或感应法。

第四，非金属管线的探测：给水砼管：核实相关资料在实地找到明显井，并量测埋深。先利用高频（33kHz）感应法，实测剖面曲线，确定管线平面位置及推算埋深，然后，在可利用地质雷达探测的地段用地质雷达进行核查。在能开挖的地段，采用开挖结合触探进行验证。当地质雷达效果不理想时，位移点位应重测，位移距离视实地确定，直至获得较好效果。排水管道：排水管道以开井调查方法为主。当两井间需加点时，用两井间数据推测确定。

第五，定深点应选在被测管线 4 倍埋深范围内单一直线段上，且相邻平行管线之间的间距应大于被测管线的深度。若上述条件不满足或沿线尚有干扰时，仪器的读数应注明"参考"。

第六，探测时应选择合适的探测方法及激发方式，受到干扰时要灵活运用水平、倾斜和垂直压线法。对难于确定的疑难点要采取开挖或触探法配合验证。

第七，管线特征点上应设测点，直线段间距大于 70m 时，中间应加设测点。各小组管线点必须测到图幅外 15m，作超幅接边。图幅接边点不上成果图，但第一遍正式图须保留，以便监理检查。

第八，当管线弯曲时，在圆弧起讫点和中点上应设置管线点，当圆弧较大时应适当增加管线点以保证管线实际弯曲特征。

第九，一井多盖的电信井周边应设隐蔽点，不得以中间定两点连线，然后，在计算机上生成周边图形代替。

第十，管线点的地面标志用统一的管线钉钉入地面至平，用红色或黄色油漆标注上记号及管线点号，并在其附近明显且能较长期保留的建（构）筑物上注明点号、方向及距离；不能钉铁钉的水泥路面则应刻上"+"字加涂红油漆标注。

第十一，电力槽盒测注的平面位置为槽盒的几何中心位置，埋深以槽盒内最上面一条电缆顶为准；电信管块测注的平面位置为管块几何中心，埋深以管块顶为准。

第十二，全区物探点号必须唯一，不得有重号，记录点号必须与实地点号一致。

第十三，外业记录用 3H 或 2H 铅笔。一切原始记录按表格各项内容填写齐全，字体清晰，整齐美观，有错可划改，但不得擦改、涂改或转抄。

第十四，每条街巷和路段探查结束前应对该街巷和路段进行扫描探测，防止管线漏测。

3. 地下管线探测的外业测量

地下管线探测的外业测量主要包括控制测量和碎部测量。

（1）控制测量

在管线探测中，管线点的密度过大，测量精度要求高，且管线一般是沿路呈带状分布，因此控制点一般布设成单条附合导线或沿路布设成导线网。采用全站仪进行控制测量，外业采用全站仪对导线的边角数据进行采集，然后在内业利用平差软件进行平差。

若采用 RTK 进行控制测量，目前常使用的方法是尽可能多地收集覆盖整个测区的高等级控制点，利用 RTK 的水准面拟合技术进行拟合，并利用水准测量对其高程成果进行抽样检查。

（2）碎部测量

地下管线碎部测量常采用数字测记模式。探测员在探测的同时把管线点的相对位置落在外业手图上并进行外业编号，探测记录表记录点号、点的属性及点的连接信息。

4.地下管线探测的内业处理

在完成地下管线的外业探查和测量工作之后，就需要对地下管线探测进行内业处理，其一般分为5个阶段：前期准备阶段、数据库录入检查、检查数据的完整性和合理性、图形整饰及成果输出、资料归档及保存。

（1）数据库录入检查

在数据库录入完毕后，作业人员要进行100%自检，100%互检（两个作业员以上相互核对数据库及外业作业手簿数据是否一致），内业负责人进行30%以上的质检。若错误率超过2%，则作业员要重新检查并做好记录，检查完成后再重复上面的工作，直到数据合格后才能转到下一阶段的工作。

（2）检查数据的完整性和合理性

目前，数据的完整性和合理性由计算机辅助完成，其检查内容包括：检查探查库重点，检查坐标库重点，检查探查库重线，检查探查库点性代码错误，检查探查库中三通、四通、分支方向错误，检查探查库缺属性、缺坐标，检查探查库单点未连线错误，检查同一条管线属性是否一致，检查管线排水高程错误，检查管线超长，检查探查库少原点、分支与原点点性是否一致。在以上的检查中，绝大部分错误可以在内业处理，但是探查库缺坐标的要及时进行外业补测，排水高程错误而导致水流不出去的要到外业实地去核实，属于确实是设计时存在问题的要做好记录，以备日后查询用，属于探查错误的要采取补救措施，对有问题的管线探查段重新进行探查。

（3）图形整饰及成果输出

数据库经检查无误后就可形成地下管线现状图。形成的地下管线图各种管线要按其专业类型采用不同的颜色，除甲方有特殊要求的外一般采用国家管线探查规范规定的颜色；管线符号要采用国标统一规定的符号绘制；形成的地下管线图要以城市现状地形图为背景，并要检查其位置关系是否与实地情况相符合。初步形成的地下管线图如同在地形测量中初步形成的地形图，要进行字符的编辑和图面的整饰，要保证注记文字不压管线和地形主要地物线；管线点的注记字头朝北，线注记要顺线的方向；分幅图的相邻图幅、带状图的相邻图段与交叉路口的管线应注意拼接好；图幅号、方格网坐标、地形图测量单位、管线探查单位、探查员、测量员、检校员及成图日期和采用的图式要注记清楚。

（二）地下管线信息化建设

城市的地下管线信息属于城市的基础地理信息，其具有统一性、精确性、完整性及基础性等特点，是城市规划设计、建设、地下空间开发利用、城市管理及应急抢险等工作的必要信息支撑，因此一个城市地下管线的信息化建设就变得十分重要和必要。城市地下管线信息化建设的主要任务有：建立城市综合地下管线现状数据库；建立和完善地下管线信息共享平台基础网络；建立和完善地下管线共享法规标准体系和技术体系；地下管线数据动态更新管理体系建设。地理信息公共服务平台的这一模式对城市地下管线信息化的建设有极大的借鉴作用。近期，随着国办发〔2014〕27号《国务院办公厅关于加强城市地下管线建设管理的指导意见》的出台，在新的需求牵引和公共服务平台技术驱动的背景下，从数据、系统及应用的角度开展对城市地下管线地理信息公共服务平台建设模式的研究，十分迫切且意义重大。

1. 平台框架

地形图上的地下管线数据属于基础地理信息数据，城市地下管线信息化建设框架属于地理空间框架建设的一部分。城市地下管线地理信息公共服务平台建设框架一般分为支撑层、数据层、应用层和用户层。

2. 用户分析

平台主要面向专业、政务和公众三类用户，其中，专业用户主要侧重数据普查、建库、更新等用户需求，政务用户主要侧重管线全生命周期管理、管线项目管理和应急等用户需求，公众用户主要侧重可公开地下管线地理信息及相关信息的查询和发布等用户需求。

3. 平台数据建设

城市地下管线地理信息公共服务平台的数据可分为基础管线数据、共享管线数据和公众管线数据。

（三）新技术在地下管线测量中的应用

由于管线管理方法和体制的不相适应，管线普查工作变得越来越难进行，例如，很多管线已覆土多年，但仍未进行竣工测量，还有随着城市建设的快速发展，管线周边环境面目全非，采用传统的技术手段，已难以搞清管线的具体情况。因此，诸多高新技术被应用到地下管线测量中，如电子技术、激光技术、电子计算机技术及卫星定位遥感等技术，使城市地下管线测量从管线探测、控制测量再到机助成图等一系列工作取得了新的突破。

1. 物探技术在地下管线测量中的应用

对于一些重大的建设项目，如地铁、公路隧道及高架桥梁，在建设前，必须对影响范围内的管线进行详细的定位和定深。目前，浅埋（埋深小于5m）管线探测技术已基本成熟，但深埋管线探测的难度却很大，解决深埋管线探测这一难题，将是今后地下管线探测研究的重点之一。

目前，对深埋管线进行探测主要采用物探技术。物探技术是通过管线引起的电磁场异常，测量电磁场的分布来确定地下管线的存在与否，进而进行搜索、定位及定深。主要的方法有电磁法、有源电磁法、地震层析成像等。

2. GPS-RTK 在地下管线测量中的应用

GPS-RTK 技术由于其观测时间短、定位精度高、能实时提供三维坐标及操作简便等特点，能大大提高工作效率，减轻劳动强度，因而在测量工作中越来越受到人们的青睐。运用 GPS-RTK 技术测量得到的三维坐标数据能形成相应的电子文件，这种形式便于保存，同时给建立工程管理数据库和其他相关工程带来了方便。GPS-RTK 技术在地下管线普查工程的图根控制测量中应用，有稳定的定位、较高的效率，同时方便快捷、操作简单，且能满足管线控制测量有关规程规范的要求，可以广泛使用。

3. GIS 在地下管线测量中的应用

城市地下管线信息是城市信息的重要组成部分，其特点在于隐蔽（埋设在地下）、复杂（各种管线纵横交错）、动态（新管线不断增加，而旧管线不断更新或废弃）及信息量大。随着测量数据采集和数据处理逐步进入自动化和数字化，测量工作人员如何更好地使用和管理长期积累及收集的大量地下管线信息，最有效的方法便是利用数据库技术或 GIS 技术，建立数据库或信息系统。

4. 物联网技术在城市地下管线信息管理中的应用

物联网是指在互联网基础上整合传感、通信和信息处理等技术，按约定的协议，把相关物品与互联网连接起来，进行信息交换和通信，以实现智能化识别、定位、跟踪、监控和管理的一种网络。物联网技术的核心是物物相连，智能化相关合作，利用物联网技术的特点完全可以实现城市地下管线信息由获取、传输到分析、综合应用的整个过程，这一过程的实现其实就是城市地下管线智能管理系统的实现。

第五章 水文地质勘查

第一节 水文地质勘查概述

水文地质勘查亦称"水文地质勘测"。指为查明一个地区的水文地质条件而进行的水文地质调查研究工作。旨在掌握地下水和地表水的成因、分布及其运动规律。为合理开采利用水资源，正确进行基础、打桩工程的设计和施工提供依据。包括地下、地上水文勘察两个方面。地下水文勘察主要是调查研究地下水在全年不同时期的水位变化、流动方向、化学成分等情况，查明地下水的埋藏条件和侵蚀性，判定地下水在建筑物施工和使用阶段可能产生的变化及影响，并提出防治建议。

水文地质勘查主要在野外进行，工作的结果需要提交水文地质勘查报告并附有相应的图件。根据目的、任务、要求和比例尺的不同，水文地质勘查可分为综合性的水文地质普查和专门性的水文地质勘探两类。

一、基本概念

（一）水文地质的概念

水文地质勘查顾名思义，就是对地下的地下水的情况进行详细的检查，其中包括对于地下水的成因，地下水的分布情况以及地下水中的物质组成进行确定。对未来地下水情况的预测，避免在后期的工作过程中，地下水的情况对工程项目的施工造成不好的影响。在进行地下水的水文勘查的过程中，勘查人员可以利用多种对地下水的勘查技术对地下水的情况进行详细的勘查工作，对所勘查地区的地下水的水文情况以及分布规律进行勘查，并进行直观的详细报告，来对未来的地下水的开发以及工程施工做出数据支持。

（二）工程地质的概念

在进行工程项目的施工过程中，对工程所在地的地质勘查工作是项目开工之前的必要环节。在进行地质工程的勘查过程中，主要的勘查内容包括地质的岩土组成结构以及地质的物理和化学组成成分。在经过对地质工程的一系列的勘查过程中，通过对勘查设备和勘查技术的应用，得到有关于所在地区的勘查数据结果，对勘查过程中得到的数据结果进行全面的勘查工作，最终得到数据的勘查报告。在经过对数据的勘查报告的研究之后，得到数据进行研判，来检查项目是否符合工程项目的施工条件。只有在符合项目的施工条件时，才能够进行项目的施工。地质勘查是保证项目顺利进行的有效的，是项目施工前期的重要组成部分。

（三）水文地质勘探

为各种专门目的而进行的比较详细的水文地质勘查工作。一般在水文地质普查的基础上进行，采用较大的比例尺。如供水水文地质勘探、矿床水文地质勘探、地热水文地质勘探等。在工作中一般要投入较多的勘探工程量。与工程的设计阶段相适应，专门性的水文地质勘探常可分为初步勘探和详细勘探两个阶段，每一阶段工作的结果都要提交专门性的水文地质勘探报告和有关的图件。

二、水文地质结构空间特征分析

（一）水文地质结构

主要指地下水赋存环境的空间展布特征及其空间属性，它包括地貌形态特征、含水介质以及各类含水层空间特征和空间属性以及地下水位的特征和属性等。不同的水文地质结构体受到地形地貌、地质构造的影响，在结构、规模、形态上差异很大，但从计算机图形学的角度来看，水文地质结构体可以概括为面状结构、线状结构、体结构三大类。面状结构主要指水文地质结构中呈曲面形式表现的结构，如含水层的顶底板、隔水层的顶底板、潜水面等；线状结构是指水文地质结构中呈线性表现的结构和构造，如地层各层面交线、边界线、地层界线、断层线以及各种界线等；体结构是指具有一定形态的水文地质结构体及其在空间所表现出的形态特征，如地层、各类含水层、透镜体等。因此，水文地质概念模型可以描述为从三维空间建模的实际需求出发，对各种水文地质结构如各类含水层、地下水面以及地质构造（主要为地层）的空间形态特征以及空间属性等内容通过空间几何特征、记号、空间相互关系加以概括和描述。构建三维水文地质结构模型，也就是构建反映地下水系统硬结构的模型，其目的主要是为了刻画各地质体的边界，建立各地质体形态及空间组合关系，揭示建模区的地质格架，水文地质涉及的地质体泛指研究尺度内的任何体积的岩石实体及构造。

（二）水文地质结构影响因素

1.地形地貌

地貌即地球表面各种形态的总称，也叫地形。地表形态是多种多样的，成因也不尽相同，是内、外力地质作用对地壳综合作用的结果。内力地质作用造成了地表的起伏，控制了海陆分布的轮廓及山地、高原、盆地和平原的地域配置，决定了地貌的构造格架。而外应力（流水、风力、太阳辐射能、大气和生物的生长和活动）地质作用，通过多种方式，对地壳表层物质不断进行风化、剥烛、搬运和堆积，从而形成了现代地面的各种形态。

2. 地层

地层是其他地质实体和地质构造赋存的物质基础，是一定地质时期形成的层状堆积物或岩石，地层是有先后顺序的，时代老的先沉积，时代较新的再叠覆在它上面，正常的顺序总是上新下老，这就是地层学中的地层叠覆律。

3. 断层

断层的几何要素包括断层面、断层线、断层盘、断距等。断层的几何特征可用断层延伸长度、断层面产状、两盘相对位移方向和断距的大小等参数来描述。

4. 水文因素

径流是水文循环的重要环节和水均衡的基本因素，分为地表径流和地下径流，二者具有密切联系，并经常相互转化，它们均有按系统分布的特点，在水文学中常用流量、径流深度、径流模数和径流系数等特征值说明地表径流，水文地质学中有时也采用相应特征值来表征地下径流。

（三）水文地质结构

1. 含水层、隔水层及各要素参数

含水层是指能够透过并给出相当数量水的岩层。隔水层是指不能透过与给出水，或者透过与给出水量微不足道的岩层。在各种不同情况下，含水层与隔水层在含义上有所不同，二者可以相互转换且其划分具有相对性。岩性相同、渗透性完全一样的岩层，在有些地方被当作含水层，而在另一些地方却被当作隔水层。即使在同一个地方，渗透性相同的某一岩层，在涉及某些问题时被看作透水层，在涉及另一些问题则可能被看作隔水层。因此，含水层、隔水层和透水层的定义取决于具体问题的具体条件。

含水层按照地下水的埋藏条件，将其分为潜水含水层、承压水含水层。承压含水层按照埋藏深度又可以分为第一承压水含水层、第二承压水含水层、第三承压水含水层等或浅层承压水、中层承压水、深层承压水、超深层承压水等等。

水文地质参数是表征含水介质水文性质性能的数量指标，是地下水资源评价的重要基础资料，主要包括含水介质的渗透系数和导水系数、承压含水层的储水系数、潜水含水层的重力给水度、弱透水层的越流系数，还有表征与岩土性质、水文气象等因素有关参数，如降水入渗系数，潜水蒸发强度、灌溉入渗补给系数等。

2. 边界条件

现实中的物体有的本身是连续的、渐变分布的，其边界不明显或难以划定；而有的物体是离散分布的，有明显边界。各种水文地质结构体在三维空间都有相应的边界，如地层边界、含水层边界，边界的划分是按照一定的标准和条件进行的。在三维空间建模过程中，所建立模型的边界条件及其范围可以依据相应的水文地质结构边界划分标准给予确定和划分，如果有足够有效的边界划定和确定标准，就可以使边界的问题满意解决。如含水层边界条件根据研究区域的地下水渗流区域边界上渗流物理条件（如动力学条件）给予给定，其边界条件分为三类：第一类边界条件。已知（或给定）边界上的水头分布的情况的边界条件；第二类边界条件：已知（或给定）边界上进（出）流量分布情况的边界条件；第三类边界条件：已知（或给定）边界上水头和法向导数的线性组合的分布情况的边界条件，或称为混合边界条件。

3. 流场特征

潜水面在图上有两种表达方式：一种是水文地质剖面图；另一种是平面图的形式表示，即等水位线。它是按一定的水位间隔，将某一时间潜水位相同的各点连成等水位线，从潜水等水位图上可获取以下信息：

确定潜水流向：潜水总是从潜水面坡度最大的方向流动，所以垂直于等水位线，并从高水位指向低水位。

确定潜水的水力坡度：两等水位线之高差被两等水位线间距离所除。

承压水等水压线是某一含水层中承压水位相等的各点的连线，根据若干井孔承压水位的高程资料就可会出承压水等水线图，来反映承压水位的变化情况，根据等水压线图可判断承压水的流向、含水层岩性和厚度的变化、水压面的倾斜坡度等。通常在等水压线图上要附以含水层顶板等高线，同时还将地形等高线也叠置在起，对照等水压线图和地形等高线就可以得知自流区和承压区的范围及承压水位的埋深，若再与顶板等高线对照就可知各地段压力水头及承压含水层的埋深深度，同时可分析出承压水与潜水的补给关系。

4. 源汇项时空分布

地下水的形成，取决于构造、地貌、地层结构和水文气象等自然条件的综合作用，含水层从大气降水、地表水及其他水源获得补给后，在含水层中经过一段距离的径流再排出地表，重新变成地表水和大气降水。循环的强度主要取决于补给和排泄两个方面，补给充足排泄畅通，地下水流过程就强烈，如果补给充足但排泄不畅，必促使地下水位抬升，并在定环境条件下是地表沼泽化。反之，使含水层中地下水减少，以至中断。

5. 动态分布特征

利用动态观测孔可获取含水层各要素（如水位、水量、水化学成分、水温）随时间的变化。利用动态数据，可以建立地下水水位变化模型、地下水流场模型、地下水化学场模型等，实现地下水运动的动态仿真模拟。

三、水文地质勘查的工作内容

（一）水文地质测绘

对地下水和与其有关的各种地质现象进行实地观测和填图工作，包括收集有关的资料；布置观测点和观测线进行实地调查；测定井、泉等地下水露头的流量和水质；研究其形成条件，以查明地下水的形成、分布、埋藏条件和岩土的含水性；寻找地下水的富水地段，选定进一步勘探和试验工作的地点等。利用遥感技术，对卫星照片和航空照片进行解译，以配合水文地质测绘，是一种又快又好的方法，可以提高地面测绘的效率和精度。

（二）地球物理勘探

地球物理勘探（简称物探）常用来寻找地下水，确定含水层的位置，划分咸水体和淡水体界线等。在水文地质勘探中常用的地面物探方法有电测深法、电剖面法、自然电场法、浅层地震法、α-径迹法等。常用的钻井地球物理方法有电测井法、放射性测井法等。物探方法由于比较快速、经济，常与水文地质钻探和试验配合进行，利用物探确定钻孔和抽水试验地点，可以提高效率。

（三）水文地质钻探

钻探的目的是确定含水层的位置与分布，以查明地下水的存在条件。所获岩心要进行详细编录，并且利用钻孔进行抽水试验或其他水文地质试验。水文地质钻探的要求和一般的矿产钻探不同，要求有较大的孔径并且用清水钻进。否则利用钻孔求得的水文地质参数可能失真。

（四）水文地质试验

水文地质试验的目的是取得各种参数，为地下水资源评价或矿山涌水量计算等提供基础资料，包括抽水试验、压水试验、注水试验和弥散试验等，最常用的是抽水试验。

（五）地下水动态观测

地下水动态观测是水文地质勘查的一项重要内容。在布置钻探和水文地质试验时，就要考虑到保留一部分钻孔用来进行长期观测，定期测定地下水的水位、水质和水温，以便为以后的地下水资源评价或其他水文地质计算提供基础资料。一般要求动态观测的时间不少于一个水文年，时间系列愈长愈好。

（六）实验室分析

在水文地质勘查过程中，要选取水样、岩样或土样进行实验室的水质分析、粒度分析、孢粉或微体古生物分析、同位素年龄测定等。

（七）编制水文地质报告和图件

水文地质勘查的成果一般分为报告和图件两部分。报告应当正确地反映实际的水文地质条件，回答要求解决的问题。图件一般是一系列的水文地质图，根据勘察的目的、要求的不同，图件的数量和内容都可以不同，常见的有综合水文地质图、地下水等水位线图、岩石含水性图、水化学图、地下水埋深图、地下水污染程度图、水文地质参数分区图等。

三、水文地质问题对工程地质勘查的影响

（一）工程水文地质问题及危害

1. 工程水文地质问题

在对水利水电项目进行建设过程中，工程地质主要存在以下三个方面的问题。

第一是关于坝体的地质问题，由于我国的地质结构复杂多样，因而在对水利水电工程进行建设的过程中具有不特定性。对水利工程的水文地质状况进行提前详细的勘测可以对大坝岩体的状况进行提前的了解，及时排除大坝的岩体存在的缺陷问题，可能会导致坝基的稳定性出现问题，坝基的防水特性不强也可能出现渗漏问题。再加上由于复杂地质地貌的影响，地质结构不太稳定，所以，可能会导致大坝边坡由于地质结构不稳定可能会导致错落、倾倒现象还可能会导致泥石流滑坡的现象产生。

第二是水库地质的相关问题，主要分为地面和地下两种水库。水库在注水前后水文地质状况以及水库周围的地理环境都会产生巨大的变化。水库注水后经过一段时间，水分会蒸发，以及一些水分会下渗到地下水，而且随着注水会使水库中淤积大量的泥沙，长时间之后会使水库蓄水能变差。

第三是在水利水电建设过程中容易出现软土基坑的问题，这个问题主要有两个方面：一是关于边坡的稳定性；另一方面是关于基坑的降排水。在水利水电施工的过程中主要通过保护面和坡度、减低水位等相关措施使得边坡的稳定性和基坑的排水问题得到有效的解决。

2. 水文地质对工程的危害

（1）对地表建筑物的危害

在这个方面突出表现为地下水对地面岩土工程的危害。地下水会因为人为因素或气候环境因素的影响而发生变化，地下水的变化往往会造成地面已建成建筑物基础的变化。比如过度抽取地下水，容易造成地表塌陷，进而威胁到建筑物的安全。常见的问题是建筑物倒塌、墙体裂缝和岩土工程扭曲变形等。主要原因是地下水受到影响后，使地下含水层和建筑物基础之间的力学结构发生变化。

（2）对地表桩基工程的危害

工程施工中，为了加固地基，提高建筑物地基对建筑物的承载能力，通常采用桩基础。在地质勘查阶段，我们要非常注意地下水赋存情况和运动状态，依据这些情况决定是否采用桩基础，具体采用预制桩、搅拌桩，还是灌注桩等。如果地下水比较丰富，流速也比较快，再加上桩基周围的岩土比较松软，就会造成桩基周围岩土流失、松动，影响到桩基的周边摩擦力，甚至会使桩基失去作用。同时，也要考虑到桩身和周围土层受到地下水影响而发生下沉的速度，不能使桩身下沉速度小于土层下沉速度，那样土层会对桩身产生负方向上的摩擦力，进而影响到桩基的承载能力。

（3）对基坑工程施工的危害

我们在工程施工过程中，特别是在比较拥挤的城市环境中建设高层建筑时，因为受到周围环境的限制，不能像在相对开阔的区域那样直接开挖基坑，一般都是采用垂直开挖的办法，避免对周边建筑的影响。这时候就会对所开挖部分的地下水进行抽排，降低地下水位。但是，如果我们对地下水的具体情况不清楚，局部大量抽水，会引起周边建筑物基础部分土层突然下沉，危及周边建筑的安全。

3. 工程勘测过程中水文地质参数的测定方法与要求

（1）测定方法

我们在水文地质参数的测定方面，主要涉及地下水位的测定、地下水渗透系数和导水系数的测定、另外，还有给水度、释水系数、越流系数、越流因数、吸水率、毛细水上升高度等具体参数的测定。针对以上这些不同的参数，我们应采取不同的方法进行测定，我们通常采用对地基钻孔或借助测压管观测两种方法进行地下水位的测定；采用抽水、注水、压水试验以及采样进行室内渗透实验的方法测定地下水的渗透系数、单位吸水率和导水系数；采用单孔地层抽水试验、地层非稳定流的抽水试验、实地水文观测等方法测定地下水的给水度以及地下水的释水系数；采用对地层进行多孔抽水试验达到测定越流系数和因数的目的；对于毛细水位上升高度的测定，我们主要是挖坑后进行观测或者进行室内测验的办法进行测定。

（2）具体测定要求

1）地下水位测定的具体要求

我们工程勘测过程中，常常遇到含水地层，这样的地质条件下就要进行地下水水位的测定。我们在测量时，都是测量的静止的地下水位，最适宜进行地下水位探测的时间是全部勘察工作结束以后，因为这时候地下水位不会太多地受到人为勘察活动的影响，当测量水位时，如果我们采用泥浆钻进的方法进行钻孔观测，则应该在，测水位前将测水管深入到含水层中二十厘米左右，或者是在洗孔后进行地下水位量测。有时候会遇到多层含水的地质环境，这时候我们在测量地下水位的时候，应该采取隔水措施或者止水措施。

2）地下水流向和流速的测定要求

在测量地下水的方向的时候，我们应采用几何法，同时量测所钻各个孔内的地下水流向，以此来确定工程所在地地下水总体上的流向，避免单孔测量的偶然性。测定地下水水流速度的时候，我们通常采用指示剂法借助于化学试剂及其具体表现来测算，也可采用充电法进行测定。

3）对抽水试验的具体要求

抽水试验的具体操作应该符合抽水试验方法的具体要求，具体操作过程中，可根据含水层特征选用不同的抽水实验方法。抽水试验宜采用三次降深的方法，其中，最大降深应满足工程设计时所需的地下水位降深的标高。水位量测的时候，最好采用同一种方法和试验仪器，正确读取数据。当涌水量与时间关系曲线和动水位与时间的关系曲线，在一定范围内波动，而没有持续上升和下降时，可认为已经稳定，抽水结束后应量测恢复水位等规定。

4）其他要求

进行压水试验的时候，应该依据已有的地质资料，认真研究，科学选定试验孔的位置，按照测绘图纸和地质资料，依据所显示的岩土渗透性划定具体的试验区段，结合工程的实际需要，确定压力的大小。我们在进行孔与孔之间水压力的测定时，应注意以下几个方面：测定方法可根据试验的适用条件确定；测试点应根据地质条件和分析需要布置；测压计的安装和埋设应符合有关安装技术规定；测定数据应及时分析整理，出现异常时应分析原因，并采取相应措施。进行毛细上升高度测定时，在粉土、黏性土可采用试坑直接观测或塑限含水量法测毛细上升高度；对中、粗砂可采用最大分子吸水量法，粉细砂则用吸水介质法测定。

（二）水利水电工程水文地质的问题分析及对策

1.山区的地质灾害分析

在我国西北、西南地区山川广布，尤其是四川位于地震带上，地壳活动活跃，而且地震也会导致一些次生灾害的发生，例如，地震会导致岩体结构更加的不稳定，进而会导致塌方、泥石流现象的发生，例如四川汶川地震时，由于地震原因导致大量大面积的堰塞湖产生对地区整体地质环境的稳定造成了非常不利的影响。由于我国从建国到90年代并未实行计划生育政策以及现代医疗技术的发展死亡率的下降，导致人口数量激增，自然人口所需水量巨大，而且由于我国经济的不良发展导致大面积的水被污染，全国范围内可用的地表水变少，导致人们开始大量开采地下水，使得我国地下水位急速下降，地表下缺乏物质对地表的支撑，极易出现地面沉降的问题，更严重的可能会出现地裂。

2.水土的流失分析

例如，在我国的黄土高原地区，地理常用于沟万壑来形容此地的地质地貌，众所周知，该地区的水土流失是十分严重的，在夏季降水量很大，而且由于近些年来砍伐森林使得地表植被被破坏，没有大量植被的保护雨水大量冲刷地表使得地表的土壤流失，而且缺乏植被水很难被留下来。黄土高原只是我国众多地区水土流失问题的一个缩影，很多企业在开发的时候只注重经济效益，严重忽视了生态效益，对环境破坏越来越严重，使得地区的水文地质环境遭到破坏，进而影响了我国的水利水电工程的建设工作。

3.高边坡的问题分析

随着我国现代水利水电建设技术的进步，对西部一些施工难度较大的地区已经可以进行水利水电的建设，西部的海拔较高，很多水利水电工程在施工过程中都被高边坡的问题所困住，怎样在使高边坡的稳定性不受破坏的情况下对水利水电工程进行施工建设。

4. 水利水电工程水文地质问题应对策略

笔者认为，应该从三个方面对水文地质问题进行全面的检测管理，首先，笔者认为应该先从制度上保证水利水电工程施工地区的水文状况勘测到位，所以，水文地质勘测制度化是保证水文勘测落实到位不可缺少的一部分。第二是先进的勘测设备能够使水文勘测的结果更加的精确，使得水文地质勘测的数据的真实性受到保证。第三是水文地质勘测的过程中需要勘测人员专业的技术，认真负责的态度，所以，应该着力对水文地质勘测人员的勘测技术以及其他综合素养进行培养，从而使得我国水利水电工程的建设工作能够顺利地展开。

（三）岩土工程水文地质的问题分析

1. 水文地质勘查在岩土工程中的作用

（1）规范作用

对岩土工程内水文地质问题进行分析研究，对于岩土改造工作开展具有直接性影响。对水文地质问题进行分析研究之后，可以有效保证区域规划科学合理，根据检测数据结果，对岩土结构进行全面详细分析，完善工程项目施工方案。水文地质在出现问题之后，岩土结构非常容易出现受损情况，进而造成地质灾害，在这种情况下就需要对水文地质问题进行分析，在灾害防控上面具有重要意义。水文地质勘查分类如表 5-1。

表 5-1　水文地质勘查工作类型

类　型	目　的	任　务	范　围	比例尺
区域性水文地质调查	为制定某项国民经济的远景规划提供水文地质依据	概略查明区域性宏观的水文地质条件	一般较大，大于数百千米	<1：10万
专门性水文地质调查	为某项具体工程建设项目设计提供水文地质资料	较详细地查明区内的水文地质条件	视工程项目的规模或科研课题的需要而定	>1：5万
地下水动态均衡监测	多方面：水位、水量、水质短期、长期、永久	监测地下水动态和均衡要素	监测工作的持续时间视具体情况而定	

（2）评价作用

提高对水文地质工作的重视度，需要深入了解地下水的变化，保证水文地质和区域地质特征相结合。为地质灾害防治工作开展提供对水文地质信息。但是由于不同地区地质存在显著差别，大部分地面工程在施工建设过程中，都存在不同程度地质安全隐患，进而提高水文地质工作就显得尤为重要。

2. 岩土工程水文地质勘查内容

（1）地质环境

水文地质勘查工作中地质环境的勘测也是工程建设的重要内容，地质环境勘查主要由地质特征、基底构造、岩石性质、新构造运动、第四系厚度控制等内容构成。分析岩土工程所在区域的地质环境，分析岩层对水作用的抗压能力，并测定岩层的腐蚀程度，有效的判断岩土工程的建筑物的耐腐蚀性。

（2）地下水位情况

因为地下水运动对岩土工程建设具有重要影响，而水位直接关系着建筑物地基稳固性。地下水位是水文勘查的重点内容。主要包括地下水位的升降特点，水位变化趋势，周边岩石环境的水补充作用，地下水在岩土的排泄情况，勘查地下水最高水位和最低水位的历史特点，并分析造成高低水位的具体历史原因。每个岩石层面的物质性质不同，地下水蕴藏程度不一致，水类型和水流速的变动差异也是水文勘查的内容。动态水位分析，对岩土工程的基底调整有指导性的意义，及时对基底建设进行改进和调整。在地下水的勘查中，针对不同的地质水系选择不同的测定方法，可通过钻孔、探井的方法测定水位；同时在测定水位时，注意测定的时效性，需要在静止的地下水位测定一定的时间，分析地下水的渗透情况和地下水的赋存状态。

例如，某滑坡工程为例，滑坡体在受到重力作用后，滑坡体沿着斜面向下滑动。在滑坡体的移动过程中，受到地下水的影响，由于地下水含量较多出现了渗透情况，对滑坡体的下滑造成了加速作用。由于该滑坡工程施工周期较长，在实际施工过程中，为了保证监测质量，采用了物探技术对地下水文情况进行了监测。通过对相关数据的分析发现，滑坡体在移动过程中，滑坡体表层电阻率会随着降雨的增加而减少，而地下水位会随着降雨的增加而升高。由此可见，地下水位的变化情况主要影响因素来自降雨。在后期的施工中，施工单位及时制定了相应的排水措施，减小了地下水位对滑坡体移动的影响，同时也保证了施工人员的安全。

（2）含水层、隔水层勘查

含水层和隔水层也是水文地质勘查的重要内容，对于建筑物的地基结构的稳定性有决定性影响。含水层、隔水层的勘查主要有以下的内容：各个含水层的埋深条件和埋深水位，主要水层的厚度分布和水位情况，各水层的地下水的类型和流速流向及水位动态情况。在现场的地质水文勘查中，注意结合岩土工程的建筑材料对水的敏感度，科学合理应用地下水的渗透系数，结合施工现场的地质结构和周边的地理环境，着重分析各个水层对建筑材料的腐蚀程度，并据此判断指导岩土工程的材料设计。

（3）水文地质参数测算

水文地质参数的测算，主要是通过对地下水位、地下水的渗透性能以及导水能力等不同参数，结合吸水防水、以及越流过程的参数的测算，评价地下水位对工程的总体影响。具体勘查方法的选择，要根据施工地点的状况进行选择。对于地下水的检测主要通过压力测试或者是地基上的刻度尺对其高度以及变化进行测量；利用实验室采集的样品测试，同时抽水注水、压力测试等不同的方法，对地下水体的渗透性能、导水性能等进行检测；通过对一些地下水体的抽取测试以及对于水位的观察等方法，观察地下水位的给水程度以及防水的性能；利用多孔抽水来监测地下水的越流性能等。

3.岩土工程水文地质勘查存在的问题

从当前的岩土工程勘察水文地质的工作现状能发现，其中还存在着各方面的问题有待解决，主要体现在缺少充分勘察依据上，勘察工作技术人员对勘察工作的重要性没有得以充分重视。具体的现场勘察工作进行中，对工程特点性质和地貌没有紧密联系，对水文产生的影响也没有充分重视，这就比较容易造成工作不能达到预期效果的现象发生，工作的质量比较低。

再者，岩土工程勘察工作中水文地质的工作很难对实际情况真实准确地反映，勘察工作的内容以及施工条件等都没有加以明确化，这样在具体的勘察报告当中也比较缺少理论基础以及逻辑思维能力，从而使得相应的分析结果缺乏准确性。勘察报告的整体质量相对比较低，有的很难达到相应合格标准，建筑施工的整体方案设计没有得到优化，从而影响了水文地质的工作质量。2.2 岩土工程勘察水文地质的影响分析岩土工程勘察水文地质的影响范围也比较广泛，主要体现在地下水文变化的影响下，会造成岩土层结构的稳定变化，比较冗余出现地面的沉降以及地表开裂等问题，最终就比较容易出现地下水文过快上升的情况。再有就是地质层面的因素影响下，含水层结构以及总体岩性产状等等，这些都比较容易对水文地质产生影响。

同时，地下水位的过度下降产生的影响也比较突出，容易出现塌陷以及地面沉降的问题。受到地下水动水压力的因素影响也比较突出，主要就是施工行为所产生的影响，地下水自然条件就比较容易出现变化和失衡的情况。另外，水文地质对于建设施工的影响比较突出，水文地质的勘察过程中，就会对工程的基础设计以及施工产生很大影响。勘察工作实施过程中，人们只注重外在地质结构性质，对于水文地质参数的考虑不充分，这就比较容易受到地下水因素的影响，如果没有得到有效科学的处理，就比较容易对地基产生腐蚀的危害。再有就是地下水侵蚀以及化学性质作用下，也能改变建筑材料实际使用预期，造成变形等问题。所以对水文地质的影响的分析就显得比较重要。

4.岩土工程勘察水文地质工作优化措施

做好岩土工程勘察水文地质工作，就要从多方面着手实施，做好相应的优化措施，笔者就此提岩土工程勘察水文地质工作优化措施：

（1）做好深化研究水理性质的工作

岩土工程勘察水文地质的工作实施中，要想提高整体的工程质量，就要充分注重水理性质的研究，水理性质就是地下水以及岩土层相互作用的性质，渗水性以及溶水性等都是比较重要的性质。在通过实际的研究工作，将这些水理性质得以准确地把握下，这对岩土层的研究工作就有着积极促进作用。地下水自然状态会出现变化，水文下降以及上升等，这就需要在具体的工作过程中，能够和工程场地的不同，来做好抽水取样的检测工作，保障地下水位以及水量变化的设计分析，从而这就能成为工程地质勘测的重要依据。

（2）充分了解水文地质的条件

岩土工程水文地质工作的具体开展过程中，就要将水文地质的条件能充分详细的了解，水文地质勘查工作开展过程中，主要是做好地下水蒸发量以及降水量等相关信息的勘测掌握，并要注重地下水以及地表水关系的详细了解，加强地下含水层深度以及厚度的基础信息的掌握。在进行不同地下含水层的调查工作中，就要做好水位的变化以及流向的了解工作。同时也要能够和岩土工程勘察的相关信息紧密地结合起来，对于地下水以及地表水的受污染情况的分析了解也是比较重要的内容。

（3）完善做好水文地质勘测工作

岩土工程的勘察工作中，水文地质勘测工作的开展，要注重掌握科学化的方法，要制定好勘察工作的目标，按照具体的勘察要求以及结合实际情况展开全面化的勘测工作，这其中就会涉及地下水升降的频繁情况信息，以及地下水的特性等，以及渗透的系数等，这些都是勘探工作当中比较重要的。并要做好相关的压力实验，这是比较关键的环节，保障实验起始压力以及最大压力和基数等，在这些基础的信息熟练准确地掌握后，就要对地下水对建筑材料腐蚀性产生的影响做出科学化的评估。

（4）做好水文地质的完善评价工作

岩土工程勘察中的水文地质评价工作的实施，主要是对工程造成的影响进行分析预测，以及对可能会带来的安全事故进行详细的研究分析，结合研究的结果能提前做好相应预案，保障工程施工的安全。水文地质的问题分析方面要从全面性的角度出发，保障建筑工程的水文资料信息的详细化，并要能够保障建筑项目实施地基施工的时候注重相应问题的充分重视。评价工作的实施要能遵循因地制宜的原则，不同地区的岩土工程勘察工作，在评价的内容以及侧重点方面也是有着不同的。具体而言，水文地质的评价内容当中，要搞清楚地下水的自然分布状态，准确测算或者模拟出工程施工中人为因素的影响会对地下水造成的影响。详细掌握地下水有可能对建筑物基础部分的掩体、工程施工及已建成建筑物造成的危害。根据当地地质条件的具体情况，研究不同的地质条件对不同工程类型的影响，对典型的问题进行评价，综合各种因素，让设计人员、工程地质方面的专家等多方面人员参与，提出具体的防治地下水对工程产生负面影响的应对措施。具体评价的内容包括：地下水的水位、腐蚀性，重点是依据地下水位、地下水性质及其分布，地下水的活动情况，分析评价地下水对建筑物基础岩土体的损坏情况，对有可能发生的问题进行科学的预测和防治。在建设大型项目的时候，如果地质环境资料不全面的情况下，应该组织专业人员进行水文地质专项勘察，通过水文地质试验提供水文地质的各种参数，为建筑物具体采用什么样的桩基形式和进行科学的工程设计提供水文地质参数。也可以配合水文地质部门，在具体施工区域内的场所设立观测装置，对水文地质情况进行连续的，不间断的观测，以便掌握详细的、系统的、准确的数据，为有效防止工程因水文地质问题受到影响奠定基础。

（5）水文地质问题的优化处理方法

岩土工程勘察工作中的水文地质的问题处理，就要充分注重从多方面进行考虑分析，要在勘察前做好拟施工地点基础水文地质资料的收集整理，通过相应的资料和工程施工方案加以对比，对水文地质可能存在的不安全因素加以明确。并要能做好地下水以及岩土体间相互作用分析工作，对当地的水文地质情况能有详细充分的了解。结合收集到的水文地质资料以及现场勘察的数据等资料信息，就要对公衡项目建设施工区域的水文地质问题充分的分析评价，通过地下水截留外泄等措施的实施保障岩土体的安全稳定。

（四）矿区工程水文地质问题分析

1. 矿区水文地质勘查的相关内容

（1）矿区自然地理环境

矿区所在区域的气象、水文、地形特点、交通状况等矿区自然地理环境将直接影响到矿产资源开发的难易程度，为避免因自然地理状况影响到矿产资源的开发利用，就必须科学全面的掌握矿区自然地理环境状况，并将其作为水文地质勘查的依据进行分析。

（2）矿区地质环境条件及水文地质条件

通过分析矿区地质构造及新构造运动、地层岩性特点、岩土体工程地质类型和地质灾害发育情况等地质环境条件，对矿区地下水的分布与赋存特征、地下水水位和水质动态变化的分析，为研究地下水对矿区工程产生的影响提供相关计算参数。

（3）地下水对矿区工程所产生的影响

地下水对矿土的岩土工程施工会造成各种影响，地下水位的上升可以导致岩土体发生结构破坏、强度降低、软化等，引发粉土及细砂饱和液化，产生流沙并管涌等相关问题。而地下水位的下降则可能导致地面沉降塌陷等地质灾害，也会使土壤发生盐渍化，增强了地下水对矿区结构的腐蚀性，缩短了建筑的寿命。地下水位的频繁变动会改变土壤的膨胀和收缩率，使得岩土体的稳定性下降，不利于上层矿区建筑的建设以及矿产资源的开采。

1）水位上升对矿区工程带来的危害

导致矿区地下水位上升的因素有很多种，一般人为因素只会导致地下水位下降，在此不做过多的讨论。气温和降雨量等因素可以导致矿区地下水位的上升，有可能引发岩土体的土壤盐渍化和沼泽化，使得土壤对矿区建筑物的腐蚀性加强，还会导致岩土体发生崩塌等不良地质问题，严重影响了上层矿区建筑的稳定性，使得上层矿区建筑物出现沉降或者裂缝的情况，甚至在矿区内产生流沙、管涌等问题，容易造成重大经济损失和人员伤亡。土壤盐渍化的过程，地下水通过土壤中的毛管渗透到地表，而地表水分蒸发之后留下了溶解在地下水中的诸多离子，这些离子在水分挥发后以盐的形式存在，日积月累就会导致土壤出现盐渍化，而富含大量离子的土壤会对上层建筑造成强烈的腐蚀，影响建筑物的稳定性与使用寿命。

2）水位下降对矿区工程带来的危害

降多是由人为因素所导致的，例如对地下水的大量集中抽取，采矿过程中矿床的疏干及上游处筑坝，通过水库的修建对下游处地下水补给进行截夺等。工业生产或者农业生产对地下水过度利用，但是地下水又不能够得到及时的补充，此时就容易出现地下水位下降，地下水位下降过大会导致地面塌陷或者沉降的发生，威胁了矿区岩土体结构的稳定。

3）地下水升降频繁对于矿区工程产生的危害

地下水位的频繁上升或者下降会使得膨胀性岩土发生不均匀性的缩胀变形，破坏了岩土体整体的稳定性，往往会导致地上建筑物的裂缝。而地下水位的频繁变动会使得土壤中的各种金属离子流失，金属离子在土壤中起到了黏结颗粒的作用，金属离子的流失会导致土壤的黏结性下降，土质变得疏松，整个土层的承载力降低，在上层建设建筑物时会导致地层的沉降与坍塌。

4）地下水水位的升降改变

因岩土的膨胀性不同，进而致使膨缩变形产生不一致情况，从而导致水文地质的发布状况问题，膨缩变形不一致的不断进行，还将引起建筑结构的破坏，引起诸如崩塌、滑坡等地质灾害，对人们生活造成隐患。

5）地下水的动水压力给矿区工程施工所带来的危害

随着人们对于自然环境破坏程度的增加，生态系统对于水分的调节能力降低，地下水动水压力对于矿区工程施工所带来的危害逐渐凸显，生态环境的破坏，使得地下水的动力平衡被打破，所以，基坑流沙、突涌、管涌等事故频发。在矿区地质勘查的过程中，应该详细了解岩土膨胀与收缩率，了解地下水的动水压力对岩土膨胀与收缩率的影响趋势，从而制定针对性的开采方案，防止有岩土膨胀与收缩率发生变化而引起的结构开裂或者基础沉降现象的发生。

2. 矿区工程勘察水文地质的优化措施

（1）了解水文地质的相关条件

上文已经提到，地下水位的频繁上升或者下降以及动水压力对矿区工程造成的影响，为了保证勘查工作的质量，准确了解水文地质的相关条件，应该注意以下事项，从而尽量减小水文地质问题给矿区矿产勘查带来的影响。首先应该掌握矿区地下水位的变化规律，了解矿区所在地区的地下含水层的深度，分析地下水的蒸发量以及地域降水量，从而得出地表水与地下水位变化的关系。其次注意对于地下水污染情况的调查，水中含有污染物质可能对岩土体造成未知的影响，必须提前做好应对措施。

（2）矿区工程水文地质的评价内容

经过大量的时间数据研究，以下几个水文地质相关问题应该作为主要的评价内容，以此来预测水文地质可能引发的地质灾害，并且针对性地进行预防，具体措施为：

施工前重视对于矿区的水文地质资料的收集，加强对于水文地质资料的管理，确保所有收集的水文地质资料科学有效。对于地质条件复杂的矿区应有足够的简易水文观测工作量，确保收集的水文地质信息最大限度地接近真实情况，可以减少后期水文地质的工作量。在收集水文地质资料时，要充分考虑到人为因素对水文地质变化的影响。

加强水力学的计算理论探讨，把非稳定流和有限元等理论应用到生产实践中，对试验结果多一种验证手段，积累经验选择更接近实际的数据。基于收集到的水文地质情况探究水文地质情况可能对岩土体或者结构物造成的影响，评价岩土体或者结构物能够产生的各种灾害，事先制定行之有效的预防对策，然后再进行工程的基础施工。

在评价水文地质相关问题上，需坚持好因地制宜原则，对不同矿区所在地勘察评价的主要内容也将不同，若矿区岩土体的基础是软质岩石或强风化岩，则其主要的评价内容便为地下水的活动对于岩土层崩解、胀缩与软化等产生的影响。

（五）水文地质勘查中的注意事项

1. 提高对水文地质勘查的重视程度

在进行工程地质勘查时需要加强对水文地质勘查的重视程度。对于涉及的水文地质问题应该进行深入的分析，然后根据分析的结果对整个工程的设计进行相应的调整和改进，使工程施工时能够有效地避免因水文地质不合理带来的施工阻碍。除此之外，相关的工作人员还应该对水文地质勘查工作进行合理的安排和设置，严格规划水文地质勘查过程中应该注意的相关事宜和勘查内容，在实际的勘查过程中应该严格按照相关的水文地质勘查指标进行工作，这样能够进一步的提高水文地质勘查的准确性以及科学性。最后，相关的部门还应该加大对水文地质勘查的投入，不断提高和改善水文地质勘查的技术和设备，对有关的工作人员进行及时的培训，确保他们掌握先进的勘查技术，从而使整个水文地质勘查工作更好地进行。

2. 调整水文地质参数的测定方法

我们在对水文地质参数进行测定时，不能单纯地使用一种测定方法，而是应该根据工程环境的具体状况进行相应的调整，从而选取最佳的测定方法。同时在进行测定的过程中首先要对地下水位在不同时期的变化进行明确，尽可能地采用较多的指标进行地下水的测量，从而得到更加精确的测量结果，为建筑工程的正常进行提供科学、可靠地保证。

四、工程水文地质勘查评价内容

（一）水文地质评价内容

在进行水文地质勘查的过程中，主要的评定目标有以下四种。第一种，就是对岩土工程的结构的影响。在进行建筑工程的施工过程中，应该判断地下水对建筑工程的结构影响，勘查地下水的水层位置是否会影响到建筑物的结构层。勘查人员应该有效地对项目的实际情况进行勘查，检查地下水物力和化学性质，保证结构的一致性，避免在后期建筑物出现坍塌的情况。第二点就是地下水水位对工程的地基的影响。在进行地质水文的勘查过程中，勘查人员应该注意地下水的水位，根据地下水的实际情况对地下水的水位进行调节，减少地下水的水位对地基的影响。第三点就是判断地下水的水文情况对项目的影响情况，在进行项目的施工过程中，地下水的水位情况对工程的效益有较大的影响，应该对其进行重点关注。第四点，根据不同的工程项目，不同的工程项目对地下水的水文情况有不同的要求，因此应该结合项目对项目的水文情况进行勘查。

（二）水理性质评价内容

在进行岩土工程的勘查过程中，岩土的水理性质是地下水文勘查过程中的重点。其中包含岩土的透水性、崩解性、软化性和给水性以及岩土的胀缩性。每一个性质都由其自身的评价指标。第一点就是岩土的透水性，在进行岩土的透水性的评价时，其评价指标就是岩土工程的渗透系数。在对岩土的透水性进行测试的过程中，可以对岩土进行抽水试验来计算透水系数，判断其透水情况。第二项就是岩土的崩解性。在进行崩解性的测试过程中，测试环境是在静水环境中进行勘查测试的，并且对岩土土体的结构变化和强度进行测试，从而达到对岩土土体的全面观察。第三点就是对岩土的软化性的测试，在岩土土体的软化性的测试过程中，需要借助岩土土体的软化系数进行检查。第四项指标为岩土土体的给水性，岩土的给水性是衡量其对工程项目影响程度的指标，其中最重要的就是在进行工程项目的施工过程中，如果岩土土体的给水度越高，就表示岩土工程对项目的不利因素越大。第五点，胀缩性。在实际测量的时候，应重点把握岩土体的胀缩系数及正确处理胀缩导致的形变，以便于为工程项目提供更加精准的水文地质环境参数。

第二节　水文地质方法分析

一、水文地质方法简述

（一）遥感及物探等勘查方法简述

1. 瞬变电磁法

瞬变电磁法（TEM）是利用接地导线或者不接地的回线，通过脉冲电流来作为场源，用以激励探测物感生出二次电流，然后测量二次场在脉冲间隙时间而变化的响应，二次场从开始到结束的时间是短暂的，即是"瞬变的"，它属时间域电磁法。而电磁感应原理即导电介质在阶跃变化的激励磁场的激发下产生涡流场的问题，是瞬变电磁法的物理基础。

与其他电法相比，瞬变电磁法拥有体积效应小，分层的能力强，异常响应的形态简单且有较强的穿透高阻覆盖层等能力，测深工作和剖面测量可同时完成，更多有用的地质信息被提供。同时此法对低电阻反应灵敏，体积效应较小，容易突出低弱电阻率异常，从而划分出富水和含水区域。

2. 遥感技术

它是根据电磁波理论，用装置在飞机和人造卫星等各种飞行器上的专门仪器，接收地面上各种地质体发射或反射的各种波谱信息，从而解释判定出被测地区的地形地貌、水文地质条件，并可绘制出各种图件。它的优点是能提高质量、加快进度、减少测绘和勘探工作量、减轻体力劳动等。在自然条件复杂，交通困难的地区更显示出其优越性。

3. 可控源音频大地电磁测深法

可控源音频大地电磁测深法（CSAMT），是由不同频率交流电流通过一定装置来发射电磁波，借助观测到的电磁场相位、振幅，用以研究地质问题的一种勘探方法。

根据交流电频率不同时其电磁场分布范围的不同，可以通过改变发射频率，来研究不同深度上的地质情况。

可控源音频大地电磁测深法，具有能穿透高阻覆盖层、分辨能力强及各向异性较小等特点。

该方法是根据测区地质资料，选择合适的 ResSmth 参数。通过对卡尼亚视电阻率及阻抗相位断面图的电性变化与地层结构的研究进行反演，最终经计算做出二维反演视电阻率断面图，再进行解释。

4. 二维地震法勘探

二维地震勘探就是用人工的方法来产生地震波，其在向下传播过程中，遇到不同地层的分界面会产生反射，在地面上用精密仪器。把各个地层的反射波所引起的地面震动的情况记录下来，在根据地震波开始下传的时间还有地层分界面产生的反射波到达地面的时间，得出地震波传播的总时间，在利用其余方法求出地震波在地层中的传播速度，利用数学公 $s=1/2vt$，可以得出各个地层界面所埋藏的深度。延地面上的一条测线进行连续观测，并对观测的结果加以处理，就能得到反映出地下岩层起伏形态变化、分界面埋藏深度的资料—地震剖面图，经过时间深度转换即可得出地质剖面图。

（二）常用勘查方法简述

1. 水文地质钻探

在矿区水文地质勘查中，水文地质钻探是可靠的、主要的方法。它不但可以直接揭露含水层，还有兼做试验、取样、防治和开采地下水的作用。在各种不同水文地质条件的勘查中，都应有相应的水文地质钻探工作量才能保证所得到的地质资料是可靠的。

水文地质孔可分为五种试验孔、开采孔、勘探孔、观测孔和探放水孔。其中，试验孔主要是用于进行抽水试验，还可用于了解水文地质情况；开采孔主要用来进行矿区地下水的开采或水位疏降；勘探孔的作用主要是了解矿区水文地质和地质情况，钻进时应对岩芯进行观察和描述，并进行简易的水文地质观测；观测孔主要是在抽水试验时，对指定层段的地下水进行长期的动态观测和水位观测，需要时进行水样和岩样的采取；探放水孔是用来探明掘进巷道前方一定距离的水文地质情况，也可进行水文实验和地下水疏降等工作。

2. 抽水试验

抽水试验是以地下水井流理论为基础，通过实际水文孔抽水时，水位与水量的变化情况得到水文地质参数，为涌水量预测和地下水允许开采量的评价提供依据。

抽水试验的种类很多，主要分以下几种：第一，根据抽水试验井孔数量，分为单孔抽水、多孔抽水和干扰井群抽水；第二，根据抽水试验依据的井流理论，分为非稳定流和稳定流抽水试验；第三，根据抽水井孔的类型，分为非完整和完整井抽水；第四，根据实验时含水层的情况，分为分段、分层和混合抽水；第五，按抽水的顺序，分为反向和正向抽水。

3. 涌水量预测

矿井涌水量是矿山建设与生产时单位时间内流入矿井的水量。它是确定矿床水文地质条件复杂程度的重要指标，也是矿山制定防治水方案和确定排水设备的主要依据。矿井涌水量预测的准确程度，直接关系着矿山开采时安全隐患的大小。与矿山人员的生命财产安全又直接关系。

矿山涌水量预测一般分三个步骤，即建立水文地质模型，建立数学模型和数学模型的解算及预测结果评价。

（1）建立水文地质模型

分三个阶段：第一阶段，通过初勘资料，对矿床水文地质条件概化，提出水文地质模型“雏形”；第二阶段，根据勘探工程提供的信息，完成对“雏形”的调整；第三阶段，在“校正型”模型的基础上，根据开采方案预测外边界的变化规律，建立模型的“预测型”。

（2）建立数学模型

根据水文地质模型的特点，选择对应的计算方法和数学模型。常用模型可分为以下类型

模型	非确定性（统计）模型	经验方程	
		Q-S 曲线方程	
		回归方程	
		时间序列分析	
	确定性模型	渗流型	解析法
			数值法
		非渗流型	水均衡方程
	混合模型		

图5-1　水文地质模型

（3）数学模型的解算及预测结果评价

数学模型解算是对水文地质模型和数学模型全面验证识别的过程，有利于对水文地质条件的认识，从而对数学模型进一步完善，最终使模型及预测结果更加合理和真实。

因为矿井涌水量预测的方法有很多，在这里就不一一进行叙述了，只简单地讲一下同矿区不同开采高程的比拟法和单位用水量比拟法。

同矿区不同开采高程的比拟法是利用已开采的不同开采工程的流量的观测数据，通过寻找其中的数学关系，得出相应的数学公式。从而对目标层进行计算预测的方法。其过程简单如下：

首先，统计不同高程的流量数据，得到相应的图形和公式，再根据选择的数据的不同，可以分别得到最大涌水量和正常涌水量的公式，然后只要把需要计算的目标层的相应数据带入其中，即可得到我们想要的涌水量。该方法在同矿区的计算中所得到的结果往往比其他方法更准确。

单位涌水量比拟法，是利用疏干面积 F 和水位降深 S 这两个对涌水量 Q 产生主要影响的因素，通过已知的某个开采面积和水位降深时的涌水量来预测未来开采时的涌水量。当生产矿井的涌水量 Q_0 随开采面积 F_0 和水位降深 S_0 呈直线关系时，单位涌水量 q_0 为：

$$Q = q_0 SF = Q_0 \left(\frac{FS}{F_0 S_0} \right)$$

则比拟公式为：$Q = q_0 SF = Q_0 \left(\frac{FS}{F_0 S_0} \right)$

当生产矿井的涌水量 Q_0 随开采面积 F_0 和水位降深 S_0 不呈直线关系时，则比拟公式为

$$Q = Q_0 \left(\frac{F}{F_0} \right)^M \left(\frac{S}{S_0} \right)^n$$

其中 Q，F，S—新矿区（采区或水平）的涌水量、开采面积和水位降深；
M，n—待定系数，可由最小二乘法求得。

单位涌水量比拟法适用于有多年开采历史的矿井，但应注意的是，不同的冲水条件可以选择不同的比拟因子（如开采面积、水位降深、掘进巷道长度等）。

二、实例分析——桑根达来矿区

（一）区域水文地质概况

1. 地形地貌及水文气象

白彦花煤田属于内蒙古北部苏尼特右旗晚华力西地槽褶皱带，川井断陷盆地的东缘，受纬向构造带的严格控制，在盆地中的地下各含水层与地貌、构造、气候等条件密切相关。区域地形西南高东北低，起伏变化不大。盆地南部为山前波状倾斜平原，海拔标高 1200～1258m，北为古生代基岩构成的低山丘陵区，海拔标高 1149～1180m，地形相对比高为 50～100m 左右，丘陵区沟谷不甚发育，沟谷多呈"U"字形，沟出口处为小型洪积扇分布。

区域内地表河流有两条，即扎尔格楞图河和开令河，为区内主要水系。扎尔格楞图位于本井田边界以东，该河全长 62km，由南向北径流，流至哈西牙图则以潜流形式注入桑根达来湖中。开令河全长 80 余公里，由南向北流经开令河村、白音查干及白彦花苏木林场后注入哈尔诺尔。根据水文地质调查成果该河流属于季节性河流，只有在降雨过后会形成暂时水流。位于井田边界以北的 3.5km 处有桑根达来湖常年积水。区域侵蚀基准面海拔标高为 1095m。

勘查区属于大陆性干旱高原气候，年降水量为 246.5mm，最小 90.5mm，平均年降水量为 149.5mm。主要集中在七、八月份（为 89.93mm，占历年平均降水量的 54.8%），年蒸发量 2693.3 ～ 3040.3mrn，平均为 2871.0mm，是降水量的 19.2 倍。

2. 区域水文地质特征

本区内蒙古北部苏尼特右旗晚华力西地槽褶皱带，位于井断陷盆地的东缘，属内蒙古高原水文地质区。主要地层为中生界陆相碎屑岩，次为新生界（半胶结岩层）松散沉积物。依据地下水的赋存条件及水力性质不同，将区域地下水含水层划分为三种类型，即松散岩类孔隙含水层组、碎屑岩类孔隙、裂隙含水层组、火山岩裂隙含水层组。

3. 地下水补给、径流、排泄条件

区域地下水来源除西南面接受区外地下径流补给和大气降水垂直渗透补给外，煤田内主要接受大气降水垂直渗透补给和低山丘陵区基岩裂隙水的侧向径流补给，尔后汇集于古河道向北东方向径流排出区外。

（二）井田水文地质条件

1. 井田水文地质概况

桑根达来井田位于乌拉特中旗白彦花煤田西段，近东西向延伸的，中生代断陷盆地内。基本为全掩盖区。盆地北部为古生代基岩构成的低山丘陵区；盆地南部为山前波状倾斜平原，为隐伏隆起区；盆地中，煤层分布与盆地形态相近，煤层厚度变化较大，其变化规律为自盆地边缘向中心递增加厚。本区地形西南高东北低，起伏不大。最高点位于本区东南边界萨拉三角点，海拔标高 1258.40m；最低点位于井田东北部时令湖一带，海拔标高 1149.30m，地形最大高差为 109m。

井田内沟谷不甚发育，无常年性有水河流。只有扎尔格楞图河经本井田边界以东由南向北迁流，为季节性河流。水井零星分布，出水层均为 Q4a1+p1。位于中北部至东北部一带低洼处在雨季多形成碟状湖，旱季干枯。

表 5–2　桑根达来矿区地层表

地层单位		地层厚度			接触关系
		最小	最大	平均/点数	
第四条	上更新统、全更新统（Q₃+Q₄）	1.00	56.84	15.78/116	不整合
	上统二连达怖苏组（K₂）	4.68	167.03	58.46/115	平行不整合
白垩系	下统白彦花组（K₂b）　泥岩、砂砾岩、砾岩段（K₂b³）	24.81	251.27	112..29/116	整合
	含煤岩段（K₂b²）	25.72	142.73	71.38/116	整合
	泥岩粉砂岩段（K₂b¹）	?	?	?	?

2. 井田水文地质特征

根据井田内地下水的赋存条件及水力特征，将区内地下水划分为两种类型，即松散岩类孔隙含水层组与碎屑岩类孔隙、裂隙含水层组，现分述如下

（1）松散岩类孔隙含水层组

井田松散岩类广泛分布，主要由第四系（Q4）不同成因类型堆积的松散砂土、砂砾石及不同粒度的砂层等沉积物所构成。岩性为灰白色、灰褐色砂砾石、中粗砂、细砂、砂质淤泥等组成，根据水文钻孔资料及民井调查资料，含水层厚度 1.00 ～ 56.84m，水位埋深 2.80 ～ 3.64m，单位涌水量为 0.0093 ～ 0.056l/s.m，含水层富水性弱，渗透系数为 0.05 ～ 0.68m/d，水化学类型为 $HCO_3 \cdot Cl \cdot SO_4 - Na \cdot Ca$，$Cl \cdot SO_4 - Na \cdot Ca$ 型水，矿化度 1.10 ～ 5.80g/l，为微咸水。pH 值 7.88 ～ 10.16 为中性—弱碱性水。由于地形较平坦，水力坡度不大，地下水流动速度慢。再由于蒸发量大于降水量的 19.2 倍，因此导致了地下浅层水通过土壤蒸发，使潜水中含盐成分逐渐增高，水质较差。

（2）碎屑岩类含水层组

1）白垩系上统二连达怖苏组（K₂）

该统分布广泛，平行不整合覆于下统含煤岩段之上，为一套湖泊相沉积为主的红色地层，在盆地内俗称上红层。岩性主要由砖红色黏土、褐红色含砾泥岩、粉砂质泥岩、含砾泥质粉砂岩及细砂岩、砂砾岩夹薄层砾质泥岩及泥灰岩组成，局部夹灰色、杂色含砾泥岩。钻孔揭露厚度 3.70–167.03m，平均 59.21m。经钻探证实，本区呈现了北薄南厚，西薄东厚的变化趋势，岩性横向变化不大，盆地边部粒度变粗，含有零星分布孔隙潜水，该组以泥岩类为主，为良好的隔水岩体。

2）白垩系下统白彦花组（K_1b）

广泛分布于白彦花煤盆地，为大型内陆湖泊相碎屑沉积，根据岩性组合特征将该组划分为三个岩段，由上至下分述如下：

①白彦花组 $K_1b^3 \sim K_1b^2$ 承压含水层

该岩段在盆地内广泛发育，为一套湖泊、河流、沼泽、泥炭沼泽相沉积层，是本区主要含煤层段。岩性由灰绿色、灰色、深灰色泥岩、含砾泥岩、粉砂质泥岩、粉砂岩、泥质粉砂岩夹细砂岩、砂砾岩、砾岩组成，K_1b^2 中部夹 B 煤层及薄层炭质泥岩。厚度 92.62 ~ 331.62m，平均 158.41m。

本次施工的 B28-7，B28-12，B29-9，A3-4 号水文地质钻孔，抽白垩系下统白彦花组 $K_1b^3 \sim K_1b^2$ 承压含水层 B 煤层底板以上基岩水。含水层厚度为 56.65 ~ 85.09m，根据抽水试验结果水位埋深 10.00 ~ 24.81m，水位降深 27.11 ~ 34.02m，单位涌水量 0.046 ~ 0.1141/s·m，含水层富水性为弱—中等。渗透系数为 0.08 ~ 0.1075m/d。水质类型为 $HCO_3 \cdot Cl \cdot SO_4 - Na$ 型及 $HCO_3 \cdot Cl - Na \cdot Ca$ 型水，矿化度 1.52 ~ 6.50g/L，属微咸水，pH 值 8.22 ~ 8.32，属弱碱性水。

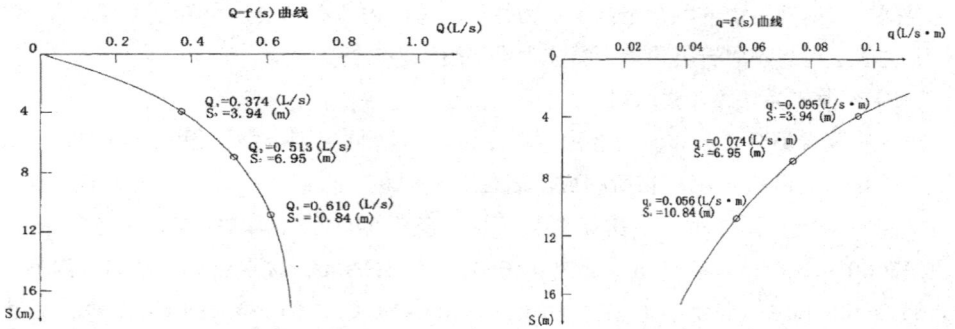

图5-2　B28-12水文孔第四系抽水实验曲线图

$$K = \frac{0.336Q}{MS} \lg R/r \qquad\qquad R = 10S\sqrt{K}$$

利用数学方法进行计算，首先假设一个 K 值，将其带入公式，求的 R 值，然后用 R 值反求 K 值，再将 K 值重新带入，这样反复计算最后得到准确 K 值。然后通过 K 值就可以反求其他参数。通过计算分别得出该孔第四系和煤系含水层的 K 值为 0.69m/d 和 0.09m/d，平均涌水量为 0.499L/S 和 2.168L/S。

②白彦花组（K_1b^1）

位于该组下部，为盆地形成早期的沉积物。岩性主要有绿灰色、灰色、深灰色泥岩、泥质粉砂岩、含砾泥岩、砾质泥岩及泥质粉砂岩夹薄层泥灰岩。厚度不详。该段以隔水岩层为主，局部少量砂砾岩含孔隙、裂隙承压水，含水层富水性弱。

3. 隔水层的隔水性

井田各含水层间隔水层 2 层，即为白系上统（K_2）隔水层、与白垩系下统白彦花组层间隔水层。

（1）白垩系上统二连达布苏组（K_2）隔水层，平行不整合于煤系等地层之上，主要岩性为砖红色黏土、褐红色含砾泥岩、粉砂质泥岩以及局部赋存含砾泥质粉砂岩及细砂岩、砂砾岩夹薄层砾质泥岩及泥灰岩组成。全层厚度为 3.70 ~ 167.03m，平均 59.21，分布全区，为井田较为稳定的隔水层。

（2）白垩系下统白彦花组（K_1b^3）上部泥岩隔水层与白垩系上统（K_2）隔水层成为一层隔水岩体，厚度为 13.66 ~ 91.87m，平均 47.62m，为较稳定隔水层。白垩系下统白彦花组 K_1b^3 ~ K_1b^2 含水层间的局部隔水层，主要岩性为泥岩、粉砂质泥岩、泥岩粉砂质层等组成。局部呈透镜体存在。厚度为 12.57 ~ 40.20m，平均 26.26m，为煤系地层局部隔水层。

3. 地表水和地下水各含水层之间的水力联系

（1）地表水与地下水之间的水力联系

井田东部的扎尔格楞图河在勘查区东界以东一干河，大雨过后或冰冻消融期才有水流，为季节性河流，由南向北经本井田边界以东以潜流形式注入地下，最终排泄至井田外北部的桑根达来湖，由于是季节性补给，其补给量有限，在雨季，局部低洼处形成暂时性的地表水体，与大气降水一起成为地下水的主要补给源。因此地表水与第四系孔隙潜水含水层之间有直接的水力联系。第四系地层之下为白奎系上统（K_2）隔水层相隔，所以地表水与其他含水层无直接的水力联系。

（2）各含水层之间的水力联系

井田第四系含水层与白疆系下统白彦花组 K_1b^3，K_1b^2 承压含水层之间有白垩系上统（K_2）隔水层和白垩系下统白彦花组 K_1b^3 上部泥岩隔水层相隔，两者之间在自然状态下无密切的水力联系；白系下统白彦花组 K_1b^3 承压含水层与 K_1b^2 煤层顶板承压含水层之间，无较稳定隔水层，两者之间直接接触，有直接的水力联系，也是煤层充水的主要来源，是煤层主要充水含水层。

5. 矿床充水因素分析

井田气候干旱，降水稀少，年蒸发量是降水量的 19 倍，降水多集中在七、八月份。区内地形平缓，易于大气降水的渗入补给，地形、地貌也易于储存地下潜水，部分潜水可通过基岩裂隙垂直向下渗入，但由于本区煤层埋藏较深，其间隔水的泥岩及砂质泥岩较厚，对未来矿床充水影响因素较小。

井田内煤系地层为沉积碎屑岩，层状结构。各含水层或多或少均含有孔隙一裂隙水，但补给来源贫乏。由于岩石节理、裂隙不甚发育，地下水排泄不畅，形成了静水压力大，水头高，水量较小，以静储量为主要储水条件的地下水，造成矿床大量充水的可能性较小。

井田内构造简单，仅一轴向呈北东一南西向的向斜构造，向斜两翼产状比较平缓，无断层及构造破碎带，无岩浆岩侵入。故对矿床产生导水作用很小。

井田内无大的河流、沟谷及水库、湖泊等地表水体，仅扎尔格楞图河（在勘查区范围内为一干河，大雨过后才有水流）由南向北经勘查区东部以潜流形式注入地下，最终排泄至勘查区外的桑根达来湖，故无地表水与矿床沟通之隐患。但雨季应加强做好防洪工作避免地表水从井口或冒落带、裂隙带及封闭不良的钻孔流入矿井。

据调查井田附近无生产小窑和老窑，故不会因老窑积水带来充水隐患。

（三）矿井涌水量预算

井田矿坑涌水量预测范围选择先期开采地段位置，根据内蒙古煤矿设计研究院有限责任公司的技术咨询意见，确定先期开采地段面积为 21.18km²，预测 B 煤层开采水平的矿井涌水量（因无井筒开拓方式，在此不预测井筒涌水量），平均开采深度为 242.65m，平均标高为 944.84m。

1. 计算模型的选择

本区西部为煤层露头区，白系上统二连达布苏组（K_2）与白垩系下统白彦花组（K_1b）泥岩粉砂岩段直接接触，构成了西部直线隔水边界，可概化为直线隔水边界；东部为煤系延伸方向，视为无限补给边界。矿井涌水量计算利用映射法近似采用直线隔水边界条件下承压完整井稳定井流的大井法公式计算。

2. 计算中各项参数的确定

（1）渗透系数 K 的计算本次勘查 B28-7，B28-12，B29-9，A3-4 号水文孔抽水试验成果，渗透系数平均值 0.1075m/d，作为本次预算矿井涌水量含水层的渗透系数。

（2）水柱高度 H 的确定采用 B28-7，B28-12，B29-9，A3-4 号水文孔静止水位标高平均值至含水层底板标高平均值的差值 213.93m。

（3）影响半径 R 的计算由于矿井排水时，巷道系统范围内水位应降至含水层底板，即 S=H，故采用经验公式，$R = 2S\sqrt{HK}$。计算结果 R=2052m。

（4）承压含水层厚度 M 的确定采用 B28-7，B28-12，B29-9，A3-4 号水文孔抽水段，相对含水层（中一粗粒砂岩、含砾粗砂岩）与先期开采地段地质钻孔中的砂岩含水层厚度平均值 61.23m。

（5）引用影响半径 R_o 的确定由公式 $R_0=R+r_0$ 求得。计算结果 R_0=5589m。

（6）引用半径 r_0 的确定因计算范围为不规则的多边形，按公式 $r_o = \dfrac{p}{2\pi}$ 计算。式中 F—多边形周长，约 22212m。计算结果 r_0=3537m。

（7）大井到西部隔水边界距离，取 b=1650m。

3. 涌水量预算公式选择及预算结果

井田开采方式为井下开采，故白垩系下统白彦花组 K1b3 含水层与 K1b2 煤层顶板含水层之间无较稳定的隔水层，所以是矿井涌水主要的直接充水含水层。其充水方式主要是沿导水孔隙、裂隙下渗，在所形成的渗漏区内向巷道系统充水。

计算时假设渗漏区为一个"大井"，按解析"大井"法预算矿井涌水量。由于矿井疏干排水应将水位降至含水层底板（B 煤层顶板），故选用承压转无压完整井公式，最终求得涌水量预算结果 $Q=7711m^3/d$。

4. 涌水量预算结果评述

本次采用的"大井法"预测结果代表的是先期开采地段开采到最后阶段的涌水量，也可以认为是先期开采过程中的最大范围的涌水量，即静态预测，而实际开采过程是一个循序渐进的过程。白系下统巴彦花组 Klb3—K1b2 含水层组以储存量为主，补给条件差。随着疏干时间的增加，储存量的消耗，涌水量有变小的趋势。本次涌水量预测 B 煤层以上基岩，故煤层以上岩层厚度较大，计算参数水柱高度及含水层厚度等也相应较大，涌水量计算结果可能与实际生产矿井建设的巷道系统涌水量有一定出入，与实际形成的巷道系统发生变化时矿井涌水量也随之变化。本次使用水文地质模型概化，基本符合本区实际情况，水文地质参数选择基本合理。故预测结果可供有关部门参考。生产部门在采掘中，应提前做好对突发事件的应急措施，及时调整排水设施，保证矿井的正常、安全生产。

（四）供水水源

井田第四系松散层广泛分布，总厚度 1.50 ~ 27.75m，平均 11.45m。易于接受大气降水和山前基岩裂隙水侧向补给，含有较丰富的孔隙潜水，B4-2.B28-12 号水文地质钻孔水质类型为 $HCO_3 \cdot Cl \cdot SO_4Na \cdot Ca.Cl \cdot SO_4-Na \cdot Ca$ 型水，矿化度 1.10 ~ 5.80g/1，为微咸水。pH值 7.88 ~ 10.16，为中性 - 弱碱性水，水质较差。但该层地下水经有效方法进行净化处理也可作为矿区供水水源地。

矿井疏干水综合利用作为供水水源问题，因其补给条件甚差，水量会逐渐减少，特别是未来周边矿井同时开采，同时疏干排水时，水量将没有保证。因此矿井疏干水只宜作为临时短期供水水源。

第三节　水文地质勘查技术的应用

一、地球物理勘查技术的应用

（一）地球物理勘查方法的勘查依据

地球物理勘查方法在水文地质的应用当中，需要对地下岩层在物理上的差异性进行勘查与分析，正因为有这些差异性的存在，地球物理勘查方法可以有效地探明地下岩层的水文地质条件。在水文地质的实际应用当中，需要借助一系列的地球物理勘查测试仪器来监测地下岩层以及水体各方面的物理与特征变化，从而对地下岩层的岩性、结构以及岩层含水性能等多方面的变化进行分析与推测。在勘查的过程中主要的勘查依据主要有以下三方面：

1. 地下岩层含水量

地下岩层的水资源含有丰富的矿物质，存在一定的矿化度，并且有较好的导电性，能较大地影响地下岩石的视电阻率值。例如当测试仪器勘查到的是厚层石灰岩并且是无水的状态，仪器上显示的 ps 值往往高于 $500\Omega \cdot m$，远高于水地段。

2. 地下岩层的磁性

岩石之间由于含有不同种类和数量的金属元素，在磁性方面会有较大的差别，例如绝大多数的岩浆岩含有丰富的金属元素，然而拥有较强的磁性；反之，较多的沉积岩缺少金属元素，导致其磁性较弱。因此，当磁性的测试仪器在这两种岩石过渡时，仪器表会有明显的磁力差异波动。

3. 地下岩层的放射性强度与热辐射强度

对地下岩层之间不同类型的岩石，会有不同强度的放射性和热辐射，特别在富水和贫水的岩石之间，会表现出较为明显的差异性。一般来说，断裂两侧贫水岩石地带的辐射温度要高于断裂富水的岩石地带，平均在 7 ～ 11℃之间。

（二）地球物理勘查技术在水文地质中的应用

地球物理勘查技术在水文地质的应用主要分为两类：一是地面物探方法；另一个是地球物理测井。运用地球物理勘查技术中的这两种方法可以解决水文地质勘查绝大部分问题。

1. 地面物探方法勘查地下水资源

大多数的物探方法是对地下岩石、裂隙与空洞的物理性质进行勘查，从而间接判断出地下岩层是否存在含水层或富水带。在水文地质的应用方面，较多应用在物理性质有明显差异性，并能稳定、强烈显示的，不易受到环境与人为因素干扰方面的地下岩石。在地面物探方法当中，常用的有：电阻率法，磁法、放射性探测法和声波探测法。

自然电场法。是指利用地下岩石或矿石的氧化还原、地下水渗透、扩散与岩石颗粒间的吸附等作用而形成的自然电场进行水文地质勘查的方法。因为天然存在的电场与地下水资源在岩层间隙、裂缝时的渗透以及离子运动、吸附等作用有关。所以，可在地面监测地下水的电场变化状况，从而勘查出地下水的埋藏深度、位置分布以及运动状态。这种方法有利于勘查古河道以及表面岩层是否存在含水破碎带，从而推断河床、水库及堤坝的渗漏位置和方向，判断使用什么半径的抽水钻孔。

激发极化法。是通过分析断开供电极的电流后所形成的地下岩石与水资源的放电电场衰减特点，从而勘查出地下水的一种方法。衰减度与衰减时可科学的推测是否存在地下水以及反映地下水放电电场的衰减特点。衰减时是指地下水放电电场的电位差下降到一定数值所用的时间。衰减度能体现出极化电场的衰减速度。由于地下岩层中存在水分子偶极矩增大的含水带，并且普遍的地下水放电电场的衰减速度慢，会造成衰减度与衰减时的数值相差较大。日常中使用较多的是激发极化测深法，主要用于勘查地下岩层的岩层状态与分布位置是否存在地下水或者较大的溶洞含水带，从而推测地下水分布的深度。因为激发极化形成的极化电场值较小，所以不适用于岩层厚于 80m 和工业分布密集的区域。这种方法的缺点在于电源较重、工作效率低与成本高。

交变电磁场法。是通过监测岩层、矿物以及地下水的良导性、介电性以及导磁性在物理空间与时间分布特点上的差异性，从而勘查出隐藏的地质体与地下水。电磁法是近代最新研究出的一种物探方法。在生产的过程中，实际使用的方法主要有频率测深法、甚低频电磁法、地质雷达法等。甚低频法能有效地确定岩石和地下水等物质的低阻体；地质雷达能有效并较高的分辨出岩石和地下水等物质的物理特征，如形状、体积及其分布空间。

放射性探测法。放射性元素广泛分布在岩石和水中，主要的放射性元素有铀、镭、氡、钍和钾。自然界中的放射性元素在衰变的过程中会释放出 α、β、γ 射线。水文地质勘查时，可借助核辐射探测仪器来监测这些射线的强度。必须指出的是，目前所探测的射线主要由氡元素放出的，是主要的勘查对象，其他元素放出的射线所起到的作用较小。放射性探测法对勘查基岩地下水十分适用。

2. 地球物理测井方法

这种方法可以有效地测定水文地质参数和确定含水层，是对钻孔剖面的地下岩性分层，并结合钻探取芯以及水文地质勘查资料进行深入分析，从而推测地下含水层、咸淡水的分界部位、岩溶发育带以及测定水文地质参数等。物探测井在无芯钻进或当钻进取芯不足的情况，是必不可少的勘查方法。地球物理测井方法勘查水文地质的精度远高于地面物探方法。在某些情况下，这种方法中的钻孔对确定地下岩层的岩层分界部位与出水裂隙带的准确性以及勘查精度会高于钻探取芯。

二、人工精神网络在水文地质中的应用

（一）人工神经网络（ANN）技术概述

人工神经网络（ANN）的研究开始于 20 世纪 50 年代，它的突破缘于计算机科学和非线性科学的发展，特别是大规模集成技术的发展，为其提供了实现的基础和应用前景，使得神经网络的研究进入了空前活跃的时期，成为一门涉及数学、物理学、脑科学、心理学、认知学、计算机科学、人工智能等学科的新兴交叉学科或系统学科。ANN 模型是一种基于生理学的智能仿生模型，是由大量处理单元（神经元）互联组成的非线性大规模自适应动力学系统，具有人脑的许多基本特性，其功能主要由网络拓扑结构和网络节点的处理功能所决定，是一种低层的数值模型。ANN 以对象系统的实际输入、输出为学习样本，学习收敛稳定即获得了有关对象的知识，并以隐含方式存储于网络的权空间，正是这组稳定的权隐示着对象系统的有关规律，工作时网络系统被激活，运用隐式知识推理，输出结果。虽然每个神经元的结构和功能十分简单，但由大量神经元构成的网络系统却是丰富多彩和十分复杂的，可识别输入输出数据间复杂的非线性、模糊性和不确定性关系，因而被广泛应用于自动控制、计算机设计、模式识别、生物医学工程及水文地质等研究领域。

当前在应用领域中研究最多的神经网络模型主要是三种模型：第一种是采用误差反传算法的前馈型网络，又称 BP 网络，输入神经元由 S 型函数激活输出，网络权值利用 BP 算法进行调整。这种网络具有分类、映射和一定的联想功能，是应用最广的一种网络，当前 80% 以上的应用都是这种网络，可用于解决建模、预渺、分类、优化等问题；第二种网络是全反馈型的 Hopifeld 网络，采用 Hebb 算法进行学习和训练，具有联想记忆功能，同时比前馈网络具有更强的计算能力，因而广泛用于优化计算及模式识别；第三种网络是自组织神经网络，采用竞争学习算法，主要有 Kohoenn 网络和 ART 网络等，具有分类、映射、记忆功能，可用于模式分类、数据压缩。

水文地质中，由于含水层性质的空间变异性所导致的数据多变性和参数的不确定性，以及水文地质数据的不完备性，特别在矿井水文地质中，由于采矿活动的影响，打破了原含水系统的平衡格局，加大了水动力场及水文地质参数的不确定性，这些都使得一些精确分析方法，在表达地下含水系统各部分之间非线性关系上具有了很大的局限性。不过，在解决其过程难以用物理方程描述的非线性问题上，特别是不需要了解非线性系统内部具体结构的情况下，ANN 技术被证明是十分有效的工具。

目前，国内外专家学者建立了大量 ANN 模型用于解决水文地质问题，本文将结合当前的一些研究成果，分析探讨 ANN 技术在矿井水文地质中的应用及发展。

（二）ANN 技术应用分析

ANN 应用于水文地质研究始于 20 世纪 90 年代初期，已解决了一些常规方法难以解决的问题，涉及的范围包括水文地质建模、地下水质评价、地下水管理和动态预测等方面。尽管大多应用实例并非来自生产矿井，但这些理论与方法完全可以应用于矿井水文地质，指导矿井生产。

1. 水文地质建模

通过建立水文地质模型求解水文地质参数是水文地质中经常需要面临的问题。相关学者利用自组织 Kohoenn 网络建立了区域对数渗透系数的 NN–kirging 法对地下含水层特征参数进行了辨识。建立了以观测点坐标、含水层埋深及水中总溶解固体（TD）S 的对数值为输入向量，含水层的对数导水系数为输出向量的 BP–ANN 网络，对空间导水系数进行了插值，并与 kriigng 法进行了比较，显示了 ANN 较精确的区域插值能力。有学者利用 BP–ANN 网络对试验区含水层各个观测点地质参数进行了尺度扩大，并将 ANN 预测值输入 Gis 中，描绘了含水层水文地质参数的空间分布。耦合 ANN–GIS 模型显示了其在确定含水层空间形态及求算水文地质参数上的强大作用。有学者根据泰斯公式中井函数 W（u）降深函数关系，以各时刻的观测降深与流量的比值作为输入向量，含水层的导水系数 T 和储水系数 S 作为输出向量构成一个求算含水层参数的 BP 网络，利用此网络计算的含水层参数（T，S）与配线法结果一致，且速度快，同时避免了配线法的人为随意性。这些应用结果表明，ANN 具有简单插值、统计预测、函数映射及较快的计算速度等特点，在解决矿井水文地质中求解含水层特性这类问题方面成为一个十分有用的工具。

2. 地下水质评价

由于水质评价涉及的多项评价指标间通常存在不相容性和模糊性，且一般认为各项指标与环境质量等级之间存在的是非线性关系，因此水质量的综合评价非常困难，目前还没有公认的统一的评价方法。有学者利用有两个隐含层的 BP-ANN 网络，以水质评价指标作为输入向量，水质污染级别作为输出向量，对受污染的含水层进行了污染评价，该方法同尼梅罗综合指数法、模糊综合评判法以及灰色聚类分析法相比，有效避免了评判结果多解性，评价简单方便。有学者建立了水质综合评价的 Hopfield 网络模型，Hopfield 网络采用模式联想，用于水质综合评价形象、直观、方便。网络回想时间很短，一般只需一到两次迭代即可完成，且既适用于定量指标的水质参数也适用于定性指标的水质参数，水质参数越多，评价结果越可靠，因此有其独特的优越性。由于 ANN 具有很强的自学习、自联想及容错能力，网络的输出结果具有更强的可判性，因而在水质综合评价方面 ANN 将具有较好的应用前景。矿井水文地质工作者可利用 ANN 技术进行矿区供水含水层水质及矿井污水水质评价。

3. 地下水管理

1992 年斯坦福大学的 Rogers 在其博士论文中首次提出了利用 ANN 技术进行地下水优化管理，并在模型训练与识别中使用了遗传算法（GA），此后不少学者在这一领域进行了研究。有学者在采用抽水——处理方法对受污染的含水层进行治理时，提出了可并行处理溶质运移问题地下水水质恢复优化管理 ANN 模型，对抽水方案寻优时使用了联合梯度算法和 GA。在同一问题上，其他学者提出了基于随机渗透系数的 ANN 模型，利用 GA 优化抽水—处理方案，并得到了可靠性与处理方案的便利性之间平衡曲线。这些地下水管理模型对矿井供水水文地质具有借鉴意义。

4. 动态预测

动态（包括水位、水质及水量）预测一直是水文地质学的一项重要研究内容。

（1）水位动态预测

有学者是以观测井前一年最高水位、当年地下水开采量和当年 1 ~ 5 月份降水量作为输入因子，以观测井当年最低水位为输出因子，利用 BP-ANN 网络进行了水位预测，同时进行多元回归预测，发现 ANN 模型比回归模型具有更高的拟合和预报精度。有学者是利用 ANN 对某水源地降落漏斗面积及漏斗区补给水量进行了预测，以降水量、河水入渗量、开采量为输入因子，漏斗面积及漏斗区补给水量为输出因子，取得了比较好的预测效果。

（2）水质动态预测

有学者针对佛罗里达州一个地下储油的渗漏问题，提出了预测地下水质污染物运移的 ANN 模型，并且根据有限的观测点资料画出了地下各种有机污染物的分布图。有学者对采矿活动引起的地下卤水入侵淡水含水层进行了 ANN 预测，为了确保预测的准确性，同时用地下水模拟装置（MOC）对地下水中氯浓度及地下水头值进行了模拟。结果表明，ANN 短期预测的平均绝对误差只有 3.5%。有学者利用 BP-ANN 对长江河口地区第 1 承压含水层水质参数（矿化度）的分布情况进行了分析、研究，且探讨了人为因素影响下其咸、淡水界面的运移规律，指出应用 ANN 技术研究地下水咸、淡水界面波动的可行性。

4.3 水量动态预测

有学者对煤矿底板突水进行了 ANN 预测，以影响煤矿底板突水的四个因素含水层岩溶发育程度、水压、隔水层厚度和断裂构造的复杂程度为输入因子，以突水水量为输出预测因子，取得了较好的预测效果。有学者根据矿坑充水条件建立了一个 ANN 网络，采用 GA 和 BP 相结合的混合算法来训练网络，使网络收敛速度加快和避免局部极小，以矿坑充水的各种控制因素相关资料作为样本，对网络进行训练并用训练好的网络预测矿坑涌水量。网络的训练速度及预测结果表明，该算法收敛速度较快，预测精度很高，为矿坑涌水量预报提供了一种新思路和新方法。

（三）ANN 技术在应用中存在的问题

ANN 在水文地质中的应用是近年来开展的，与 ANN 在电力系统、智能控制等领域相比，起步较晚，就目前的情况看，这些研究还是初步的存在不少问题。

1. BP 网络的结构、训练、泛化性能问题

目前水文地质中应用较多是 BP 网络，BP 网络输入层、输出层节点数目常可依据实际情况加以确定，而有关隐含层的层数、隐含层节点数目的确定尚无公认的理论，实际应用中采用节点删除法或扩张法具有极大的盲目性和随意性；BP 网络训练时存在速度慢和易陷于局部极小点的缺陷；网络的泛化性能与样本特性、网络结构、节点作用函数、学习算法、数据归一化等等因素有关。所有这些问题虽已有一般性的大量研究论文，但对适合于水文地质问题特征的方法尚需进一步探讨。

2. 有限样本量的泛化性能问题

诸如地下水质评价，训练样本一般选水质评价标准，有限的几个样本，建立 BP-ANN 模型时极有可能出现"过拟合"或"过学习"和多模式现象（出现多个全局最小，有多组网络权值），无法确定建立的神经网络模型是否具有较好的泛化能力或预测能力。如果建立模型（训练）时出现"过拟合"或"过学习"现象，这样建立的神经网络模型泛化能力就差或根本没有，也就没有任何实用价值，不能用于评价实际水环境的质量。有学者提出

了防止"过拟合"的根本途径是取尽可能紧凑的神经网络结构和在训练中采用检验样本监控学习过程，但操作起来仍有难度，也未见有人研究应用。

3. 先验知识的运用问题

目前神经网络建模时，很多情况下是将研究对象视为一黑箱，从而单纯研究其输入与输出数据间非线性关系。事实上在建立某一具体水文地质预测模型时，人们可能已经掌握了具体对象的某些属性与关系，比如地下水的补排关系、边界条件等，只不过掌握的程度尚不能够建立机理模型，显然将这些知识在建模时与神经网络结合使用，则有可能限制模型的复杂性，对解决问题有很大帮助，特别是样本量少而问题又较复杂时，应设法尽量利用先验知识，以降低 ANN 学习的负担。

（四）ANN 技术应用研究展望

人工神经网络在水文地质中的应用只是初步，在矿井水文地质中的应用更是少之又少，但神经网络的良好非线性映射功能和自组织、自学习功能的特点，为广大水文地质工作者解决一些矿井水文地质问题提供了一种新思路和新途径。

1. 新的神经模型与学习算法的应用

目前水文地质领域中神经网络模型应用较多的是 BP-ANN 网络模型、Hopfield 模型、Kohonen 模型，但这只是众多已提出的神经网络模型中极小的一部分，根据水文地质的具体特征，研究与提出一些能够解决水文地质问题的神经网络模型和与其相适应的学习算法具有重要意义。

2. 建立具有水文地质特点的 ANN 模型，形成水文地质神经网络理论

水文地质学与其他学科之间既存在普遍性又具有特殊性，将 ANN 与水文地质有机结合，建立用于解决水文地质专门问题的神经网络理论是人工神经网络技术在水文地质中应用的必然。

3. 积极开展耦合 ANN 研究

地下含水系统是一个包括随机性、模糊性、灰色性、非线性、混沌性和分维性等多种不确定性信息的系统，开展模糊神经网络、混沌神经网络以及神经网络与随机过程、概率统计、灰色系统、分形分维学、优化计算（遗传算法、模拟退火、共轭梯度等）等理论与方法的祸合研究，无论对神经网络理论本身，还是对它的应用研究，都具有十分重要的价值。

4. 人工神经网络专家系统的研制与开发

专家系统（ES）在水文地质中的研究与应用相对落后，其原因是多方面的，主要有知识获取瓶颈问题、知识显示表达问题、知识推理中的"组合爆炸""无穷递归"问题、自学能力差及数值程序的嵌入困难。而神经网络系统知识的分布式存贮、信息的大规模并行处理以及其自学习功能、联想记忆功能为解决专家系统中的问题提供了有效的解决途径。神经网络专家系统模拟了人类的形象思维，具有高度的容错性和健壮性，且可以用大规模

集成电路技术加以实现，是一种非逻辑、非局域、非线性信息处理方法，因此神经网络技术与专家系统技术相结合，必将推进水文地质专家系统的研制与开发进程。

（二）遥感技术在水文地质中的应用

1. 水文地质勘查中应用遥感技术的意义

我国是世界上人口最多的国家，食物和水的需求无疑是最大的。为了满足众多的人口需求以及企业发展的需要，在水资源矛盾不断加剧的今天，水资源的勘探以及水文地质的研究得到了人们的重视。水资源的合理开发和利用可以保证国民用水资源的充足，实现水资源的可利用循环，促进我国干旱地区经济的发展。

2. 水文地质中遥感技术的应用流程

水文地质中遥感技术具体的应用流程如下：①在进行水文地质勘探前，首先要对勘探的区域进行了解研究，明了其具体的背景情况以及历史上有关水文地质的相关事项。同时，还要预先明确此次勘探的具体目标，并在明确目标的基础上，查找相关的资料，做到心中有数；②将原始的遥感技术成像资料进行分类，并进行细致的处理。将不同图像的波段进行合理选择，进一步对各种遥感成像进行准确的解释；③将地下水的具体情况进行综合的分类，建立科学合理的地下水位分布模型，并以此模型进行详细估算，再与原始资料对比研究；④再一次构建模型，确保该模型的全面合理，并进行翔实的勘探结论。

3. 遥感技术在水资源勘察中的方法

（1）水文地质中遥感信息技术的分析

水文地质中的遥感信息技术是通过提取遥感图像信息，并且分析地下土层中的一些具体构造的信息，根据这些信息推断出有利的储水构造，从而判断出地下储水地点以及存储情况的一种技术。最早利用遥感信息技术来分析地下水质的是国外地质研究学者，并且在20世纪90年代后期逐渐发展成为 RS、GIS、GPS 技术一体化的信息分析系统，GPS 的发展也是在水质勘探研究成果中得到发展的。我国水文地质信息系统的初步应用是在李延祺教授的带领下在新疆的塔里木沙漠开始研究，分析塔里木河地表形状以及地下水质的勘探，研究沙漠降水情况以及西北部气候的特征，勘探地下水资源的存在情况，获取塔里木河地貌图的一手资料。但遥感信息技术的应用还处在初级阶段，与国际技术发展水平还有较大的差距，需要不断的改进信息技术，研究适合我国地质发展的技术，更好的勘探水资源。

（2）热红外监测的技术

热红外监测技术也是遥感技术方法中主要的一种，采用热红外线波长的方式来勘测地表的温度，通过判断地表温度的高低以及湿度的一些变化，在太阳辐射下，地下是否存在水资源，在太阳辐射下会呈现出不同温度的变化。通常情况下利用热红外线的方法来判断地下河流走向，同时绘画出相应的一些地形图，做好标记方便后续的研究。热红外监测技术目前在水质勘探中的应用较多，用来探测地下水资源的存在情况。

（3）环境遥感信息分析和遥感模型法

环境遥感技术分析方法和热红外线的方法差不多，从遥感图像中提取有关植被、地形的信息，分析几个因素之间的关系来分析地下水的储存情况。环境因子之间和地下水之间的关系密切，在地下水质中，环境因素信息和地方降水、大气灌溉密切相关，尤其是在干旱地区，根据水文特征以及地貌形式分析地下储水的相关信息，为解决干旱地区的缺水问题而做出贡献。遥感模型法是根据模型与数学以及遥感技术结合而来的，在地质水文勘探上的作用主要是通过建立地下水文因素和水位评价模型的关系，分析不同程度波长的信息，利用微波遥感器来分析数据，研究地下水在不同岩层的分布情况，并制定信息表。

4. 遥感技术在水文地质勘查中的具体应用

（1）数据的获取和选择

遥感技术对于水文地质的图像获取主要是采用对地下事物成像波长的不同来解读不同的图像特征，遥感资料的类型繁多，提取信息的时候还需要对自己所需勘探部分事物波长的具体形状来进行提取，直接获取合适的波段，减少工作量。如提取植物的图像信息可以根据波谱特性，采用 TM2、MSS7 等方式来提取，而对于水体则通过 TM1 来判断。不同季节环境因素对于遥感技术的影响较大，所得到的影像资料是有区别的，如果季节的选取不正确将会影响遥感信息的选取和判断。另外，由于目标的多样性，对于不同目标的要求也不尽相同。适当的比例尺在翻译中能够更加恰当，有利于图像物体的分析。遥感信息技术中数据的提取无疑是最重要也是首要的一步，正确获取和分析图像资料是下一步进行其他各个方面研究的基础。

（2）遥感信息技术的数据处理

在数据图像的获取中，信息传递的时候有可能受到气象影响或者大气中一些其他杂陈物对于波长的干扰，部分传输回来的图像信息会出现边缘模糊以及畸变的一些特征，不利于后期光谱的解读。因此，在图像数据处理的时候需要针对图像进行辐射校正处理以及几何校正。辐射校正是利用传感器参数校正解决大气中一些物质对于传感器本身的一些辐射影响，比如在利用电磁辐射强度来反映图像亮度值的对应关系中，部分受到辐射影响而发生改变，而这部分，正需要利用辐射校正来处理。和辐射校正所不同的是，几何校正是图像在位置上出现的变化，行列分布不均，地面大小的对应不正确等都属于几何畸变中的内容。需要针对畸变的图像进行数学模拟，在原来的基础上建立地面数学坐标处理，分析各个部分出现畸形的位置并矫正，这便是几何校正在水质勘探中应用的实际方法。

（3）地貌信息的解读

在上一步图像截取和波段处理之后，得到地表的处理图像后便是对地貌信息的解读。地貌信息在遥感图像上的直观表现主要体现为植被和水资源分布情况在图像上不同颜色的展示，组合形态的不同也造成了地貌本身遥感图像的区别。在对地貌的解读中，根据平原、山丘以及山地之间特征的不同可以区分为颜色深浅不同的几个阶段层，在解读的时候更加具有可观性。

（三）示踪技术在水文地质中的应用

1. 示踪技术的基本内容

所谓示踪技术主要是指依据物体的行径，利用放射性的元素或者是非放射性标记物的方式转变以及代谢的过程。示踪技术的正常使用离不开示踪剂的选用。示踪剂主要分为人工示踪剂和天然示踪剂两种。人工示踪剂主要是指有人类意识参与的非天然成分的示踪剂，例如荧光素、有机氯化物、甲基盐、伊红等；天然示踪剂主要包括了天然水中的环境同位素、温度、电导率、化学成分、水中稳定同位素等。

2. 示踪技术的发展及其在水文地质中的具体应用

示踪技术广泛地应用于水文地质工程测量中，能够比较精准地测量出地下水的特征以及原位测试。示踪技术在水文地质工程中的具体应用可以有力推动查明投放点与接收点之间地下河管道的轨迹、结构、规模，确定地下水流向、流速、河管道间的水力联系，为地下水库建设提供依据。具体的应用情况如下。

（1）选择合适的投放地点

在进行示踪试验的时候，应依据工程现场的具体情况，选择合适的投放地点，确保示踪剂能够被注入重要的天然水流存在的钻孔内部。①应通过对工程现场的实地勘察后掌握周围地下水的流向情况，宜选用上游作为示踪剂的投放地点。②因为示踪剂的投放地点要求具备较高的透水性能，因此在进行示踪试验之前，必须对投放地点的灵敏度进行测试，依据测试的结果选择透水性能最佳的地点作为投放孔。③示踪剂的投放数量应依据试验仪器的灵敏度以及测量现象的水流规模进行综合考虑。

（2）具体投放方式的选择

示踪剂的投入方式主要有连续注入法和瞬时注入法两种。连续注入法要求的试验精度比较高，所需要的示踪剂的数量较多，因此可以用于实验室内模拟试验或者用以研究流速较快且范围比较小的区域；而瞬时注入法则广泛应用于广阔的施工现场。所谓连续注入法主要是在投放地点中以中等速率连续投放示踪剂，然后在测量的期间，确保流量匀速，并且在下游合理的检测位置，确保示踪剂能够和水流充分地进行混合。连续注入法获得的示踪剂浓度能够呈现出较为规整的曲线，便于进行试验数据的计算，连续注入示踪剂需要消耗大量的示踪剂，施工成本相对较高；瞬时注入法则是将已知浓度的示踪剂在短时间内注入钻孔内部，并在下游测试地点测试其浓度，投放的时间尽量短，以便于形成一个高浓度团并随着地下水的流动而移动。

（3）取样

在进行示踪试验过程中，示踪剂投放之后需要立刻记录对应的时间，并对检测点进行取样，等到所有的测量点的示踪剂的强度都降到本底值为止。一般而言，取样过程周期相对较长，一般为1周甚至是高达几十天，具体的时间间隔应遵循以下要求：①若示踪剂到达检测点的用时较短，则取样的时间间隔也比较短；若用时较长，则取样的间隔时间也相对较长；②因受到施工现场测量情况的影响，对部分重要的观测孔，检测的密度应适当放大，对应的取样间隔时间缩短。

（4）示踪剂的检验

示踪剂投放完毕之后应对预定的检测点开始跟踪检测，待检测仪器无法捕捉到示踪剂的强度为止。如果是针对一些重要的观测点，为了确保试验结果的精确度，需要对示踪剂的时间浓度曲线的全过程进行检测指导，直到试验彻底结束为止。

3. 放射性碳同位素在水文地质中的应用展望

放射性碳同位素在水文地质中的应用日益受到重视，随着以加速质谱仪为代表的测试技术的进一步普及和相关分析理论的逐步完善，必将得到更广泛的、效果更好的应用。目前全球已经建有 130 多个 ^{14}C 专业实验室，和多个同位素水文学研究所，相关的研究杂志上关于 ^{14}C 在水文地质中应用的高水平文章也层出不穷。^{14}C 在水文地质中的应用虽然还未形成学科系统化，发展过程中也存在诸多的限制因素，但是，由于其本身半衰期特点及其对环境的无害性，使得放射性碳同位素应用于水文地质具有长久发展的动力。展望未来，首先，要从 ^{14}C 自然循环入手，研究清楚大气圈中 ^{14}C 的产率及其分布，以及近数万年来大气中 C 及 ^{14}C 浓度的变化关系，以至于 ^{14}C 在整个地球表面圈层中的平衡情况；其次，应当通过树轮、古生物、地磁等多种测试手段，制定更准确实用的校正图表，建立尺度更小更精确的 ^{14}C 日历年表，从地质因素外部减小因环境变迁造成的系统误差；再次，要认真分析地质、水文地质条件对 ^{14}C 测定的影响，碳酸盐水岩作用的干扰、吸附作用等引起的分馏效应以及放射性物质对 ^{14}C 浓度的影响在此方面很值得关注，需进行更深入的研究以达到定量处理的目的；其他地下水同位素测年方法对 ^{14}C 测年具有很好的对比校正作用，重放射性同位素 234U，稀有气体放射性同位素 ^{226}R、^{222}Rn、^{39}Ar、^{81}Kr 等，以及 ^{36}Cl、^{4}He，这些同位素以及有机化合物 CFC 等与 ^{14}C 的联合使用已成为提高准确度的趋势；最后，^{14}C 测定数据的处理系统的优化，尤其是相关模拟软件的设计及其数据库的全球性共享亟待解决，示踪过程中 ^{14}C 的定位系统甚至与 "3S" 技术的联合应用和地下水流动场的动态模拟的实现令人充满期待，这必将使水文地质的研究提升到新的高度，尤其对于地下水污染的调查研究具有重要意义。

（四）地球化学模拟在水文地质中的应用

1. 地球化学模拟研究现状

从早期处理天然水化学的计算机程序 WATCHEM（Barnes 和 Clark，1969），至今已发展了数十个能模拟不同条件下水——岩相互作用的地球化学模拟软件，软件功能日趋完善。现在软件处理平衡热力学问题已趋成熟，非平衡化学动力学模拟研究也一直在进行。最近几年，人们开始将地球化学反应模型描述流体流动和溶质迁移过程的方程结合起来，发展成了 "反应—迁移模型"，或称 "地球水化学迁移模型" "水化学模型"。地球化学热力学模拟和动力学模拟统称为地球化学模拟。一般分为两类：①正向模拟，根据假定的反应机理来预测水的组分和质量转移；②反向模拟，根据观测的化学和同位素资料来确定水——岩反应机理。

2. 在水文地质中的部分应用

（1）地下水化学组分存在形式计算

由于测试技术、手段的限制，现在一般只是测试水中某一元素的总量。其实，元素在水中的存在形式是多种多样的，既有离子态形式，也有分子态形式；既有简单离子存在，也有呈复杂络合离子存在。地球化学模拟技术为计算水中元素组分的存在形式提供了有力的手段，它使人们对水中元素的了解进入了一个更细的层次。同时，它也具有重大的实际意义。了解不同条件下水中元素的存在状态，就很容易了解某些元素在地层中的迁移性能，这为解释某些金属矿床的成因（如铅锌矿床）及地方病调查提供了有力证据。氟骨病的发生率与水中氟含量有关，但也有一些地区，水中氟含量很高，但发病率并不高。可能是水中某些形式的氟对人体并无多大害处，而只有一部分存在形式的氟是致病的根源（有待进一步研究）。

（2）水化学组分预测

盆地卤水资源的评价一直是个很费劲的问题（水的组分和其他参数均难以获得）。深部地层中卤水的盐度、化学组分一般只能通过钻孔取样才能准确知道，但是费用较高。地球化学模拟技术为我们概略了解深部卤水资源提供了一条捷径。笔者曾作过这样一次尝试。通过石油勘探，发现泌阳凹陷安棚地区存在天然苏打矿，并且赋存于白云岩中。笔者将白云岩——苏打石——地层水置于深部条件（T=86℃）下进行模拟计算，计算的碱卤水盐度为 186.8g/L。而当时钻探取样分析水样总盐度为 194.9g/L（泌 2 井），二者比较接近。说明在地质条件基本清楚时，对深部水——盐系统进行地球化学模拟，以初步了解深部卤水资源基本上是可信的。

地下水中某些特殊组分在不同水文地质条件下的极限浓度计算。在环境水文地质研究中，常涉及地下水中某些特殊组分（如 F，As，Se，…）研究，而这些组分在不同地质环境中的极限浓度到底可达多少通过地球化学模拟能回答这个问题。尽管这个极限浓度在现有研究条件下可能不存在或达不到，但有了这个极限值对我们考察现有条件下水——岩相互作用进行的程度，影响该组分存在形式、含量的因素及未来的发展趋势是有益的。

地下水未来演化趋势预测。工业化、城市化的迅速发展，已严重改变了地下水所处的天然环境。大气 CO_2 含量的急剧增加、温度的升高、水环境的酸化都会引起地下水—岩石相互作用系统的变化，进一步加速了地下水——岩相互作用的进程。应用地球化学热力学和动力学模拟可以对地下水水质未来变化发展趋势做出预测。

（3）地下水地球化学演化

这是近期水文地球化学领域研究的一项重要内容。通过一系列的地球化学模拟研究，比较定量查明地下水在其运移过程中的地球化学行为，从而推断出地下水的性质，正确评价研究区的地下水水质和定量评价水资源。这方面的工作国外已进行了不少。

（4）其他方面

地球化学模拟在水文地质工作中的应用还有很多方面。如地下水污染研究，核废料处理，咸、淡水混合带地下水的地球化学作用，金属硫化物矿床酸性矿坑水水质演化，地热开发中的冷水灌入、大中城市的"冬灌夏取"（为防止地面沉降而采取的一种取水方法，即冬天向含水层中灌入冷水，夏季时取出作为冷却水），石油开发中的蒸汽开采等这类由于外部条件的加入，导致地下水质和地层物性（孔隙性、渗透性）变化的评价等等。

第六章　工程地质勘查

第一节　工程地质勘查概述

一、工程地质勘查概念及程序

工程地质勘查是指采用各种勘察技术、方法，对建筑场地的工程地质条件进行综合调查、研究、分析、评价以及编制工程地质勘查报告，以满足工程设计、施工、特殊性岩土和不良地质处治需要的全过程，工程地质勘查成果报告形成流程如下图：

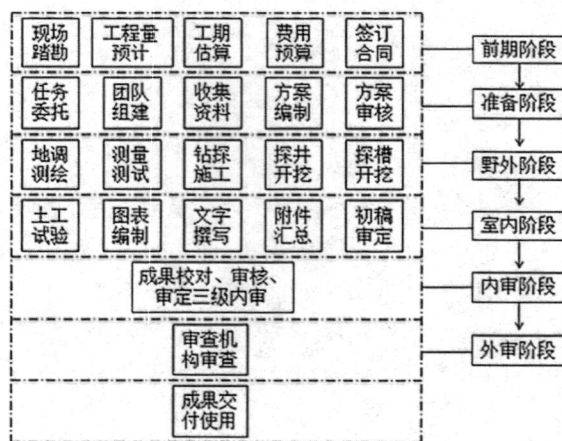

图6-1　工程勘察成果形成流程图

从工程地质勘查成果形成的流程可以看出，工程地质勘查项目的前期阶段主要工作内容为：勘察单位业务经理通过各种渠道获得工程勘察项目的招投标信息后，购买招标文件资料，认真分析工程项目的工程特点、使用功能、平面布置设计情况、地下空间（洞室）分布、设计环境高程、地坪高程等信息资料，在业主组织下进行现场场址踏勘，初步了解场址工程地质条件、水文地质条件、环境地质条件、野外钻探施工条件及周边环境特征，根据技术要求、规范要求初步预计工程勘察项目所需布置勘探工程量，估算勘察项目所需工期，按《工程勘察设计收费标准》（2002年修订版）预算勘察项目的总费用及单价费用，与业主交涉协商进行合同谈判及签订工程勘察合同。

准备阶段：根据业主提出的技术要求及下达的委托任务书，勘察单位立即任命工作经验丰富、专业技术力量强的项目负责人，并组建各项专业技术能力结构合理的项目团队，由项目负责人带领项目组成员收集与项目相关的资料，包括附近已有地质勘查成果资料，周边环境建筑物（构造物）基础形式、埋深、地基持力层等基础参数资料，场地所在地区域气象水文特征、地质构造特征、地震特征等资料，建筑场地现有地形图、规划红线图、平面布置设计特征资料，地下供水、供电、污水管网，地下电缆光纤，现存地下洞室特征参数，建设行政部门批准兴建的有关批文，拟建场地地下埋设物及有关数据（深度、尺寸、高程等），安全等级为一级的高层建筑，详勘应有初步设计的底层平面图；之后根据业主提出技术要求、规范技术标准及国家强制性条款要求合理布置勘探工程量，编制工程地质勘察设计书（勘察纲要或勘察方案），经总工程师办公室领导把关，审核确认达到技术标准要求及其可操作性符合现有施工工艺。

野外阶段：野外工作是勘察工作的极其重要的工作内容，在项目负责人的带领下，项目团队各技术成员分工合作，各就各位，首先对建筑场地、附近周边环境以及对场地有影响的区域进行工程地质调查及工程地质测绘工作；工程测量组同时进行地形图测量、地质剖面测量、定点测量、勘探点放样工作；原位测试小组进行野外地质剖面物探、静力触探、静载荷试验、旁压试验等工序，钻探小组按计划组织钻探机械设备入驻现场开展钻探施工，探井及探槽小组采购探井护壁所需的钢筋、水泥、沙子、石子等材料，准备开挖探井、探槽、探坑、探硐等山地工程工作。

室内理阶段：室内资料整理阶段是工程勘察主要组成部分，经过对野外资料收集，检查野外资料真实可靠后，即可转入到室内资料整理阶段。将野外采取岩样、土样送至具有资质的岩土检测中心检测，项目技术组成员分工绘制工程地质平面图、勘探点布置平面图、工程地质剖面图、钻孔柱状图、探槽展示图、探硐展示图、探井素描图、探坑素描图、抽水试验综合资料图、动力触探柱状图、静力触探柱状图等图件，以及制作勘探点数据一览表、室内土工试验成果统计表、岩石测试成果统计表、动力触探统计表、标准贯入试验统计表、稳定性计算表等；基础图件及表格基本完成后，开始撰写文字报告，对场地工程地质条件、水文地质条件进行评价分析，对地形地貌、地层岩性、地质构造、地震作用、气象水文、岩土参数进行描述，对场地稳定性、适应性做出正确的评价结论，提供合理准确的工程地质参数，提出较为合理的地基形式、持力层选取建议，预测可能出现的工程地质问题及建议采取的防治措施或技术方案。整理汇总附件资料，附件一般包含有钻孔岩芯照片、场地地貌等照片集、野外见证资料、工程勘察合同、委托书、决算书、送审表、勘察纲要、测量成果资料及测量说明、利用已有地质资料、项目立项批复文件或红线规划图、单位勘察资质证书、团队成员资质证书、土工测试成果资料、物探测试成果资料等。勘察成果资料全部整理完毕后，由项目团队成员自行检查校对勘察成果资料真实可靠度、修正发现的错误遗漏等。

内审阶段：勘察单位内部审查工序是勘察成果质量把关的关键环节。一般执行三级内审制度，分为校对、审核、审定三阶段，各单位对内审的责任人分工略有不同。某些勘察单位校对环节由总工程师办公室主任负责，审核环节由副总工程师负责，审定环节由总工程师负责把关；某些勘察单位校对、审核由内部组成的内审委员会负责，审定由总工程师负责。

外审阶段：外审阶段由政府部门所属审查机构进行控制质量的审查把关。审查机构专家在地质勘查行业具有最高的威望，他们工作年龄一般大于 20 年，经验丰富，专业知识渊博，绝大部分专家由各勘察单位的总工程师（副总工程师）组成。通过外审合格的勘察报告，审查机构出具合格书，便可交付业主、设计单位、施工单位、监理单位使用，以及建设委员会、交通委员会、国土部门、规划部门等行政审批使用。

二、工程地质勘查现状

（一）工程地质勘查的质量方面

很多工程地质勘查工作，对于工程概念理解不到位，导致勘查侧重点出现较大的偏差，而且没有明确的针对性，所采用的勘查方式不合理，勘查手段不先进。在对工程地质勘查所的数据进行处理分析过程中，采用的理论体系、运算方法以及数学公式等和工程建设项目的实际情况极为不符合，对于理论、公式等所适合使用的条件不明确。在地质勘查报告中对于工程建设项目所处的地质环境交代不明确，所存在的地质问题没有准确提出，对于所提出的地质问题没有非常充分、科学的论证，很多的问题没有发现，甚至有些报告结论完全与事实不符。很多的工程建设项目对于地质勘查工作不重视，地质工作不到位却对地质勘查妄下结论，行为极不负责。以上都造成了地质勘查质量方面易出问题。出现这些问题，会导致工程建设项目存在较大的隐患，极不利于安全生产的进行。

（二）工程地质勘查的专业素养方面

有些工程地质勘查从业人员对于工程地质相关专业的知识掌握不足，亟待强化与工程地质勘查相关的专业知识。而很多情况下工程建设施工相关人员不具备地质专业知识。不少人不了解地质方面的知识，却硬要在工程地质勘查过程中提很多不符合实际情况的地质勘探要求，不乏工程建设项目要求设计相关人员来统筹地质勘查任务。而部分设计人员虽然有一定的地质勘查知识，但是还没有完全地掌握地质勘查要领，在设计过程中不能和工程建设的实际地质情况相结合。在现实中，很多工程安全事故的发生，都是由于设计方与建设施工方与地质真实情况脱节造成的。

（三）工程地质勘查的周期方面

工程地质勘查需要一定的过程，其工作的完成需在一定的周期内，不是一蹴而就的事情。不过，对于工程项目建设方来说，缺少基础的勘查周期，项目准备申报，马上要求出具工程地质勘查报告。很多工程建设项目刚交完可行性报告，立马上交初设报告。对于一些地方的建设工程项目来说，以上情况经常出现，相对的国家较大工程较为重视工程地质勘查所需要的周期。如果工程地质勘查的时间不足，难免导致勘查结果不准确，工程建设进行过程中不可避免地要进行设计修改，造成工程项目建设的经济损失巨大。同时，工程地质勘查周期不足，还易给工程建设带来安全隐患，对于预防工程安全事故的发生非常不利。

（四）工程地质勘查的管理方面

工程地质勘查要想取得良好的质量，其内在决定因素还是对于工程地质勘查工作的管理上。而现实情况中，很多工程建设项目所交具的地质勘查报告并非地质专业人员撰写，也没有明确的地质勘查负责人审核并签字，在地质勘查报告中甚至有很多的错误信息与结论。这都是由于地质勘查工作的管理不严所造成的。不但让地质勘查的审查工作更加的繁重与困难，对于地质勘查机构的发展也是极为不利的，同时还严重影响到工程建设项目的申报与审批周期。

第二节　工程地质勘查风险研究

一、风险研究现状

风险作为工程建设领域中的一种客观现象，是难以预料的、难以确定的，如果风险发生将会对质量、时间、费用、范围、工期等目标造成影响，或者对至少一个项目标产生消极的影响。什么是风险、带来什么样后果及发生概率高低是风险概念的三个层面意思。项目风险管理是重大工程和科研项目管理的一项非常重要的内容，更是项目管理中一个非常棘手的关键问题。但我国对于风险问题的研究起步很晚，最初是从项目的风险决策开始。20 世纪 60 年代以来，风险管理技术是现代项目管理中不可或缺的关键性管理工具。20 世纪 70 年代末 80 年代初，引进风险管理技术和方法同时引进风险管理。1980 年周士富首先提出"风险"一词。清华大学郭仲伟教授对风险分析的过程、风险环境下的决策问题做出了比较系统的研究，并于 1987 年出版的《风险分析与决策》一书是我国风险研究开始的标志，而我国在风险管理理论方面的标志性研究成果有台湾学者宋明哲的著作《风险管理》和段开龄的《风险管理论文集》。随着科学技术水平及经济建设的高速发展和风险相关研究的深入，近十几年来，风险分析的理论与方法及管理水平得到了进一步的完善与提高。风险研究由最初的经济宏观风险评价、环境风险评价、投融资风险评价逐渐向房地产领域、基础设施领域、公共事业领域，涵盖化工工程、道桥工程、建筑工程、水利水电工程等各方面，并且已广泛应用到核工业、航天、国防、海洋、石油等大型工程建设和高科技开发项目中。这些研究理论成果在大部分项目的实际应用中取得了一定成效。

纵观国内学者，工程建设项目的风险因素研究比较成熟，并对工程建设项目建立了风险管理机制。工程建设项目各种风险经常涉及经济、管理、政治、自然、金融、安全、技术、人员、社会等领域，这些均属宏观层面风险因素，各个风险因素内部还可分成更细的风险因素，属于微观风险因素。比如，政治风险包括有项目的公有化或征用、法律变更、政局稳定、审批获得或延误、宏观经济变化、行业规定变化等。王长峰学者针对重大工程和科研项目过程风险的特征，重点研究了科研项目的管理方法，提出了"模糊－事件树－故障树"的集成方法，并初步解决了我国舰船建造过程风险管理与控制的实际问题。王长峰学者从系统性、集成性、过程性、动态性、信息性、多目标决策性和博弈性等方面，对风险管理的特征、内容、方法和管理模式进行重点研究和分析，提出了基于过程风险管理逻辑结构的设计思想，建立了过程风险管理逻辑结构。

在现代经济社会中，由于工程建设项目投资体制多元化，并且具有投资规模巨大、建设周期长、建设期间不确定性因素比较多的特点，因此，在项目决策、勘察、设计、实施、招标、采购、验收和运行各阶段，风险对工程项目的投资效益及社会效益有巨大影响，更严重时会对工程项目的成败有直接影响。各个不同阶段，潜在不确定因素、影响因素具有不同特点，对各阶段影响程度不相同。目前国内大量学者偏好于对施工阶段风险研究，比如，方东平学者在识别和评估中国建筑市场主要风险事件的基础上，介绍一种关于中国建筑工程招标的风险评估模型，采用问卷调查和逻辑回归方法分析表明影响中国施工承包商在进行建设工程项目招标时主要的风险因素为：业主类型、项目融资来源、业主与承包商是否合作过、招标竞争的激烈程度、投标价格的合理性、承包商总部对项目的支持程度等。也有学者按投资项目性质不同研究不同项目的风险因素，柯永建等学者通过文献、案例分析、两轮德尔菲调研及专家访谈，得出关于中国 PPP 项目存在的风险共 37 个，并通过分析对比所有行业和单一行业的实际风险分担和分担偏好，得出一般情况和具体的合理风险公平分担建议。而气候地质条件在 PPP 项目风险因素的发生概率排名为 35 位，危害程度评估为 35 位。

二、地质勘查风险研究现状

通过工程地质工作去认识、改造、保护自然环境，对地质体采取适当的工程措施，保证地质体的稳定，预防地质环境产生不良的影响，保障工程项目使用功能和一定期限内的安全性，为工程建设服务，这便是工程地质勘查工作的基本目标。而工程地质勘查是为满足工程设计、施工、特殊性岩土和不良地质处治的需要，采用各种勘察技术、方法，对建筑场地的工程地质条件进行综合调查、研究、分析、评价及编制工程地质勘查报告的全过程，勘察方案（勘察大纲）在执行过程中应根据地质情况变化做出适当调整。在勘察报告形成全过程中遇到各种风险因素将会影响报告形成的进度、质量等。目前，研究学者对工程地质勘查风险研究主要从三个大方面入手。

（一）地质勘查单位内部的经营风险管理研究

地勘单位是从事地质工作单位，即是从不同侧重点调查研究一定地区的土层厚度、地层岩性、地质构造、矿产资源、水文地质、工程地质、环境地质等地质情况，为国防建设、经济建设和科学技术发展服务。地勘单位内部的风险管理有营运风险、财务风险、应收账款风险、审计风险等。营运风险是指由于外部环境的复杂性和变动性，在未来经营过程中的不确定性，因为企业对环境的认识能力和适应能力差，致使运营活动达不到预期目标，甚至出现运营失败可能性。地勘单位的营运风险主要有人事风险、政策风险、战略风险、经营风险及财务风险等。

晋保红，陈庆发，郭凤等人提出加强营运风险管理措施有：①走专家与群众结合管理风险之路，成立风险管理小组；②广泛收集信息，综合分析，合理规避风险；③提高风险管理水平；④建立风险预警长效机制，防止意外事件发生。财务风险是指企业在财务活动过程中，由于受到各种难以预料或控制的因素影响，财务状况具有不确定性，从而使企业有蒙受损失的可能性。财务风险一般包括筹资风险、投资风险、现金流量风险、利润风险以及汇率风险等。地勘单位加强财务风险管理措施有：建立健全财务风险预警机制；充分运用金融衍生工具，降低地勘单位财务风险；做好预算管理，加大内部控制力度；加强财务管理人员的财务风险意识。审计风险是指审计人员职业判断上出现偏差的可能性，以致发表不恰当审计意见的风险。审计风险类型有：职业生存风险、内审人员与内部关系带来的风险、财务收支审计风险、基建项目投资、决算风险、干部任期经济责任审计风险、效益审计风险。勘察单位盈利率低，资产流动性不强，现有经济资源有限，导致了其抗风险能力较弱。勘察单位应合理确定经营政策目标，加强预算管理，促进各项管理职能的协调发展，以控制和防范各种风险。

（二）矿产资源地质勘查的风险研究

地质矿产勘查工作是在已有地质资料的基础上，判断某个区域有没有矿产，并估算储量。在地质工作进展过程中，对某个地区地质情况的认识不断深入详细，对矿产储量重新判断，如此多次重复，才能更准确认识地质资料。矿产资源勘查过程本身所固有的特点决定矿产勘查过程不避免遭遇一定的风险。只能通过风险管理降低风险，才能提高经济效益。矿产资源勘查风险主要来自经济技术、资源差异性、不确定等因素。向永生、王涛、王科强、任伟、孔爱云学者认为影响勘查风险的基本因素有：①区域成矿能力。不同的地质构造单元的成矿能力明显不同。蒋志认为矿化率越大，区域成矿能力越强，矿产的勘查风险就越小；②资金保证能力。有足够的资金做保证，大大降低地质勘查风险的影响程度，勘察人员由浅入深、模糊至清晰认识矿产体，由粗糙到精确控制矿产体；③勘查队伍技术水平高低。包括设备力量、管理水平、设备利用率、人才优势等。地质矿产勘查成功率高低与勘查队伍水平高低有直接关系；④国家矿业政策，主要体现对矿业开发重视程度，以及投入的人力、物力、财力充分程度；⑤矿业开发技术水平，体现在矿产资源开发过程中对资源的综合利用程度；⑥成矿理论发展水平，是指导矿产勘查的基础；⑦区域基础地质研究程度，是开展矿产勘查的基础。

李士臻研究指出金矿地质勘查风险的关联因素依次有：地质工作布局、基础工作程度、地质设计优化程度、地质工作质量、信息的占有量和综合分析程度。同时，针对金矿勘查的风险因素也提出相对应的风险应对策略，比如合理布局、加强基础工作、重视地质工作程序、优化设计以及提高工作质量。很多人研究对策时总把落脚点放在如何让国家增加公益性地质工作的投资上，却不知矿产资源地质勘查是一项风险很大的活动，因此，增加对投资主体资金方面的扶持，终究不是解决问题根本。很多情况下，找矿是无功而归，或者找到矿，被他人无偿占有或侵占，自身是否受益也是未知的。矿产资源地质勘查工作应以保证找矿人的权益成果为重，并非以单纯降低找矿的风险为重。海外找矿勘察风险性更高，复杂因素众多，规避海外风险勘查工作技术风险的基础是充分利用已有地质资料，并组建专业技术强硬的技术队伍对资料进行二次开发，同时合理运用新理论、新技术进行海外地质矿产勘查工作。

（三）工程地质勘查工作中不确定性的地质因素研究

郑海中、彭振斌学者指出：工程地质包括工程系统和自然系统。工程地质问题涉及的工程地质条件、水文地质条件、环境地质在勘察阶段不可能完全解决。由于地质体的复杂性和不可预知性，即使在地质勘查阶段投入大量的人力、物力、财力进行大量的研究工作，仍然存在很多不可预知因素，特别是工程地质条件复杂的建筑场地。因此，必须对地质工程系统进行改造处理，以适应工程建设需要。比如，采取工程措施来改变自然系统的某些属性，如对软弱地基进行置换、换填、预压排水、对特殊岩土进行处理等以提高地基基础承载力，对斜坡、边坡进行格构护坡、锚索加固、截排水等措施提高稳定性等；或者，改变建筑物的平面布置方案、基础埋深、基底截面尺寸等。郑海中、彭振斌认为工程地质条件控制因素为：区域地质环境、地形地貌、地质构造、地层岩性、岩体构造、岩土体物力力学性质、水文地质条件。这些地质因素对工程建设影响较重要，工程地质勘查应加强这方面工作，以便规避或降低项目建设地质勘查阶段的风险。

耿继东、王永军指出水文地质和工程地质条件是保证工程设计质量的关键性因素，而工程地质和水文地质资料的不准确的原因主要为：地质勘查项目负责人专业技术水平低、管理水平低、工作经验不丰富，勘察工作投入的财力、物力、人力等各方资源少，地质技术人员素质低、责任心不强、工作态度不端正，勘察费用低，周期短，行政监管失职等原因。在不同地区或者不同地质勘查类型地质风险也会不相同，北京山区工程地质勘查的风险因素为地质风险、环境风险、技术风险、管理风险四大类，各类风险因素包含更细的风险因素，其中地形地貌风险、地质构造风险、特殊地质现象风险属于地质风险；环境风险为气候影响风险、人为干扰风险、不可抗力风险；技术风险为人员能力风险、设备风险、方法应用风险；管理风险为安全风险、质量风险、工期风险、物价风险、合同风险；地热资源勘察类型项目一般可分为钻探勘查风险和地质勘查风险两大类，其中地质勘查风险，包括勘察设计风险、勘察合同风险、物探勘探资料风险、物探资料解释风险、可行性及风险性评价风险；其二为钻探勘查风险，包括是劳务风险、塌孔埋孔风险、下套管风险、加深风险等。

三、勘察质量风险现状研究

（一）地质体方面的质量风险研究

工程地勘察的工作对象是眼看不着、摸不到的半无限空间地质体，地质体是在漫长岁月的地质历史中形成的，具有不同成因的岩土体，各种类型岩土体也会发生不同地质构造作用，岩土体具有太多的不确定性以及太强的隐蔽性。工程地质勘查只是依据目前所能达到的技术水平、经济水平进行勘察，很多地质作用、地质现象、地质变化因素以目前技术力量水平根本无法查明，或者完全查明则需要投入大量的人力、财力等各种社会资源，这样有悖工程建设项目经济性、经济效益、社会效益评价的原则。因地质体内发育着各种复杂多变的、不确定的地质作用、地质现象等，但针对不同使用功能的工程建设项目、不同地质岩体、不同地层结构，地质体内固有的某些地质现象、地质作用，并不会对拟建工程项目造成影响，或许影响非常小，这样，我们便不需要花大量时间、精力、财力在某些不确定的地质风险因素上，而只需要针对那些对工程建设项目有重大影响的地质风险因素进行深入研究即可，这样对于加快项目进度、成本具有重大现实意义。

从工程地质专业知识方面考虑，地质勘查质量存在各中风险因素中，国家出台了各种各样的规范技术标准，指导地质工作人员如何按规范要求布置工程量、施工工艺选取、操作规程等，勘察对地质勘查成果质量标准提出较为详细可行的规定。根据《岩土工程勘察规范》等规范要求，进行岩土（地质）工程勘察时，应查明场地岩土的地层类型、厚度、坡度、工程特性、物理力学性质等；查明地下水的常年水位、最高水位、最低水位、排泄区、补给区、地下水的流速、流量、流向及岩土层渗透性质等；查明地表水的径流、腐蚀性、汇水面积、降雨量、蒸发量等；查明地下空洞位置、大小、顶板厚度；查明地质构造裂隙发育程度、裂隙密度、宽度、延伸长度、充填物性质等；准确提供各岩土层的变形参数、力学参数、抗剪强度、渗透性、泊松比等参数。各类国家勘察标准规范、各行业勘察技术标准规范、各地方勘察技术标准规范已经能够充分控制勘察质量，满足现行经济技术水平要求。

地质勘查质量存在的风险因素，也有多为学者从专业技术角度对地质勘查质量中的风险进行研究。王奎阳采用德尔菲法调查分析出，建设场地内可能存在洞穴、暗塘、局部膨胀岩土、大孤石等地质风险因素时，应认真布置勘察工作，加大勘察力度，局部面积进行补勘，对钻孔资料进行跟踪、调查、分析，全程做好编录工作。袁飞云、王怀东学者综合采用工程地质勘查法、专家调查法、初始清单法和风险调查法等多种风险识别方法研究指出，五指山地区隧道施工可能会出现的 6 种风险：隧道涌水突泥、隧道塌方、瓦斯及其他有害气体危害、隧道衬砌结构损害、隧道洞内水的排放对环境的影响、弃碴场对环境的影响。对于此类项目，工程地质勘查应重点查明：地下水类型、地下水埋深、分布规律、腐蚀性、用水量等情况；隧道场址地层岩性、时代成因、岩土物力力学性质；工程地质、水文地质条件；预测可能出现的工程地质问题，提出防治措施方案建议。林培源学者指出，岩溶地区工程地质调查工作主要从区域地陷出现的频度、地表水、地下水、地质构造、岩体岩性等方面入手，才能更准确对区域岩溶发育程度、发育规律有宏观及微观的认识评价。溶洞、土洞等地质风险因素对建筑基础影响很重要，在工程地质勘查工作中必须准确无误查明。对岩溶发育程度、岩溶形态特征、规模、规律及水文特征等准确查明关键是从钻探数量入手，进行大量勘察钻探工作量才能提高勘察资料的可靠度。

（二）地质勘查的质量管理

目前，勘察单位质量管理比较完善，许多企业单位建立完善的质量保证体系，并且通过质量体系认证，国家政府、地方政府及行业部门也出台一系列法律法规、规范标准，这些对控制勘察质量收到良好的效果。法律法规有《中华人民共和国建筑法》(主席令第 15 号)《中华人民共和国招标投标法》(主席令第 21 号)《建设工程质量管理条例》(国务院令第 279 号)《建设工程勘察设计管理条例》(国务院令第 293 号)等；规章制度有《勘察设计注册工程师管理规定》(建设部令第 137 号)《建设工程质量检测管理办法》(建设部令第 141 号)《工程勘察资质分级标准》(建设部令 2001 年 1 月 20 日发布)等；以及各地方出台有各种类型的质量规章制度，这些法律法规、规章制度对工程勘察质量管理控制起到非常好的效果。

四、地质勘查存在的问题

我国工程地质勘查行业取得的重大成就是值得肯定的，同时更应该清醒地认识到，我国国情造成的管理体制上的不同，与国际工程的项目管理水平相比，我国工程地质勘查项目管理还存在很多问题，还有很大一部分勘察成果存在质量缺陷，对建设项目造成不同程度损失，甚至有些问题已严重制约了勘察行业的发展，我们必须客观地认识和分析这些质量低下产生的原因。只有充分认识到勘察成果存在质量问题，并根本上分析质量问题产生的原因，制定行之有效的管理办法、应对措施加以控制、消除或减轻勘察质量低下程度及造成的后果。目前地质勘查存在的问题，导致地质勘查质量低下，主要表现在以下几个方面。第一，各主体对工程勘察工作重要性认识不足，特别是业主对地质勘查工作不够重视，不规范招标，压缩勘察项目工程量及合理工期、工程地质勘查的地位和作用未能充分显现，勘察单位处于弱势群体的市场地位未能根本改变等；第二，勘察单位存在压价竞争、拉人勘察、挂靠、弄虚作假等违规行为；第三，勘察单位质量保证体系不落实。单位质量保证运行情况未认真落实，集中反映在勘察工作的三个主要环节管理不到位和缺乏激励机制上。勘察前期阶段，对编制勘察纲要缺乏指导和认真审核，造成有质量问题的勘察纲要误导勘察工作；野外工作阶段，各级地质人员未认真履行岗位责任制，对勘察过程缺乏质量控制，单位技术管理部门对大型项目和地质条件复杂场地，未进行中间检查及野外验收，使本可发现并及时解决的一些质量问题未能及时得到解决；室内资料整理阶段，对大型项目和地质条件复杂项目缺乏事前指导，报告完后的内审把关不严，对重要质量问题失察。单位的奖罚制度不健全，未将质量与经济利益和职称等挂钩，干好干坏一样，不能调动职工工作积极性、创新性及不能激发上进心；第四，勘察从业人员素质低。有的技术人员具备项目负责人资格，但实际技术水平不高，不能胜任勘察项目负责人工作；有的勘察项目负责人或勘察报告编制人实际由毕业不久的大学生承担，难以保证勘察成果质量；有的作业参与人员未经过正规的技术培训，不懂操作规程，未掌握基本操作技能，就匆忙上岗；第五，勘察从业人员责任心不强。主要表现在：外业期间，项目负责人不深入工地现场，对勘察工作和其他作业人员缺乏有效的组织，未提出明确的勘察技术要求，对勘查现场工作质量要求不严，对勘察基础资料缺乏必要的验收。其他项目组成员错误认为质量责任与自己无关，是项目负责人的事，不按操作规程办事。室内资料整理期间，项目负责人或报告编写人对主要工程地质问题缺乏分析论证，对资料的自检不认真，勘察单位复核、审核和审定人员审查不细致，对成果质量把关不严；第六，勘察从业人员缺乏法制观念，质量意识淡薄，缺乏对法律法规和规范技术标准的学习，对质量责任终身制没有清醒的认识，不能站在法制角度高度看待质量问题。在实际工作中，没有把严格执行工程建设强制性标准放在突出的位置，对技术规范中的强制性条文不熟悉，不能很好掌握和运用，致使勘察文件时有违反强制性条文的情况，从而影响到勘察成果质量；第七，勘察单位内审把关不力。勘察单位把质量审查把关寄托在行政外审阶段，而本单位复核、审核、审定流于形式。有的勘察文件未经内部三级审查，就以电子邮件形式发给外部行政审查专家审查；第八，审查机构审查把关不严审查机构以降低技术性审查、放松程序性审查把关来承接勘察审查业务，通过审查的勘察文件仍然存在较严重的质量问题，或者是审查人员业务水平不高、专业技术知识不强，对存在勘察质量问题失察，同时致使项目负责人或报告编制人员放松对勘察成果的认真仔细分析评价，埋下勘察质量隐患。

　　勘察行业存在以上这些问题，不同程度影响着勘察成果质量及造成不同程度的损失，而对影响勘察质量的风险研究还处于薄弱环节，项目的管理人员往往忽略了地质勘查质量方面的风险因素或不够重视，这就导致很多建设项目综合目标管理及各单项目标管理达不到预期的理想效果。在实际工作当中，许多工程地质勘查成果资料质量或工期达不到要求，不能满足工程项目建设需求，许多项目工程事故原因归结于勘察成果存在质量问题，建设场地工程地质条件不能准确查明。通过对工程地质勘查质量的风险研究，对勘察质量风险进行合理管理控制，让勘察质量更加完善，避免和减少质量事故，降低造成经济损失，提高客户满意度，扩大单位的社会影响力，拓展单位市场份额。

五、工程地质勘查长期发展需采取的措施

为了确保建筑工程地质勘查工作的质量和效率，除了需要合理选用地质勘查技术之外，还要注意结合实际的建筑工程施工现场情况来制定科学的地质勘查方案，具体注意事项主要包括如下几个方面：

（一）完善相关规章制度

完善的地质勘查规章制度是确保地质勘查技术在建筑工程中得以顺利应用的重要保障。在开始地质勘查工作之前，相关勘察人员需要充分了解地质勘查现场中的实际勘查条件，明确相关方面地质勘查方面的技术与方式方法，尤其是要充分了解建筑工程地质勘查工作的基本要求和流程。其次，相关勘察人员需要注意妥善处理规范制度和实际地质勘查实践存在差误时候的事情处理，做好地质勘查工作之前相关工作规范和制度的制定工作，同时需要注意结合地质勘查工作中的实际情况来对前期所制定的地质勘查方案进行适当修正。要提前做好各个地质勘测项目及内容的罗列工作，确保可以在有限时间内最大化地质勘查工作的效益，具体包括对地质勘测时间进行有效控制，缩短实际工作时间，提升整体工作效率。最后，要对地质勘查项目的具体实施流程和操作注意事项等基本内容与规定进行有效制定，具体包括钻孔施工流程等等，确保后续地质勘查工作可以有序开展，避免因地质勘查制度不完善而致使地质勘查工作出现质量问题。

（二）强化勘测现场管理

在开展地质勘查工作之前，勘察人员需要对所涉及的各种勘查资料进行仔细校核，确保施工现场相关情况和资料规定内容无过大出入后方可进行后续施工，之后需要对地质勘查工作各个工序工作进行严格审查与管理，以便及时发现和解决可能出现的各种地质勘查问题，具体主要包括如下管理要点：要仔细检查地质勘查机械设备的尺寸、型号等参数是否满足有关文件和规定的要求与标准。要结合建筑工程施工现场的地质勘查规定和要求来选择恰当的钻孔施工工艺与方法，同时还要注意结合钻孔需求来合理确定钻头钻进速度，尤其是在钻头位于地下水位以下的时候，需要适当减小钻头钻进的速度，避免对地下岩层造成过大程度的破坏；在取样操作过程中，适宜采用尺寸恰当的取芯仪器，同时要做好相关样本的保存和标注工作，避免因测量样本混淆而影响实际的测量工作结果准确性；相关地质勘测人员需要在确保不会对当地自然环境造成过大破坏的基础上，严格按照规定流程和要求来开展地质勘查监督工作，同时还要注意强化相关部门在为地质勘查工作提供水文数据、地质数据等丰富数据支持的力度，以便尽可能地推动建筑工程的有序开展。

（三）做好地质勘查收尾工作

在建筑工程地质勘查工作完毕之后，需要确保期间所涉及勘查数据记录工作的准确性。通过整理和分析相关勘查数据来确保勘查数据结果的精确性，必要的时候需要合理采用多

种数据分析法来对数据进行进一步分析，确保地质勘查报告的可读性；在撰写地质勘查勘测报告的过程中，要尽量紧密结合建筑工程设计方案，同时还要注意密切沟通和联系相关施工方案设计人员来合理解释与说明那些具有特殊性的勘查数据，避免因衔接不到位或者存在的隔阂而增加测量误差，确保建筑工程可以有序开展。

　　另外，在开展地质勘查工作的时候，相关队伍需要注意实时监测和分析岩层情况，及时发现存在防空洞等特殊土层，否则容易引发人员伤亡问题；要注意及时处理那些地基不符合相关规定的地质情况，提升其稳定性；要注意提升全体地质勘查工作人员的工作水平，借助科学的评价机制来全面推动建筑工程勘查人员可以更好地履行自己的地质勘查职责和义务，全面确保地质勘查工作的有序开展。

后 记

本文由唐智德（桂林市水利电力勘测设计研究院）、刘永波（中水北方勘测设计研究有限责任公司）、李跃辉（河北省地质矿产勘查院）担任主编，杜力立（中国有色金属工业昆明勘察设计研究院有限公司）、向学成（贵州兰诚硕测绘有限责任公司）、陆高雕（江门市勘测院有限公司）、葛俊洁（昆明冶金高等专科学校）、赵新华（河南省地质环境勘查院）、张景文（河北省煤田地质局物测地质队）、耿祥峰（山东省地质矿产勘查开发局八〇一水文地质工程地质大队）担任副主编，其他参编人员有许保刚（山东巨野县国土资源局）、吉玉新（河南省煤田地质局四队）、申欣凯（山西冶金岩土工程勘察有限公司）、李冠林（中建三局二公司基础分公司）、陈伟健（广西壮族自治区地理国情监测院）、李令斌（山东正元地质资源勘查有限责任公司）、葛磊（陕西省一八五煤田地质有限公司）、苏瑞明（广州市建设工程质量安全检测中心）、邹明洋（武汉智城云图地理信息技术有限公司）、刘桂梅（广东置信勘测规划信息工程有限公司）。

具体分工如下：

唐智德（桂林市水利电力勘测设计研究院）负责第四、五、六章的编写，共计 10 万字；

刘永波（中水北方勘测设计研究有限责任公司）负责第一、二章的编写，共计 8 万字；

李跃辉（河北省地质矿产勘查院）负责第三章的编写共计 6 万字。

参考文献

[1] 时春霖，张超，袁晓波，李崇辉，陈长远，叶凯，秦炜，袁明泽. 天文大地测量的发展现状和展望 [J]. 测绘工程，2019，28（02）：33-40.

[2] 程鹏飞，文汉江，刘焕玲，董杰. 卫星大地测量学的研究现状及发展趋势 [J]. 武汉大学学报（信息科学版），2019，44（01）：48-54.

[3] 孙永泉. 数字化测绘技术在工程测量中的应用 [J]. 智能城市，2018，4（23）：59-60.

[4] 李星. 工程测量过程中精度的影响因素及控制研究 [J]. 工程技术研究，2018（12）：242-243.

[5] 容爱慧. 测绘工程测量中无人机遥感技术的应用研究 [J]. 建材与装饰，2018（28）：207-208.

[6] 薛树强. 大地测量观测优化理论与方法研究 [D]. 长安大学，2018.

[7] 石敬东. 工程地质勘查中水文地质的危害分析 [J]. 世界有色金属，2018（13）：235-237.

[8] 张李平. 现代 GIS 技术及其在工程测量中的应用研究 [J]. 四川建材，2016，42（04）：209-211.

[9] 刘金成. 地面摄影测量系统研究与应用 [D]. 北京林业大学，2018.

[10] 刘玮. GPS 技术在道路工程高程控制中的应用研究 [D]. 南京理工大学，2016.

[11] 李智. 水文地质勘查中常见的难点和对策分析 [J]. 决策探索（中），2017（08）：56-57.

[12] 邹进贵，徐进军，花向红，郭际明，徐亚明，梅文胜. 我国工程测量的发展现状与思考 [J]. 地理空间信息，2015，13（03）：1-5+8.

[13] 杨伐. 浅层瞬变电磁勘查技术试验研究 [D]. 安徽理工大学，2015.

[14] 农世兴. 水文地质在金属矿产工程地质中的作用探析[J]. 世界有色金属，2016（09）：34-35.

[15] 朱英盼. 甚长基线干涉测量精密定轨技术 [D]. 电子科技大学，2015.

[16] 张润丽. 中国地质调查科学发展途径与战略研究 [D]. 中国地质大学，2014.

[17] 王达，李艺，周红军，刘跃进，张林霞，孙建华. 我国地质钻探现状和发展前景分析[J]. 探矿工程（岩土钻掘工程），2016，43（04）：1-9.

[18] 何西德. "3S" 技术在工程测量中的应用与发展 [J]. 科技创新与应用，2013

（20）：85.

[19] 杜瑞庆. 深部铁矿勘探的地球物理找矿模式研究 [D]. 中国地质大学（北京），2013.

[20] 周平红. GPS 高程在市政工程测量中的应用研究 [D]. 广东工业大学，2013.

[21] 温健. 工程地质勘查质量风险研究 [D]. 清华大学，2013.

[22] 李金岭，张津维，刘鹏，郭丽，钱志瀚. 应用于深空探测的 VLBI 技术 [J]. 航天器工程，2012，21（02）：62-67.

[23] 杨少平，弓秋丽，文志刚，张华，孙忠军，朱立新，周国华，成杭新，王学求. 地球化学勘查新技术应用研究 [J]. 地质学报，2011，85（11）：1844-1877.

[24] 刘沛兰. 现代工程大比例尺地形图数学基础的研究 [D]. 武汉大学，2011.

[25] 魏海庆. VLBI 测量原理与应用 [J]. 科技资讯，2011（10）：23-24.

[26] 曹学伟. 基于大地测量资料的区域构造应力场反演及模型研究 [D]. 山东科技大学，2010.

[27] 殷勇. 深穿透地球化学勘查技术在金矿勘查中的应用研究 [D]. 兰州大学，2010.

[28] 宁津生. 现代大地测量参考系统 [J]. 测绘学报，2002（S1）：7-11.

[29] 张西光. 地球参考框架的理论与方法 [D]. 解放军信息工程大学，2009.

[30] 郑向明，郭锐，李语强，李祝莲，伏红林，熊耀恒. 我国月球激光测距研究与进展 [J]. 天文研究与技术，2007（03）：231-237.

[31] 蒋栋荣，洪晓瑜. 甚长基线干涉测量技术在深空导航中的应用 [J]. 科学，2008，60（01）：10-14+4.

[32] 王瑞江，王义天，王高尚，孙艳. 世界矿产勘查态势分析 [J]. 地质通报，2008（01）：154-162.

[33] 郑向明，郭锐，李语强，李祝莲，伏红林，熊耀恒. 我国月球激光测距研究与进展 [J]. 天文研究与技术，2007（03）：231-237.

[34] 刘经南，魏二虎，黄劲松，张小红. 月球测绘在月球探测中的应用 [J]. 武汉大学学报（信息科学版），2005（02）：95-100.

[35] 赖继文. GPS 测量技术及其在工程测量中的应用 [J]. 地矿测绘，2006（03）：11-13.

[36] 杨艳. 应用于卫星跟踪的 VLBI 软件相关处理关键技术的研究 [D]. 中国科学院研究生院（上海天文台），2006.

[37] 马朝阳. 水利水电工程水文地质问题分析 [J]. 科技风，2019（05）：184.

[38] 代长江，吴均华. 探究新时期地质矿产勘查工作手段及方法 [J]. 世界有色金属，2018（22）：124+126.

[39] 门涛，谌钊，徐蓉，杨永安. 空间目标激光测距技术发展现状及趋势 [J]. 激光与红外，2018，48（12）：1451-1457.

[40] 张斌. 浅谈水文地质中遥感技术的应用 [J]. 世界有色金属, 2018（17）: 201+203.

[41] 杨林. 水文地质在岩土工程勘查中的应用 [J]. 世界有色金属, 2018（16）: 226+228.

[42] 谢腾. 水文地质问题对工程地质勘查的影响要点研讨[J]. 世界有色金属, 2018（15）: 238+240.

[43] 潘国雄. 岩土工程勘察中的水文地质问题探析 [J]. 珠江水运, 2018（10）: 82-83.

[44] 党喜成. 遥感技术在水文地质勘查中的应用 [J]. 农业科技与信息, 2018（04）: 58-59.

[45] 唐新明, 李国元. 激光测高卫星的发展与展望 [J]. 国际太空, 2017（11）: 13-18.

[46] 余常勇. 岩土工程勘查中水文地质勘查的地位及内容[J]. 低碳世界, 2017（19）: 29-30.

[47] 林魁. 卫星多普勒测量实时定轨方法研究 [D]. 国防科学技术大学, 2016.

[48] 邓试慰. 水文地质工程中示踪技术应用分析 [J]. 技术与市场, 2015, 22（07）: 22+25.

[49] 张中福, 顾晓敏. 矿产地质勘查风险的成因及规避浅析 [J]. 资源信息与工程, 2016, 31（02）: 9-10.

[50] 刘承宏. 水文地质问题对工程地质勘查的影响要点研讨 [J]. 科技资讯, 2014, 12（29）: 119+130.

[51] 张凌鹏. 矿区水文地质勘查中存在的问题探析 [J]. 华北国土资源, 2016（02）: 106-107.

[52] 李建成, 金涛勇. 卫星测高技术及应用若干进展[J]. 测绘地理信息, 2013, 38（04）: 1-8.

[53] 万瑶. 无线电定位技术的研究 [D]. 中北大学, 2013.

[54] 曲小宁. 合成孔径雷达干涉测量及若干关键技术研究 [D]. 西安电子科技大学, 2013.

[55] 宋桂荣. GIS 地理信息系统在岩土工程中的应用研究 [D]. 沈阳建筑大学, 2012.

[56] 张渭军. 水文地质结构三维建模与可视化研究 [D]. 长安大学, 2011.

[57] 林晓波, 姜月华, 汤朝阳. 放射性碳同位素在水文地质中的应用进展 [J]. 地下水, 2006（03）: 30-35.

[58] 江晓益. 人工神经网络在矿井水文地质中的应用初探 [A]. 中国煤炭学会矿井地质专业委员会. 纪念矿井地质专业委员会成立二十周年暨矿井地质发展战略学术研讨会专辑 [C]. 中国煤炭学会矿井地质专业委员会: 中国煤炭学会矿井地质专业委员会,

2002：4.

　　[59] 文冬光, 沈照理, 钟佐. 地球化学模拟及其在水文地质中的应用 [J]. 地质科技情报, 1995（01）：99-104.